新时代全国高等院校数学精品课程规划教材

应用数学——线性代数

（第2版）

主　编　李秀玲　刘丽梅　王　宇

中国商业出版社

图书在版编目(CIP)数据

应用数学 ：线性代数 / 李秀玲，刘丽梅，王宇主编
. -- 2版. -- 北京 ：中国商业出版社，2024. 7
ISBN 978 - 7 - 5208 - 2913 - 7

Ⅰ.①应… Ⅱ.①李… ②刘… ③王… Ⅲ. ①线性代数 Ⅳ. ①O151.2

中国国家版本馆 CIP 数据核字(2024)第 098431 号

责任编辑:李　飞
(策划编辑:蔡　凯)

中国商业出版社出版发行
(www.zgsycb.com　100053　北京广安门内报国寺 1 号)
总编室:010－63180647　编辑室:010－83114579
发行部:010－83120835/8286
新华书店经销
北京荣泰印刷有限公司印刷
*
787 毫米×1092 毫米　16 开　11 印张　240 千字
2024 年 7 月第 2 版　2024 年 7 月第 1 次印刷

定价:49.80 **元**
*　*　*　*

新时代全国高等院校教学精品课程规划教材

编 委 会

总主编 李秀玲 郑 佳 王慧敏 董秀娟

编 委 李秀玲 郑 佳 王慧敏 董秀娟
刘丽梅 王 宇 于海鸥 吴瑞丰
王改珍 潘 建

本书编写人员 李秀玲 刘丽梅 王 宇

丛书策划 蔡 凯 刘毕林

前　言

《应用数学—线性代数》于 2013 年 7 月由中国商业出版社出版，经过全国一些高校多年使用，反响强烈。感谢大家对该教材提出很多宝贵意见，同时根据教育部关于高等教育教材建设的通知精神，加快学科专业体系、教材教学体系建设，以提升教材的生命力和影响力，我们组织学科骨干教师对"应用数学系列教材"进行修订完善。为适应新时代高等教育教学内容和课程体系改革的总目标，培养具有新时代创新能力的高素质人才，我们经过统一策划、共同研讨，在充分吸收广大读者意见的基础上编写了《应用数学—线性代数》(第 2 版）。

本书力求实现基础性与应用性相结合、科学性与通俗性相结合，着力体现加强基础、重视应用、培养创新能力的教学理念。在保留线性代数基本内容的基础上，以矩阵为主线，突出矩阵方法，用矩阵的初等变换来研究线性方程组和二次型。

各章配有两组习题，A 组习题为基本题型，B 组习题有一定难度，习题参考答案可以帮助学生通过系统训练培养应用数学知识分析和解决实际问题的能力。

书中带"*"号部分可酌情选讲。

本书分五章，内容包括行列式、矩阵、线性方程组、矩阵的特征值与特征向量、二次型，以及习题参考答案和参考文献。第 1 章由李秀玲编写，第 2 章、第 5 章由王宇编写，第 3 章、第 4 章由刘丽梅编写。全书框架结构安排、统稿、定稿由李秀玲承担。

因编者水平有限，本书难免存在疏漏之处，敬请广大读者批评指正。

编　者

2024 年 5 月

◆目　　录

第1章 行列式

行列式是线性代数中的一个重要概念，是求解线性方程组的一个常用工具，也是经济管理研究中常用的数学工具.本章主要介绍行列式的概念、性质及计算方法，进而介绍用行列式求解一类特殊线性方程组的克拉默(Cramer)法则.

§1.1 行列式的概念

一、二阶和三阶行列式

考虑含有两个未知量的线性方程组

$$\begin{cases} a_{11}x_1+a_{12}x_2=b_1, \\ a_{21}x_1+a_{22}x_2=b_2. \end{cases} \tag{1.1}$$

利用加减消元法得

$$\begin{cases} (a_{11}a_{22}-a_{12}a_{21})x_1=b_1a_{22}-b_2a_{12}, \\ (a_{11}a_{22}-a_{12}a_{21})x_2=b_2a_{11}-b_1a_{21}. \end{cases}$$

因此，当 $a_{11}a_{22}-a_{12}a_{21}\neq 0$ 时，方程组有唯一解为

$$x_1=\frac{b_1a_{22}-b_2a_{12}}{a_{11}a_{22}-a_{12}a_{21}},x_2=\frac{b_2a_{11}-b_1a_{21}}{a_{11}a_{22}-a_{12}a_{21}}. \tag{1.2}$$

为便于记忆公式(1.2)，我们引入二阶行列式的概念：

$$\begin{vmatrix} a_{11} & a_{12} \\ a_{21} & a_{22} \end{vmatrix}=a_{11}a_{22}-a_{12}a_{21} \tag{1.3}$$

称为**二阶行列式**，其中横排称为**行**，竖排称为**列**，数 a_{ij} 称为行列式的**元素**，其第一个下

标 i 称为**行标**，表示这个元素所在的行数；第二个下标 j 称为**列标**，表示这个元素所在的列数. $a_{11}a_{22}-a_{12}a_{21}$ 称为二阶行列式的**展开式**或**值**.

为了方便记忆二阶行列式的计算公式(1.3)，给出二阶行列式的对角线法则(图 1.1)，图中用实线连接的两个元素的乘积减去用虚线连接的两个元素的乘积即为二阶行列式的值，其中 a_{11} 和 a_{22} 两个元素的连线称为**主对角线**，a_{12} 和 a_{21} 两个元素的连线称为**副对角线**.

$$\begin{vmatrix} a_{11} & a_{12} \\ a_{21} & a_{22} \end{vmatrix} = a_{11}a_{22}-a_{12}a_{21}$$

图 1.1

利用二阶行列式可以表示线性方程组(1.1)的解.将线性方程组(1.1)的系数排成的二阶行列式

$$D=\begin{vmatrix} a_{11} & a_{12} \\ a_{21} & a_{22} \end{vmatrix}$$

称为线性方程组(1.1)的**系数行列式**.因此，当线性方程组(1.1)的系数行列式

$$D=\begin{vmatrix} a_{11} & a_{12} \\ a_{21} & a_{22} \end{vmatrix} \neq 0$$

时，方程组(1.1)有唯一解为

$$x_1=\frac{D_1}{D},x_2=\frac{D_2}{D},$$

其中

$$D_1=\begin{vmatrix} b_1 & a_{12} \\ b_2 & a_{22} \end{vmatrix},D_2=\begin{vmatrix} a_{11} & b_1 \\ a_{21} & b_2 \end{vmatrix}.$$

例 1.1 解线性方程组 $\begin{cases} 2x_1+x_2=7, \\ x_1-3x_2=-2. \end{cases}$

解 因为系数行列式

$$D=\begin{vmatrix} 2 & 1 \\ 1 & -3 \end{vmatrix}=2\times(-3)-1\times1=-7\neq0,$$

所以方程组有唯一解,又

$$D_1=\begin{vmatrix} 7 & 1 \\ -2 & -3 \end{vmatrix}=7\times(-3)-1\times(-2)=-19,$$

$$D_2=\begin{vmatrix} 2 & 7 \\ 1 & -2 \end{vmatrix}=2\times(-2)-7\times1=-11,$$

于是方程组的唯一解为

$$x_1=\frac{D_1}{D}=\frac{-19}{-7}=\frac{19}{7},x_2=\frac{D_2}{D}=\frac{-11}{-7}=\frac{11}{7}.$$

类似地，对于含有三个未知量的线性方程组

$$\begin{cases}a_{11}x_1+a_{12}x_2+a_{13}x_3=b_1,\\a_{21}x_1+a_{22}x_2+a_{23}x_3=b_2,\\a_{31}x_1+a_{32}x_2+a_{33}x_3=b_3,\end{cases}\tag{1.4}$$

利用加减消元法得

$$\begin{aligned}&(a_{11}a_{22}a_{33}+a_{12}a_{23}a_{31}+a_{13}a_{21}a_{32}-a_{13}a_{22}a_{31}-a_{12}a_{21}a_{33}-a_{11}a_{23}a_{32})x_1\\&=b_1a_{22}a_{33}+b_2a_{13}a_{32}+b_3a_{12}a_{23}-b_1a_{23}a_{32}-b_2a_{12}a_{33}-b_3a_{13}a_{22},\\&(a_{11}a_{22}a_{33}+a_{12}a_{23}a_{31}+a_{13}a_{21}a_{32}-a_{13}a_{22}a_{31}-a_{12}a_{21}a_{33}-a_{11}a_{23}a_{32})x_2\\&=b_1a_{23}a_{31}+b_2a_{11}a_{33}+b_3a_{13}a_{21}-b_1a_{21}a_{33}-b_2a_{13}a_{31}-b_3a_{11}a_{23},\\&(a_{11}a_{22}a_{33}+a_{12}a_{23}a_{31}+a_{13}a_{21}a_{32}-a_{13}a_{22}a_{31}-a_{12}a_{21}a_{33}-a_{11}a_{23}a_{32})x_3\\&=b_1a_{21}a_{32}+b_2a_{12}a_{31}+b_3a_{11}a_{22}-b_1a_{22}a_{31}-b_2a_{11}a_{32}-b_3a_{12}a_{21}.\end{aligned}$$

因此，当

$$a_{11}a_{22}a_{33}+a_{12}a_{23}a_{31}+a_{13}a_{21}a_{32}-a_{13}a_{22}a_{31}-a_{12}a_{21}a_{33}-a_{11}a_{23}a_{32}\neq 0$$

时，方程组有唯一解为

$$\begin{aligned}x_1&=\frac{b_1a_{22}a_{33}+b_2a_{13}a_{32}+b_3a_{12}a_{23}-b_1a_{23}a_{32}-b_2a_{12}a_{33}-b_3a_{13}a_{22}}{a_{11}a_{22}a_{33}+a_{12}a_{23}a_{31}+a_{13}a_{21}a_{32}-a_{13}a_{22}a_{31}-a_{12}a_{21}a_{33}-a_{11}a_{23}a_{32}},\\x_2&=\frac{b_1a_{23}a_{31}+b_2a_{11}a_{33}+b_3a_{13}a_{21}-b_1a_{21}a_{33}-b_2a_{13}a_{31}-b_3a_{11}a_{23}}{a_{11}a_{22}a_{33}+a_{12}a_{23}a_{31}+a_{13}a_{21}a_{32}-a_{13}a_{22}a_{31}-a_{12}a_{21}a_{33}-a_{11}a_{23}a_{32}},\\x_3&=\frac{b_1a_{21}a_{32}+b_2a_{12}a_{31}+b_3a_{11}a_{22}-b_1a_{22}a_{31}-b_2a_{11}a_{32}-b_3a_{12}a_{21}}{a_{11}a_{22}a_{33}+a_{12}a_{23}a_{31}+a_{13}a_{21}a_{32}-a_{13}a_{22}a_{31}-a_{12}a_{21}a_{33}-a_{11}a_{23}a_{32}}.\end{aligned}\tag{1.5}$$

为便于记忆公式(1.5)，我们引进三阶行列式的概念：

$$\begin{vmatrix}a_{11}&a_{12}&a_{13}\\a_{21}&a_{22}&a_{23}\\a_{31}&a_{32}&a_{33}\end{vmatrix}=a_{11}a_{22}a_{33}+a_{12}a_{23}a_{31}+a_{13}a_{21}a_{32}-a_{13}a_{22}a_{31}-a_{12}a_{21}a_{33}-a_{11}a_{23}a_{32}\tag{1.6}$$

称为**三阶行列式**，其中横排称为**行**，竖排称为**列**，数 a_{ij} 称为行列式的**元素**，其第一个下标 i 称为**行标**，表示这个元素所在的行数；第二个下标 j 称为**列标**，表示这个元素所在的列数.右端项称为三阶行列式的**展开式或值**.

同样，为方便记忆三阶行列式的计算公式(1.6)，我们给出三阶行列式的对角线法则(图1.2)，图中实线连接的三个元素的乘积取正号，虚线连接的三个元素的乘积取负号，所得六项的代数和即为三阶行列式的值，其中 a_{11}，a_{22}，a_{33} 三个元素的连线称为**主对角线**，a_{13}，a_{22}，a_{31} 三个元素的连线称为**副对角线**.

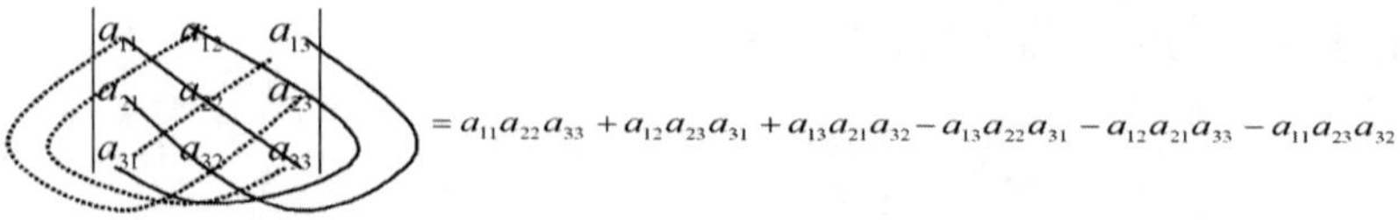

图 1.2

例如，

$$
\begin{aligned}
D &= \begin{vmatrix} 2 & -1 & 1 \\ 3 & 2 & -5 \\ 1 & 3 & -2 \end{vmatrix} \\
&= 2\times 2\times(-2)+(-1)\times(-5)\times 1+1\times 3\times 3-1\times 2\times 1-(-1)\times 3 \\
&\quad \times(-2)-2\times(-5)\times 3 \\
&= 28.
\end{aligned}
$$

同样利用三阶行列式可以表示线性方程组(1.4)的解.将线性方程组(1.4)的系数排成的三阶行列式

$$D = \begin{vmatrix} a_{11} & a_{12} & a_{13} \\ a_{21} & a_{22} & a_{23} \\ a_{31} & a_{32} & a_{33} \end{vmatrix}$$

称为线性方程组(1.4)的**系数行列式**.因此，当线性方程组(1.4)的系数行列式

$$D = \begin{vmatrix} a_{11} & a_{12} & a_{13} \\ a_{21} & a_{22} & a_{23} \\ a_{31} & a_{32} & a_{33} \end{vmatrix} \neq 0$$

时，方程组(1.4)有唯一解为

$$x_1 = \frac{D_1}{D},\quad x_2 = \frac{D_2}{D},\quad x_3 = \frac{D_3}{D},$$

其中

$$D_1 = \begin{vmatrix} b_1 & a_{12} & a_{13} \\ b_2 & a_{22} & a_{23} \\ b_3 & a_{32} & a_{33} \end{vmatrix}, D_2 = \begin{vmatrix} a_{11} & b_1 & a_{13} \\ a_{21} & b_2 & a_{23} \\ a_{31} & b_3 & a_{33} \end{vmatrix}, D_3 = \begin{vmatrix} a_{11} & a_{12} & b_1 \\ a_{21} & a_{22} & b_2 \\ a_{31} & a_{32} & b_3 \end{vmatrix},$$

即 D_j 是把系数行列式 D 中第 j 列换成方程组(1.4)的常数项 b_1, b_2, b_3 后所得到的三阶行列式.

例 1.2 解线性方程组 $\begin{cases} 3x_1 - x_2 + x_3 = 26, \\ 2x_1 - 4x_2 - x_3 = 9, \\ x_1 + 2x_2 + x_3 = 16. \end{cases}$

解 因为

$$D=\begin{vmatrix}3&-1&1\\2&-4&-1\\1&2&1\end{vmatrix}=5\neq 0,$$

$$D_1=\begin{vmatrix}26&-1&1\\9&-4&-1\\16&2&1\end{vmatrix}=55,$$

$$D_2=\begin{vmatrix}3&26&1\\2&9&-1\\1&16&1\end{vmatrix}=20,$$

$$D_3=\begin{vmatrix}3&-1&26\\2&-4&9\\1&2&16\end{vmatrix}=-15,$$

所以方程组有唯一解为

$$x_1=\frac{D_1}{D}=\frac{55}{5}=11,\quad x_2=\frac{D_2}{D}=\frac{20}{5}=4,\quad x_3=\frac{D_3}{D}=\frac{-15}{5}=-3.$$

从以上讨论可以看出，利用二阶、三阶行列式可以很方便地求解二元、三元线性方程组.但在实际应用中，遇到的方程组的未知量常常多于三个，而且在某些理论研究上也需要讨论 n 元线性方程组的求解问题.这样，要把二阶、三阶行列式加以推广，引入 n 阶行列式的概念 .

二、排列与逆序数

为了把二阶、三阶行列式的概念推广到 n 阶行列式上，首先引入排列的概念.

定义 1.1 由正整数 $1,2,\cdots,n$ 组成的一个有序数组 $i_1i_2\cdots i_n$ 称为一个 n **级排列**.

例如，2143 是 4 级排列，43125 是 5 级排列.

显然，n 级排列的总数为 $n\cdot(n-1)\cdot\cdots\cdot 2\cdot 1=n!$ 个.如 3 级排列的总数为 $3!=6$ 个，即

$$123\qquad 132\qquad 213\qquad 231\qquad 312\qquad 321.$$

若排列中各数是按照从小到大的自然顺序排列的，通常称为**标准排列**.上述排列中的 123 是标准排列，而其余排列中都存在较大的数排在较小的数之前的情况，对此给出如下定义.

定义 1.2 在一个 n 级排列 $i_1i_2\cdots i_n$ 中，如果较大的数排在较小的数的前面，称这两个数构成一个**逆序**.排列 $i_1i_2\cdots i_n$ 中逆序的总数称为此排列的**逆序数**，记为 $\tau(i_1i_2\cdots i_n)$.逆序数是偶数的排列称为**偶排列**，逆序数是奇数的排列称为**奇排列**.

显然，标准排列的逆序数为 0，故标准排列是偶排列.

例 1.3　求下列排列的逆序数，并指出它们的奇偶性.

(1)43125；(2)$n(n-1)\cdots 21$.

解　(1)$\tau(43125)=3+2+0+0+0=5$，故该排列为奇排列.

(2)$\tau[n(n-1)\cdots 21]=(n-1)+(n-2)+\cdots+1=\dfrac{n(n-1)}{2}$，故当 $n=4k$ 或 $n=4k+1$ 时，该排列为偶排列；当 $n=4k+2$ 或 $n=4k+3$ 时，该排列为奇排列.

下面给出与排列有关的另一个定义.

定义 1.3　在一个排列 $i_1\cdots i_s\cdots i_t\cdots i_n$ 中，如果其中某两个数 i_s 和 i_t 互换位置，其余各数位置不变，就得到另一个排列 $i_1\cdots i_t\cdots i_s\cdots i_n$.这种变换称为一个**对换**，记为$(i_s,i_t)$.

例如，$43125\xrightarrow{(1,5)}43521\xrightarrow{(2,4)}23541$.不难看出，进行一个对换对排列的奇偶性是有影响的.容易计算 $\tau(43521)=8$，$\tau(23541)=5$，说明奇排列 43125 经过一个对换(1,5)变成偶排列 43521，偶排列 43521 经过一个对换(2,4)变成奇排列 23541.

定理 1.1　任意一个排列经过一次对换后，其奇偶性发生改变.

证明　先讨论一种特殊情形，即对换相邻两个数的情形.设原排列为

$$\cdots ij\cdots,$$

这里“…”表示那些不变的数.经过对换(i,j)得到一个新排列

$$\cdots ji\cdots.$$

比较这两个排列的逆序数.在这两个排列中，“…”部分排列的逆序数不变，且数 i 与 j 和其余的数所构成的逆序显然也没有改变.如果 i 与 j 在原来的排列中没有构成逆序，即 $i<j$，则在新排列中就构成了一个逆序，即新排列较原排列的逆序数增加 1.如果 i 与 j 在原来的排列中构成逆序，即 $i>j$，则在新排列中就没有构成逆序，即新排列较原排列逆序数减少 1.因此对换相邻两个数，排列的奇偶性一定改变.

再讨论一般情形，即对换的两数之间有 $s(s>0)$ 个数的情形.设原排列为

$$\cdots ik_1k_2\cdots k_sj\cdots,$$

即 i 与 j 两数之间有 s 个数 $k_1,k_2,\cdots,k_s$，经过对换(i,j)得到一个新排列

$$\cdots jk_1k_2\cdots k_si\cdots.$$

显然，这样一个对换可以经过一系列的相邻两数的对换来实现：在原排列中，先把 i 依次与 $k_1,k_2,\cdots,k_s,j$ 作 $s+1$ 次相邻两数的对换，化为

$$\cdots k_1k_2\cdots k_sji\cdots,$$

再把数 j 依次与 $k_s,\cdots,k_2,k_1$ 做 s 次相邻两数的对换，就得到新排列，也就是说原排列经过 $2s+1$ 次相邻两数的对换就得到了新排列.因此一个排列中的任意两个数对换，排列都改变奇偶性.

定理 1.2 在全部 $n!$ 个 n 级排列中，奇、偶排列的个数相等，各有 $\frac{n!}{2}$ 个.

证明 假设在 $n!$ 个 n 级排列中，有 k 个奇排列，t 个偶排列，则 $k+t=n!$.对于这 k 个奇排列施以同一个对换，由定理 1.1，可得到 k 个偶排列，而且不同的奇排列经过同一个对换后不能得到同一个偶排列，故奇排列的个数不会大于偶排列的个数，即 $k \leqslant t$.同理可得 $t \leqslant k$，所以有

$$k=t=\frac{n!}{2}.$$

三、n 阶行列式

现在来研究二阶、三阶行列式展开式的结构，并加以推广，从而引进 n 阶行列式的概念.

我们先分析二阶行列式

$$\begin{vmatrix} a_{11} & a_{12} \\ a_{21} & a_{22} \end{vmatrix} = a_{11}a_{22} - a_{12}a_{21}.$$

它的展开式具有以下特点：

(1) 二阶行列式的展开式有 $2!=2$ 项.

(2) 每一项是位于不同行与不同列的两个元素的乘积.

(3) 每一项所带的符号是这样确定的：当该项两个元素的行标为标准排列时，如果列标构成偶排列，那么该项带正号；如果列标构成奇排列，那么该项带负号.例如，项 $a_{11}a_{22}$ 的两个元素的列标构成偶排列12，所以它带正号.而项 $a_{12}a_{21}$ 的两个元素的列标构成奇排列21，所以它带负号.

根据这些特点，二阶行列式的展开式可写成

$$\begin{vmatrix} a_{11} & a_{12} \\ a_{21} & a_{22} \end{vmatrix} = \sum_{j_1 j_2} (-1)^{\tau(j_1 j_2)} a_{1j_1} a_{2j_2},$$

其中 $\sum\limits_{j_1 j_2}$ 表示对所有二级排列求和.

再分析三阶行列式

$$\begin{vmatrix} a_{11} & a_{12} & a_{13} \\ a_{21} & a_{22} & a_{23} \\ a_{31} & a_{32} & a_{33} \end{vmatrix} = a_{11}a_{22}a_{33} + a_{12}a_{23}a_{31} + a_{13}a_{21}a_{32} - a_{13}a_{22}a_{31} - a_{12}a_{21}a_{33} - a_{11}a_{23}a_{32}.$$

它的展开式具有以下特点：

(1) 三阶行列式的展开式有 $3!=6$ 项.

(2) 每一项是位于不同行与不同列的三个元素的乘积.

(3) 每一项所带的符号是这样确定的：当该项三个元素的行标为标准排列时，如果列标构

成偶排列，那么该项带正号；如果列标构成奇排列，那么该项带负号.例如，项 $a_{12}a_{23}a_{31}$ 的三个元素的列标构成偶排列 231，所以它带正号.而项 $a_{11}a_{23}a_{32}$ 的三个元素的列标构成奇排列 132，所以它带负号.

根据这些特点，三阶行列式的展开式可写成

$$\begin{vmatrix} a_{11} & a_{12} & a_{13} \\ a_{21} & a_{22} & a_{23} \\ a_{31} & a_{32} & a_{33} \end{vmatrix} = \sum_{j_1j_2j_3}(-1)^{\tau(j_1j_2j_3)}a_{1j_1}a_{2j_2}a_{3j_3},$$

其中 $\sum\limits_{j_1j_2j_3}$ 表示对所有三级排列求和.

按照上面分析，将二阶、三阶行列式的概念推广到一般的 n 阶行列式上.

定义 1.4

$$\begin{vmatrix} a_{11} & a_{12} & \cdots & a_{1n} \\ a_{21} & a_{22} & \cdots & a_{2n} \\ \vdots & \vdots & & \vdots \\ a_{n1} & a_{n2} & \cdots & a_{nn} \end{vmatrix} = \sum_{j_1j_2\cdots j_n}(-1)^{\tau(j_1j_2\cdots j_n)}a_{1j_1}a_{2j_2}\cdots a_{nj_n} \qquad (1.7)$$

称为 n **阶行列式**，其中横排称为**行**，竖排称为**列**，数 a_{ij} 称为行列式的**元素**，其第一个下标 i 称为**行标**，表示这个元素所在的行数；第二个下标 j 称为**列标**，表示这个元素所在的列数.右端项称为 n 阶行列式的**展开式或值**，$\sum\limits_{j_1j_2\cdots j_n}$ 表示对所有 n 级排列 $j_1j_2\cdots j_n$ 求和.由于 n 级排列共有 $n!$ 个，因此，n 阶行列式的展开式是 $n!$ 项的代数和.在这 $n!$ 项中，每一项为位于不同行与不同列的 n 个元素的乘积

$$a_{1j_1}a_{2j_2}\cdots a_{nj_n}, \qquad (1.8)$$

其中 $j_1j_2\cdots j_n$ 是一个 n 级排列.当 $j_1j_2\cdots j_n$ 为偶排列时，项(1.8) 带正号；当 $j_1j_2\cdots j_n$ 为奇排列时，项(1.8) 带负号.在 n 阶行列式中，$a_{11},a_{22},\cdots,a_{nn}$ 这 n 个元素的连线称为**主对角线**，$a_{1n},a_{2\,n-1},\cdots,a_{n1}$ 这 n 个元素的连线称为**副对角线**.n 阶行列式也简记为 $|a_{ij}|$.

例 1.4　在五阶行列式

$$\begin{vmatrix} a_{11} & a_{12} & a_{13} & a_{14} & a_{15} \\ a_{21} & a_{22} & a_{23} & a_{24} & a_{25} \\ a_{31} & a_{32} & a_{33} & a_{34} & a_{35} \\ a_{41} & a_{42} & a_{43} & a_{44} & a_{45} \\ a_{51} & a_{52} & a_{53} & a_{54} & a_{55} \end{vmatrix}$$

中，下列两项(1)$a_{11}a_{24}a_{35}a_{42}a_{53}$；(2)$a_{31}a_{24}a_{15}a_{42}a_{53}$ 各带什么符号？

解　(1)$a_{11}a_{24}a_{35}a_{42}a_{53}$ 的行标为标准排列，列标 14523 的逆序数为 4，所以该项带正号.

(2) 将 $a_{31}a_{24}a_{15}a_{42}a_{53}$ 改写为 $a_{15}a_{24}a_{31}a_{42}a_{53}$，其行标为标准排列，列标 54123 的逆序数

为 7，所以该项带负号.

例 1.5　计算 4 阶行列式

$$D=\begin{vmatrix} 0 & a & 0 & 0 \\ 0 & 0 & b & 0 \\ 0 & 0 & 0 & c \\ d & 0 & 0 & 0 \end{vmatrix}.$$

解　由定义 1.4 得

$$D=\sum_{j_1j_2j_3j_4}(-1)^{\tau(j_1j_2j_3j_4)}a_{1j_1}a_{2j_2}a_{3j_3}a_{4j_4},$$

在和式中只有当 $j_1=2, j_2=3, j_3=4, j_4=1$ 时，$a_{1j_1}a_{2j_2}a_{3j_3}a_{4j_4}\neq 0$，所以

$$D=(-1)^{\tau(2341)}a_{12}a_{23}a_{34}a_{41}=(-1)^3abcd=-abcd.$$

例 1.6　**计算上三角形行列式**

$$D=\begin{vmatrix} a_{11} & a_{12} & \cdots & a_{1n} \\ 0 & a_{22} & \cdots & a_{2n} \\ \vdots & \vdots & & \vdots \\ 0 & 0 & \cdots & a_{nn} \end{vmatrix}.$$

解　在行列式 D 的展开式中，一般项为

$$(-1)^{\tau(j_1j_2\cdots j_n)}a_{1j_1}a_{2j_2}\cdots a_{nj_n}.$$

显然，不为零的项中必有 $j_n=n$，而 j_{n-1} 可取 n 或 $n-1$，但 $j_n\neq j_{n-1}$，因此 $j_{n-1}=n-1$，以此类推，可得 $j_{n-2}=n-2,\cdots,j_2=2,j_1=1$，即展开式中不为零的项只有 $a_{11}a_{22}\cdots a_{nn}$，故

$$\begin{vmatrix} a_{11} & a_{12} & \cdots & a_{1n} \\ 0 & a_{22} & \cdots & a_{2n} \\ \vdots & \vdots & & \vdots \\ 0 & 0 & \cdots & a_{nn} \end{vmatrix}=(-1)^{\tau(12\cdots n)}a_{11}a_{22}\cdots a_{nn}=a_{11}a_{22}\cdots a_{nn}.$$

作为上三角形行列式的特殊情形，**对角形行列式**

$$\begin{vmatrix} a_{11} & 0 & \cdots & 0 \\ 0 & a_{22} & \cdots & 0 \\ \vdots & \vdots & & \vdots \\ 0 & 0 & \cdots & a_{nn} \end{vmatrix}=a_{11}a_{22}\cdots a_{nn}.$$

同理可得，**下三角形行列式**

$$\begin{vmatrix} a_{11} & 0 & \cdots & 0 \\ a_{21} & a_{22} & \cdots & 0 \\ \vdots & \vdots & & \vdots \\ a_{n1} & a_{n2} & \cdots & a_{nn} \end{vmatrix}=a_{11}a_{22}\cdots a_{nn}.$$

由上述分析可知，上（下）三角形行列式及对角形行列式都等于主对角线上 n 个元素的乘积.

按照定义 1.4，为了确定行列式中每一项的符号，需要把这一项的 n 个元素的行标排成标准排列，再由列标所构成排列的奇偶性来确定符号.由于数的乘法满足交换律，因而这 n 个元素的次序可以是任意的.在 n 个元素次序任意的情况下，仍然可以直接确定符号.一般地，有如下结论.

定理 1.3　n 阶行列式 $D=|a_{ij}|$ 的项可写为

$$(-1)^{\tau(i_1i_2\cdots i_n)+\tau(j_1j_2\cdots j_n)}a_{i_1j_1}a_{i_2j_2}\cdots a_{i_nj_n},$$

其中 $i_1i_2\cdots i_n$ 和 $j_1j_2\cdots j_n$ 都是 n 级排列.

例如，在例 1.4 中，可以直接确定项 $a_{31}a_{24}a_{15}a_{42}a_{53}$ 所带的符号为 $(-1)^{\tau(32145)+\tau(14523)}=(-1)^{3+4}=-1$.

按定理 1.3 来确定行列式中每一项的符号的好处在于，不需要重排元素的顺序就可以确定符号.同时定理也表明，元素的行标和列标的地位是对称的，因而为了确定每一项的符号，同样可以把每一项的列标排成标准排列，于是 n 阶行列式定义的另一种表示法为

$$D=|a_{ij}|=\sum_{i_1i_2\cdots i_n}(-1)^{\tau(i_1\cdots i_n)}a_{i_11}a_{i_22}\cdots a_{i_nn}, \tag{1.9}$$

其中 $i_1i_2\cdots i_n$ 是 n 级排列 .

§1.2　行列式的性质

利用行列式的定义计算一般的行列式，计算量是非常大的.为了简化行列式的计算，本节介绍行列式的性质.这些性质不仅可以简化行列式的计算，而且在行列式的理论研究及应用上也具有重要意义.

一、行列式的性质

性质 1　将行列式的行、列互换，行列式的值不变，即设

$$D=\begin{vmatrix} a_{11} & a_{12} & \cdots & a_{1n} \\ a_{21} & a_{22} & \cdots & a_{2n} \\ \vdots & \vdots & & \vdots \\ a_{n1} & a_{n2} & \cdots & a_{nn} \end{vmatrix},\quad D^{\mathrm{T}}=\begin{vmatrix} a_{11} & a_{21} & \cdots & a_{n1} \\ a_{12} & a_{22} & \cdots & a_{n2} \\ \vdots & \vdots & & \vdots \\ a_{1n} & a_{2n} & \cdots & a_{nn} \end{vmatrix},$$

则 $D=D^{\mathrm{T}}$.

这里行列式 D^{T} 称为行列式 D 的**转置行列式**.显然，D 也是 D^{T} 的转置行列式，因此，称 D 与 D^{T} **互为转置行列式**.

证明 将行列式 D 按(1.7) 式展开，行列式 D^{T} 按(1.9) 式展开，得

$$D=\sum_{j_1j_2\cdots j_n}(-1)^{\tau(j_1j_2\cdots j_n)}a_{1j_1}a_{2j_2}\cdots a_{nj_n}=D^{\mathrm{T}}.$$

性质 1 说明，行列式的行与列的地位是相同的，所以对于行成立的性质，对列也成立.因此，下面有关行列式的性质只对行进行证明.

性质 2 互换行列式的两行(列)，行列式的值变号，即设

$$D=\begin{vmatrix} a_{11} & a_{12} & \cdots & a_{1n} \\ \vdots & \vdots & & \vdots \\ a_{i1} & a_{i2} & \cdots & a_{in} \\ \vdots & \vdots & & \vdots \\ a_{s1} & a_{s2} & \cdots & a_{sn} \\ \vdots & \vdots & & \vdots \\ a_{n1} & a_{n2} & \cdots & a_{nn} \end{vmatrix}\begin{matrix} \\ \\ \text{第 } i \text{ 行} \\ \\ \text{第 } s \text{ 行} \\ \\ \\ \end{matrix},\quad D_1=\begin{vmatrix} a_{11} & a_{12} & \cdots & a_{1n} \\ \vdots & \vdots & & \vdots \\ a_{s1} & a_{s2} & \cdots & a_{sn} \\ \vdots & \vdots & & \vdots \\ a_{i1} & a_{i2} & \cdots & a_{in} \\ \vdots & \vdots & & \vdots \\ a_{n1} & a_{n2} & \cdots & a_{nn} \end{vmatrix}\begin{matrix} \\ \\ \text{第 } i \text{ 行} \\ \\ \text{第 } s \text{ 行} \\ \\ \\ \end{matrix},$$

则 $D_1=-D$.

证明 将 D 按(1.7) 式展开，其一般项中 n 个元素的乘积为

$$a_{1j_1}\cdots a_{ij_i}\cdots a_{sj_s}\cdots a_{nj_n},$$

它的元素在 D 中是位于不同行不同列的，因而在 D_1 中也是位于不同行不同列的，所以也是 D_1 的展开式中的项.由于 D_1 是由 D 交换第 i 行和第 s 行而得到的，各元素所在的列并没有改变，所以它在 D 中的符号为

$$(-1)^{\tau(1\cdots i\cdots s\cdots n)+\tau(j_1\cdots j_i\cdots j_s\cdots j_n)},$$

在 D_1 中的符号为

$$(-1)^{\tau(1\cdots s\cdots i\cdots n)+\tau(j_1\cdots j_i\cdots j_s\cdots j_n)}.$$

由于排列 $1\cdots i\cdots s\cdots n$ 与排列 $1\cdots s\cdots i\cdots n$ 的奇偶性相反，因此，D_1 的展开式中的每一项都是 D 的展开式中相应项的相反数.而 D 与 D_1 的展开式皆含 $n!$ 项，所以 $D_1=-D$.

推论 如果行列式中有两行(列) 元素完全相同，则此行列式为零.

证明 设行列式 D 中第 i 行与第 s 行相同，交换第 i 行与第 s 行，其结果仍是 D，但由性质 2 可知，行列式的值变号，所以有 $D=-D$，故 $D=0$.

性质 3 行列式中某一行(列) 元素的公因子可以提到行列式的外面，或者说，用一个数乘行列式的某一行(列) 等于用这个数乘此行列式，即

$$\begin{vmatrix} a_{11} & a_{12} & \cdots & a_{1n} \\ \vdots & \vdots & & \vdots \\ ka_{i1} & ka_{i2} & \cdots & ka_{in} \\ \vdots & \vdots & & \vdots \\ a_{n1} & a_{n2} & \cdots & a_{nn} \end{vmatrix}=k\begin{vmatrix} a_{11} & a_{12} & \cdots & a_{1n} \\ \vdots & \vdots & & \vdots \\ a_{i1} & a_{i2} & \cdots & a_{in} \\ \vdots & \vdots & & \vdots \\ a_{n1} & a_{n2} & \cdots & a_{nn} \end{vmatrix}.$$

证明

$$\begin{aligned}\text{左端}&=\sum_{j_1j_2\cdots j_n}(-1)^{\tau(j_1j_2\cdots j_n)}a_{1j_1}\cdots(ka_{ij_i})\cdots a_{nj_n}\\&=k\sum_{j_1j_2\cdots j_n}(-1)^{\tau(j_1j_2\cdots j_n)}a_{1j_1}\cdots a_{ij_i}\cdots a_{nj_n}=\text{右端}.\end{aligned}$$

推论 1 如果行列式中有一行(列)元素全为零，则此行列式为零.

推论 2 如果行列式中有两行(列)对应元素成比例，则此行列式为零.

证明 由性质 3 及性质 2 的推论，有

$$\begin{vmatrix}a_{11}&a_{12}&\cdots&a_{1n}\\\vdots&\vdots&&\vdots\\a_{i1}&a_{i2}&\cdots&a_{in}\\\vdots&\vdots&&\vdots\\ka_{i1}&ka_{i2}&\cdots&ka_{in}\\\vdots&\vdots&&\vdots\\a_{n1}&a_{n2}&\cdots&a_{nn}\end{vmatrix}=k\begin{vmatrix}a_{11}&a_{12}&\cdots&a_{1n}\\\vdots&\vdots&&\vdots\\a_{i1}&a_{i2}&\cdots&a_{in}\\\vdots&\vdots&&\vdots\\a_{i1}&a_{i2}&\cdots&a_{in}\\\vdots&\vdots&&\vdots\\a_{n1}&a_{n2}&\cdots&a_{nn}\end{vmatrix}=0.$$

性质 4 如果行列式中某一行(列)的元素都表示为两个数的和，则此行列式等于两个行列式的和，这两个行列式分别以其中一组数为该行(列)元素，而其余各行(列)元素与原行列式对应的行(列)相同，即设

$$D=\begin{vmatrix}a_{11}&a_{12}&\cdots&a_{1n}\\\vdots&\vdots&&\vdots\\b_{i1}+c_{i1}&b_{i2}+c_{i2}&\cdots&b_{in}+c_{in}\\\vdots&\vdots&&\vdots\\a_{n1}&a_{n2}&\cdots&a_{nn}\end{vmatrix},$$

则 $D=D_1+D_2$，其中

$$D_1=\begin{vmatrix}a_{11}&a_{12}&\cdots&a_{1n}\\\vdots&\vdots&&\vdots\\b_{i1}&b_{i2}&\cdots&b_{in}\\\vdots&\vdots&&\vdots\\a_{n1}&a_{n2}&\cdots&a_{nn}\end{vmatrix},\quad D_2=\begin{vmatrix}a_{11}&a_{12}&\cdots&a_{1n}\\\vdots&\vdots&&\vdots\\c_{i1}&c_{i2}&\cdots&c_{in}\\\vdots&\vdots&&\vdots\\a_{n1}&a_{n2}&\cdots&a_{nn}\end{vmatrix}.$$

证明 将 D 展开得

$$\begin{aligned}D&=\sum_{j_1j_2\cdots j_n}(-1)^{\tau(j_1j_2\cdots j_n)}a_{1j_1}\cdots(b_{ij_i}+c_{ij_i})\cdots a_{nj_n}\\&=\sum_{j_1j_2\cdots j_n}(-1)^{\tau(j_1j_2\cdots j_n)}a_{1j_1}\cdots b_{ij_i}\cdots a_{nj_n}+\sum_{j_1j_2\cdots j_n}(-1)^{\tau(j_1j_2\cdots j_n)}a_{1j_1}\cdots c_{ij_i}\cdots a_{nj_n}\\&=D_1+D_2.\end{aligned}$$

由性质 4 及性质 3 的推论 2，即可得出性质 5.

性质 5 把行列式的某一行(列)的所有元素乘以数 k 加到另一行(列)的对应元素上，行列式的值不变，即

$$\begin{vmatrix} a_{11} & a_{12} & \cdots & a_{1n} \\ \vdots & \vdots & & \vdots \\ a_{i1} & a_{i2} & \cdots & a_{in} \\ \vdots & \vdots & & \vdots \\ a_{j1} & a_{j2} & \cdots & a_{jn} \\ \vdots & \vdots & & \vdots \\ a_{n1} & a_{n2} & \cdots & a_{nn} \end{vmatrix} = \begin{vmatrix} a_{11} & a_{12} & \cdots & a_{1n} \\ \vdots & \vdots & & \vdots \\ a_{i1} & a_{i2} & \cdots & a_{in} \\ \vdots & \vdots & & \vdots \\ a_{j1}+ka_{i1} & a_{j2}+ka_{i2} & \cdots & a_{jn}+ka_{in} \\ \vdots & \vdots & & \vdots \\ a_{n1} & a_{n2} & \cdots & a_{nn} \end{vmatrix}.$$

二、行列式的计算

利用行列式的性质计算行列式，可以使计算简化，下面举例说明.为了叙述方便，引入如下记号:互换 i,j 两行(列)，记作 $r_i \leftrightarrow r_j(c_i \leftrightarrow c_j)$；把第 i 行(列)元素的公因子 k 提出，记作 $r_i \div k(c_i \div k)$(或 $r_i \times \frac{1}{k}(c_i \times \frac{1}{k})$)；把第 j 行(列)元素的 k 倍加到第 i 行(列)，记作 $r_i + kr_j(c_i + kc_j)$.

例 1.7 计算行列式 $D = \begin{vmatrix} 2 & 1 & 3 & 7 \\ 1 & 0 & -1 & 2 \\ -9 & 3 & -3 & 3 \\ 1 & 1 & 3 & 2 \end{vmatrix}$.

解

$$D \xlongequal{r_3 \div 3} 3\begin{vmatrix} 2 & 1 & 3 & 7 \\ 1 & 0 & -1 & 2 \\ -3 & 1 & -1 & 1 \\ 1 & 1 & 3 & 2 \end{vmatrix} \xlongequal{c_1 \leftrightarrow c_2} -3\begin{vmatrix} 1 & 2 & 3 & 7 \\ 0 & 1 & -1 & 2 \\ 1 & -3 & -1 & 1 \\ 1 & 1 & 3 & 2 \end{vmatrix}$$

$$\xlongequal[r_4 - r_1]{r_3 - r_1} -3\begin{vmatrix} 1 & 2 & 3 & 7 \\ 0 & 1 & -1 & 2 \\ 0 & -5 & -4 & -6 \\ 0 & -1 & 0 & -5 \end{vmatrix} \xlongequal[r_4 + r_2]{r_3 + 5r_2} -3\begin{vmatrix} 1 & 2 & 3 & 7 \\ 0 & 1 & -1 & 2 \\ 0 & 0 & -9 & 4 \\ 0 & 0 & -1 & -3 \end{vmatrix}$$

$$\xlongequal{r_3\leftrightarrow r_4} 3\begin{vmatrix}1&2&3&7\\0&1&-1&2\\0&0&-1&-3\\0&0&-9&4\end{vmatrix}\xlongequal{r_4-9r_3} 3\begin{vmatrix}1&2&3&7\\0&1&-1&2\\0&0&-1&-3\\0&0&0&31\end{vmatrix}=-93.$$

例 1.8 证明：

$$\begin{vmatrix}b+c&c+a&a+b\\q+r&r+p&p+q\\y+z&z+x&x+y\end{vmatrix}=2\begin{vmatrix}a&b&c\\p&q&r\\x&y&z\end{vmatrix}.$$

证明

$$\begin{vmatrix}b+c&c+a&a+b\\q+r&r+p&p+q\\y+z&z+x&x+y\end{vmatrix}=\begin{vmatrix}b&c+a&a+b\\q&r+p&p+q\\y&z+x&x+y\end{vmatrix}+\begin{vmatrix}c&c+a&a+b\\r&r+p&p+q\\z&z+x&x+y\end{vmatrix}$$

$$=\begin{vmatrix}b&c&a+b\\q&r&p+q\\y&z&x+y\end{vmatrix}+\begin{vmatrix}b&a&a+b\\q&p&p+q\\y&x&x+y\end{vmatrix}+\begin{vmatrix}c&a&a+b\\r&p&p+q\\z&x&x+y\end{vmatrix}$$

$$=\begin{vmatrix}b&c&a\\q&r&p\\y&z&x\end{vmatrix}+\begin{vmatrix}c&a&b\\r&p&q\\z&x&y\end{vmatrix}=\begin{vmatrix}a&b&c\\p&q&r\\x&y&z\end{vmatrix}+\begin{vmatrix}a&b&c\\p&q&r\\x&y&z\end{vmatrix}$$

$$=2\begin{vmatrix}a&b&c\\p&q&r\\x&y&z\end{vmatrix}.$$

例 1.9 计算 n 阶行列式

$$D_n=\begin{vmatrix}x&a&a&\cdots&a\\a&x&a&\cdots&a\\a&a&x&\cdots&a\\\vdots&\vdots&\vdots&&\vdots\\a&a&a&\cdots&x\end{vmatrix}.$$

解

$$D_n\xlongequal{c_1+c_i(i=2,3,\cdots,n)}\begin{vmatrix}x+(n-1)a&a&a&\cdots&a\\x+(n-1)a&x&a&\cdots&a\\x+(n-1)a&a&x&\cdots&a\\\vdots&\vdots&\vdots&&\vdots\\x+(n-1)a&a&a&\cdots&x\end{vmatrix}$$

$$\xlongequal{c_1 \div [x+(n-1)a]} [x+(n-1)a]\begin{vmatrix} 1 & a & a & \cdots & a \\ 1 & x & a & \cdots & a \\ 1 & a & x & \cdots & a \\ \vdots & \vdots & \vdots & & \vdots \\ 1 & a & a & \cdots & x \end{vmatrix}$$

$$\xlongequal{r_i - r_1(i=2,3,\cdots,n)} [x+(n-1)a]\begin{vmatrix} 1 & a & a & \cdots & a \\ 0 & x-a & 0 & \cdots & 0 \\ 0 & 0 & x-a & \cdots & 0 \\ \vdots & \vdots & \vdots & & \vdots \\ 0 & 0 & 0 & \cdots & x-a \end{vmatrix}$$

$= [x+(n-1)a](x-a)^{n-1}$.

例 1.10　计算 n 阶行列式

$$D_n = \begin{vmatrix} 1+a_1 & 1 & 1 & \cdots & 1 & 1 \\ 1 & 1+a_2 & 1 & \cdots & 1 & 1 \\ 1 & 1 & 1+a_3 & \cdots & 1 & 1 \\ \vdots & \vdots & \vdots & & \vdots & \vdots \\ 1 & 1 & 1 & \cdots & 1 & 1+a_n \end{vmatrix} \quad (a_i \neq 0, i=1,2,\cdots,n).$$

解

$$D_n \xlongequal{r_i - r_1(i=2,3,\cdots,n)} \begin{vmatrix} 1+a_1 & 1 & 1 & \cdots & 1 & 1 \\ -a_1 & a_2 & 0 & \cdots & 0 & 0 \\ -a_1 & 0 & a_3 & \cdots & 0 & 0 \\ \vdots & \vdots & \vdots & & \vdots & \vdots \\ -a_1 & 0 & 0 & \cdots & 0 & a_n \end{vmatrix}$$

$$\xlongequal{c_i \div a_i(i=1,2,\cdots,n)} a_1 a_2 \cdots a_n \begin{vmatrix} 1+\dfrac{1}{a_1} & \dfrac{1}{a_2} & \dfrac{1}{a_3} & \cdots & \dfrac{1}{a_{n-1}} & \dfrac{1}{a_n} \\ -1 & 1 & 0 & \cdots & 0 & 0 \\ -1 & 0 & 1 & \cdots & 0 & 0 \\ \vdots & \vdots & \vdots & & \vdots & \vdots \\ -1 & 0 & 0 & \cdots & 0 & 1 \end{vmatrix}$$

$$\xlongequal{c_1+c_i(i=2,3,\cdots,n)} a_1a_2\cdots a_n\begin{vmatrix} 1+\sum_{i=1}^{n}\frac{1}{a_i} & \frac{1}{a_2} & \frac{1}{a_3} & \cdots & \frac{1}{a_{n-1}} & \frac{1}{a_n} \\ 0 & 1 & 0 & \cdots & 0 & 0 \\ 0 & 0 & 1 & \cdots & 0 & 0 \\ \vdots & \vdots & \vdots & & \vdots & \vdots \\ 0 & 0 & 0 & \cdots & 0 & 1 \end{vmatrix}$$

$$=a_1a_2\cdots a_n\left[1+\sum_{i=1}^{n}\frac{1}{a_i}\right].$$

§1.3　行列式的展开定理

除了利用行列式的性质计算行列式，将高阶行列式转化为低阶行列式也是行列式计算的常用方法之一，本节介绍有关行列式的展开问题.

一、行列式按一行(列)展开

定义 1.5　在 n 阶行列式

$$\begin{vmatrix} a_{11} & a_{12} & \cdots & a_{1n} \\ a_{21} & a_{22} & \cdots & a_{2n} \\ \vdots & \vdots & & \vdots \\ a_{n1} & a_{n2} & \cdots & a_{nn} \end{vmatrix}$$

中，划去元素 a_{ij} 所在的第 i 行和第 j 列，余下的元素按原来的顺序排列构成的 $n-1$ 阶行列式称为元素 a_{ij} 的**余子式**，记作 M_{ij}，即

$$M_{ij}=\begin{vmatrix} a_{11} & \cdots & a_{1\,j-1} & a_{1\,j+1} & \cdots & a_{1n} \\ \vdots & & \vdots & \vdots & & \vdots \\ a_{i-1\,1} & \cdots & a_{i-1\,j-1} & a_{i-1\,j+1} & \cdots & a_{i-1\,n} \\ a_{i+1\,1} & \cdots & a_{i+1\,j-1} & a_{i+1\,j+1} & \cdots & a_{i+1\,n} \\ \vdots & & \vdots & \vdots & & \vdots \\ a_{n1} & \cdots & a_{n\,j-1} & a_{n\,j+1} & \cdots & a_{nn} \end{vmatrix}.$$

记 $A_{ij}=(-1)^{i+j}M_{ij}$，A_{ij} 称为元素 a_{ij} 的**代数余子式**.

例如，四阶行列式

$$D=\begin{vmatrix}2&1&3&7\\1&0&-1&2\\-3&1&-1&1\\1&1&3&2\end{vmatrix}$$

中,元素 $a_{23}=-1$ 的余子式和代数余子式分别为

$$M_{23}=\begin{vmatrix}2&1&7\\-3&1&1\\1&1&2\end{vmatrix},\quad A_{23}=(-1)^{2+3}M_{23}=-M_{23}.$$

元素 $a_{31}=-3$ 的余子式和代数余子式分别为

$$M_{31}=\begin{vmatrix}1&3&7\\0&-1&2\\1&3&2\end{vmatrix},\quad A_{31}=(-1)^{3+1}M_{31}=M_{31}.$$

定理 1.4 n 阶行列式 $D=|a_{ij}|$ 等于它的任意一行(列)的各元素与其对应的代数余子式乘积之和，即

$$D=a_{i1}A_{i1}+a_{i2}A_{i2}+\cdots+a_{in}A_{in}\quad(i=1,2,\cdots,n)$$

或

$$D=a_{1j}A_{1j}+a_{2j}A_{2j}+\cdots+a_{nj}A_{nj}\quad(j=1,2,\cdots,n).$$

证明 (1) 讨论 D 的第一行元素中除 $a_{11}\neq 0$，其余元素均为零的特殊情形，即

$$D=\begin{vmatrix}a_{11}&0&\cdots&0\\a_{21}&a_{22}&\cdots&a_{2n}\\\vdots&\vdots&&\vdots\\a_{n1}&a_{n2}&\cdots&a_{nn}\end{vmatrix}.$$

由定义 1.4，有

$$D=\sum_{j_1j_2\cdots j_n}(-1)^{\tau(j_1j_2\cdots j_n)}a_{1j_1}a_{2j_2}\cdots a_{nj_n},$$

其中 $j_1j_2\cdots j_n$ 是 n 级排列.由

$$a_{1j_1}=\begin{cases}a_{11},j_1=1,\\0,j_1\neq 1,\end{cases}$$

得

$$\begin{aligned}D&=\sum_{j_1=1}(-1)^{\tau(j_1j_2\cdots j_n)}a_{1j_1}a_{2j_2}\cdots a_{nj_n}+\sum_{j_1\neq 1}(-1)^{\tau(j_1j_2\cdots j_n)}a_{1j_1}a_{2j_2}\cdots a_{nj_n}\\&=a_{11}\sum_{j_2j_3\cdots j_n}(-1)^{\tau(j_2j_3\cdots j_n)}a_{2j_2}a_{3j_3}\cdots a_{nj_n}\\&=a_{11}M_{11}.\end{aligned}$$

而 $A_{11}=(-1)^{1+1}M_{11}=M_{11}$，故 $D=a_{11}A_{11}$.

（2）考虑 D 中第 i 行的元素除 $a_{ij}\neq 0$，其余元素均为零的情形，即

$$D=\begin{vmatrix} a_{11} & \cdots & a_{1j} & \cdots & a_{1n} \\ \vdots & & \vdots & & \vdots \\ 0 & \cdots & a_{ij} & \cdots & 0 \\ \vdots & & \vdots & & \vdots \\ a_{n1} & \cdots & a_{nj} & \cdots & a_{nn} \end{vmatrix}.$$

将 D 的第 i 行依次与前 $i-1$ 行交换后，再将第 j 列依次与前 $j-1$ 列交换，共经过 $i+j-2$ 次交换 D 的行和列，得

$$D=(-1)^{i+j-2}\begin{vmatrix} a_{ij} & 0 & \cdots & 0 & 0 & \cdots & 0 \\ a_{1j} & a_{11} & \cdots & a_{1\,j-1} & a_{1\,j+1} & \cdots & a_{1n} \\ \vdots & \vdots & & \vdots & \vdots & & \vdots \\ a_{i-1\,j} & a_{i-1\,1} & \cdots & a_{i-1\,j-1} & a_{i-1\,j+1} & \cdots & a_{i-1\,n} \\ a_{i+1\,j} & a_{i+1\,1} & \cdots & a_{i+1\,j-1} & a_{i+1\,j+1} & \cdots & a_{i+1\,n} \\ \vdots & \vdots & & \vdots & \vdots & & \vdots \\ a_{nj} & a_{n1} & \cdots & a_{n\,j-1} & a_{n\,j+1} & \cdots & a_{nn} \end{vmatrix},$$

再由（1）得

$$D=(-1)^{i+j}a_{ij}M_{ij}=a_{ij}A_{ij}.$$

（3）讨论一般情形

$$D=\begin{vmatrix} a_{11} & a_{12} & \cdots & a_{1n} \\ \vdots & \vdots & & \vdots \\ a_{i1} & a_{i2} & \cdots & a_{in} \\ \vdots & \vdots & & \vdots \\ a_{n1} & a_{n2} & \cdots & a_{nn} \end{vmatrix}.$$

由性质 4 及上述（2）的结论，可得

$$D=\begin{vmatrix} a_{11} & a_{12} & \cdots & a_{1n} \\ \vdots & \vdots & & \vdots \\ a_{i1}+0+\cdots+0 & 0+a_{i2}+\cdots+0 & \cdots & 0+\cdots+0+a_{in} \\ \vdots & \vdots & & \vdots \\ a_{n1} & a_{n2} & \cdots & a_{nn} \end{vmatrix}$$

$$=\begin{vmatrix} a_{11} & a_{12} & \cdots & a_{1n} \\ \vdots & \vdots & & \vdots \\ a_{i1} & 0 & \cdots & 0 \\ \vdots & \vdots & & \vdots \\ a_{n1} & a_{n2} & \cdots & a_{nn} \end{vmatrix} + \begin{vmatrix} a_{11} & a_{12} & \cdots & a_{1n} \\ \vdots & \vdots & & \vdots \\ 0 & a_{i2} & \cdots & 0 \\ \vdots & \vdots & & \vdots \\ a_{n1} & a_{n2} & \cdots & a_{nn} \end{vmatrix} + \begin{vmatrix} a_{11} & a_{12} & \cdots & a_{1n} \\ \vdots & \vdots & & \vdots \\ 0 & 0 & \cdots & a_{in} \\ \vdots & \vdots & & \vdots \\ a_{n1} & a_{n2} & \cdots & a_{nn} \end{vmatrix}$$

$$=a_{i1}A_{i1}+a_{i2}A_{i2}+\cdots+a_{in}A_{in}.$$

同理，有 $D=a_{1j}A_{1j}+a_{2j}A_{2j}+\cdots+a_{nj}A_{nj}$.

该定理称为**行列式按行(列)展开定理**，它给出了行列式的降阶计算方法.

推论 n 阶行列式 $D=|a_{ij}|$ 的某一行(列) 的各元素与另一行(列) 的对应元素的代数余子式乘积之和等于零，即

$$a_{i1}A_{s1}+a_{i2}A_{s2}+\cdots+a_{in}A_{sn}=0 \quad (i\neq s)$$

或

$$a_{1j}A_{1t}+a_{2j}A_{2t}+\cdots+a_{nj}A_{nt}=0 \quad (j\neq t).$$

证明 考虑行列式

$$D_1=\begin{vmatrix} a_{11} & a_{12} & \cdots & a_{1n} \\ \vdots & \vdots & & \vdots \\ a_{i1} & a_{i2} & \cdots & a_{in} \\ \vdots & \vdots & & \vdots \\ a_{i1} & a_{i2} & \cdots & a_{in} \\ \vdots & \vdots & & \vdots \\ a_{n1} & a_{n2} & \cdots & a_{nn} \end{vmatrix} \begin{matrix} \\ \\ \text{第 } i \text{ 行} \\ \\ \text{第 } s \text{ 行} \\ \\ \\ \end{matrix},$$

将 D_1 按第 s 行展开，有

$$D_1=a_{i1}A_{s1}+a_{i2}A_{s2}\cdots+a_{in}A_{sn}.$$

由于 D_1 中第 i 行与第 s 行元素对应相同，故 $D_1=0$，即

$$a_{i1}A_{s1}+a_{i2}A_{s2}+\cdots+a_{in}A_{sn}=0 \quad (i\neq s).$$

同理，有

$$a_{1j}A_{1t}+a_{2j}A_{2t}+\cdots+a_{nj}A_{nt}=0 \quad (j\neq t).$$

将定理 1.4 及推论合并在一起，可以得出定理 1.5.

定理 1.5 设 n 阶行列式 $D=|a_{ij}|$，则

(1) $\sum\limits_{k=1}^{n}a_{ik}A_{sk}=a_{i1}A_{s1}+a_{i2}A_{s2}+\cdots+a_{in}A_{sn}=\begin{cases}D, & i=s,\\ 0, & i\neq s;\end{cases}$

(2) $\sum\limits_{k=1}^{n}a_{kj}A_{kt}=a_{1j}A_{1t}+a_{2j}A_{2t}+\cdots+a_{nj}A_{nt}=\begin{cases}D, & j=t,\\ 0, & j\neq t.\end{cases}$

例 1.11 计算四阶行列式 $D=\begin{vmatrix} 2 & 1 & 3 & 7 \\ 1 & 0 & -1 & 2 \\ -3 & 1 & -1 & 1 \\ 1 & 1 & 3 & 2 \end{vmatrix}$.

解法 1 将 D 按第 2 行展开，得

$$D=1\times(-1)^{2+1}\times\begin{vmatrix} 1 & 3 & 7 \\ 1 & -1 & 1 \\ 1 & 3 & 2 \end{vmatrix}+0+(-1)\times(-1)^{2+3}\times\begin{vmatrix} 2 & 1 & 7 \\ -3 & 1 & 1 \\ 1 & 1 & 2 \end{vmatrix}$$

$$+2\times(-1)^{2+4}\times\begin{vmatrix} 2 & 1 & 3 \\ -3 & 1 & -1 \\ 1 & 1 & 3 \end{vmatrix}$$

$$=(-20)+(-19)+8=-31.$$

解法 2

$$D\xlongequal{c_3+c_1,c_4-2c_1}\begin{vmatrix} 2 & 1 & 5 & 3 \\ 1 & 0 & 0 & 0 \\ -3 & 1 & -4 & 7 \\ 1 & 1 & 4 & 0 \end{vmatrix}$$

$$=1\times(-1)^{2+1}\begin{vmatrix} 1 & 5 & 3 \\ 1 & -4 & 7 \\ 1 & 4 & 0 \end{vmatrix}$$

$$\xlongequal{r_2-r_1,r_3-r_1}-\begin{vmatrix} 1 & 5 & 3 \\ 0 & -9 & 4 \\ 0 & -1 & -3 \end{vmatrix}$$

$$=-\begin{vmatrix} -9 & 4 \\ -1 & -3 \end{vmatrix}$$

$$=-31.$$

例 1.12 计算 n 阶行列式

$$D_n=\begin{vmatrix} a & b & 0 & \cdots & 0 & 0 \\ 0 & a & b & \cdots & 0 & 0 \\ \vdots & \vdots & \vdots & & \vdots & \vdots \\ 0 & 0 & 0 & \cdots & a & b \\ b & 0 & 0 & \cdots & 0 & a \end{vmatrix}.$$

解 将行列式按第 1 列展开，得

$$D_n=a\begin{vmatrix} a & b & \cdots & 0 & 0 \\ 0 & a & \cdots & 0 & 0 \\ \vdots & \vdots & & \vdots & \vdots \\ 0 & 0 & \cdots & a & b \\ 0 & 0 & \cdots & 0 & a \end{vmatrix}_{(n-1\text{阶})}+(-1)^{n+1}b\begin{vmatrix} b & 0 & \cdots & 0 & 0 \\ a & b & \cdots & 0 & 0 \\ \vdots & \vdots & & \vdots & \vdots \\ 0 & 0 & \cdots & b & 0 \\ 0 & 0 & \cdots & a & b \end{vmatrix}_{(n-1\text{阶})}$$

$$=a^n+(-1)^{n+1}b^n.$$

例 1.13 计算 n 阶行列式

$$D_n=\begin{vmatrix} x & -1 & 0 & \cdots & 0 & 0 \\ 0 & x & -1 & \cdots & 0 & 0 \\ \vdots & \vdots & \vdots & & \vdots & \vdots \\ 0 & 0 & 0 & \cdots & x & -1 \\ a_n & a_{n-1} & a_{n-2} & \cdots & a_2 & x+a_1 \end{vmatrix}.$$

解 将行列式按第 1 列展开，得

$$D_n=x\begin{vmatrix} x & -1 & 0 & \cdots & 0 & 0 \\ 0 & x & -1 & \cdots & 0 & 0 \\ \vdots & \vdots & \vdots & & \vdots & \vdots \\ 0 & 0 & 0 & \cdots & x & -1 \\ a_{n-1} & a_{n-2} & a_{n-3} & \cdots & a_2 & x+a_1 \end{vmatrix}_{(n-1\text{阶})}$$

$$+(-1)^{n+1}a_n\begin{vmatrix} -1 & 0 & \cdots & 0 & 0 \\ x & -1 & \cdots & 0 & 0 \\ \vdots & \vdots & & \vdots & \vdots \\ 0 & 0 & \cdots & -1 & 0 \\ 0 & 0 & \cdots & x & -1 \end{vmatrix}_{(n-1\text{阶})}$$

$$=xD_{n-1}+(-1)^{n+1}a_n(-1)^{n-1}$$

$$=xD_{n-1}+a_n.$$

利用递推公式 $D_n=xD_{n-1}+a_n$ 与 $D_2=\begin{vmatrix} x & -1 \\ a_2 & x+a_1 \end{vmatrix}=x^2+a_1x+a_2$，可得

$$D_n = x^n + a_1 x^{n-1} + \cdots + a_{n-1} x + a_n .$$

例 1.14 证明范德蒙德(Vandermonde)行列式

$$D_n = \begin{vmatrix} 1 & 1 & \cdots & 1 \\ x_1 & x_2 & \cdots & x_n \\ x_1^2 & x_2^2 & \cdots & x_n^2 \\ \vdots & \vdots & & \vdots \\ x_1^{n-1} & x_2^{n-1} & \cdots & x_n^{n-1} \end{vmatrix} = \prod_{1 \leqslant j < i \leqslant n} (x_i - x_j) \quad (n \geqslant 2),$$

其中 $\prod\limits_{1 \leqslant j < i \leqslant n} (x_i - x_j)$ 表示满足 $1 \leqslant j < i \leqslant n$ 的所有可能的 $x_i - x_j$ 的乘积.

证明 用数学归纳法证明.

当 $n = 2$ 时，$D_2 = \begin{vmatrix} 1 & 1 \\ x_1 & x_2 \end{vmatrix} = x_2 - x_1$，结论成立.

假设对于 $n-1$ 阶范德蒙德行列式结论成立，证明对于 n 阶范德蒙德行列式结论也成立.

对于行列式 D_n，从第 n 行开始依次减去上一行的 x_1 倍，得

$$D_n = \begin{vmatrix} 1 & 1 & 1 & \cdots & 1 \\ 0 & x_2 - x_1 & x_3 - x_1 & \cdots & x_n - x_1 \\ 0 & x_2(x_2 - x_1) & x_3(x_3 - x_1) & \cdots & x_n(x_n - x_1) \\ \vdots & \vdots & \vdots & & \vdots \\ 0 & x_2^{n-2}(x_2 - x_1) & x_3^{n-2}(x_3 - x_1) & \cdots & x_n^{n-2}(x_n - x_1) \end{vmatrix},$$

按第 1 列展开，并把每列的公因子 $x_i - x_1$ 提出，有

$$D_n = (x_2 - x_1)(x_3 - x_1)\cdots(x_n - x_1) \begin{vmatrix} 1 & 1 & \cdots & 1 \\ x_2 & x_3 & \cdots & x_n \\ \vdots & \vdots & & \vdots \\ x_2^{n-2} & x_3^{n-2} & \cdots & x_n^{n-2} \end{vmatrix},$$

最后得到的行列式是一个 $n-1$ 阶范德蒙德行列式，根据归纳假设知

$$\begin{vmatrix} 1 & 1 & \cdots & 1 \\ x_2 & x_3 & \cdots & x_n \\ \vdots & \vdots & & \vdots \\ x_2^{n-2} & x_3^{n-2} & \cdots & x_n^{n-2} \end{vmatrix} = \prod_{2 \leqslant j < i \leqslant n} (x_i - x_j),$$

所以

$$\begin{aligned} D_n &= (x_2 - x_1)(x_3 - x_1)\cdots(x_n - x_1) \prod_{2 \leqslant j < i \leqslant n} (x_i - x_j) \\ &= \prod_{1 \leqslant j < i \leqslant n} (x_i - x_j). \end{aligned}$$

二、* 拉普拉斯(Laplace)定理

行列式按一行(列)展开的性质可以推广到按若干行(列)展开.为此引入定义 1.6.

定义 1.6　在一个 n 阶行列式 D 中任意选定 k 行 k 列($1 \leqslant k \leqslant n$)，位于这些行和列交叉处的 k^2 个元素按照原来的次序组成一个 k 阶行列式 M，称为行列式 D 的一个 k **阶子式**.在 D 中划去这 k 行 k 列后,余下的元素按照原来的次序组成的 $n-k$ 阶行列式 N,称为 k 阶子式 M 的**余子式**.

如果 k 阶子式 M 的元素在 D 中所在的行标和列标分别是 $i_1,i_2,\cdots,i_k$ 和 $j_1,j_2,\cdots,j_k$，则在 M 的余子式 N 前面添加符号

$$(-1)^{(i_1+i_2+\cdots+i_k)+(j_1+j_2+\cdots+j_k)}$$

后所得到的 $n-k$ 阶行列式，称为 k 阶子式 M 的**代数余子式**，记为 A，即

$$A=(-1)^{(i_1+i_2+\cdots+i_k)+(j_1+j_2+\cdots+j_k)}N.$$

例如，在四阶行列式

$$D=\begin{vmatrix} 1 & 2 & 1 & 4 \\ 0 & -1 & 2 & 1 \\ 5 & 0 & 2 & 1 \\ 1 & 4 & 1 & 3 \end{vmatrix}$$

中，选定第一、第三行，第二、第四列得到一个二阶子式

$$M=\begin{vmatrix} 2 & 4 \\ 0 & 1 \end{vmatrix},$$

M 的余子式为

$$N=\begin{vmatrix} 0 & 2 \\ 1 & 1 \end{vmatrix},$$

M 的代数余子式为

$$A=(-1)^{(1+3)+(2+4)}N=\begin{vmatrix} 0 & 2 \\ 1 & 1 \end{vmatrix}.$$

定理 1.6(**拉普拉斯定理**)　设在行列式 D 中任意取定 k($1 \leqslant k \leqslant n-1$) 行，由这 k 行元素组成的所有 k 阶子式与它们的代数余子式的乘积之和等于行列式 D，即

$$D=M_1A_1+M_2A_2+\cdots+M_tA_t \quad \left(t=C_n^k=\frac{n!}{k!\,(n-k)!}\right),$$

其中 A_i 是子式 M_i 对应的代数余子式.

证明略.

显然，在拉普拉斯定理中，令 $k=1$ 即为行列式按一行展开定理.

例 1.15 计算四阶行列式

$$\begin{vmatrix} 1 & 2 & 1 & 4 \\ 0 & -1 & 2 & 1 \\ 5 & 0 & 2 & 1 \\ 1 & 4 & 1 & 3 \end{vmatrix}.$$

解 取定第一、第三行，可以组成 $C_4^2=6$ 个二阶子式，为

$$M_1=\begin{vmatrix} 1 & 2 \\ 5 & 0 \end{vmatrix}=-10,\quad M_2=\begin{vmatrix} 1 & 1 \\ 5 & 2 \end{vmatrix}=-3,$$

$$M_3=\begin{vmatrix} 1 & 4 \\ 5 & 1 \end{vmatrix}=-19,\quad M_4=\begin{vmatrix} 2 & 1 \\ 0 & 2 \end{vmatrix}=4,$$

$$M_5=\begin{vmatrix} 2 & 4 \\ 0 & 1 \end{vmatrix}=2,\quad M_6=\begin{vmatrix} 1 & 4 \\ 2 & 1 \end{vmatrix}=-7,$$

对应的代数余子式分别为

$$A_1=(-1)^{(1+3)+(1+2)}\begin{vmatrix} 2 & 1 \\ 1 & 3 \end{vmatrix}=-5,\quad A_2=(-1)^{(1+3)+(1+3)}\begin{vmatrix} -1 & 1 \\ 4 & 3 \end{vmatrix}=-7,$$

$$A_3=(-1)^{(1+3)+(1+4)}\begin{vmatrix} -1 & 2 \\ 4 & 1 \end{vmatrix}=9,\quad A_4=(-1)^{(1+3)+(2+3)}\begin{vmatrix} 0 & 1 \\ 1 & 3 \end{vmatrix}=1,$$

$$A_5=(-1)^{(1+3)+(2+4)}\begin{vmatrix} 0 & 2 \\ 1 & 1 \end{vmatrix}=-2,\quad A_6=(-1)^{(1+3)+(3+4)}\begin{vmatrix} 0 & -1 \\ 1 & 4 \end{vmatrix}=-1,$$

于是，由定理 1.6 可得

$$\begin{aligned} D &= (-10)\times(-5)+(-3)\times(-7)+(-19)\times 9+4\times 1+2\times(-2)+(-7)\times(-1) \\ &=-93. \end{aligned}$$

例 1.16 证明 $2n$ 阶行列式

$$\begin{vmatrix} a_{11} & a_{12} & \cdots & a_{1n} & 0 & 0 & \cdots & 0 \\ a_{21} & a_{22} & \cdots & a_{2n} & 0 & 0 & \cdots & 0 \\ \vdots & \vdots & & \vdots & \vdots & \vdots & & \vdots \\ a_{n1} & a_{n2} & \cdots & a_{nn} & 0 & 0 & \cdots & 0 \\ c_{11} & c_{12} & \cdots & c_{1n} & b_{11} & b_{12} & \cdots & b_{1n} \\ c_{21} & c_{22} & \cdots & c_{2n} & b_{21} & b_{22} & \cdots & b_{2n} \\ \vdots & \vdots & & \vdots & \vdots & \vdots & & \vdots \\ c_{n1} & c_{n2} & \cdots & c_{nn} & b_{n1} & b_{n2} & \cdots & b_{nn} \end{vmatrix}$$

$$=\begin{vmatrix} a_{11} & a_{12} & \cdots & a_{1n} \\ a_{21} & a_{22} & \cdots & a_{2n} \\ \vdots & \vdots & & \vdots \\ a_{n1} & a_{n2} & \cdots & a_{nn} \end{vmatrix} \cdot \begin{vmatrix} b_{11} & b_{12} & \cdots & b_{1n} \\ b_{21} & b_{22} & \cdots & b_{2n} \\ \vdots & \vdots & & \vdots \\ b_{n1} & b_{n2} & \cdots & b_{nn} \end{vmatrix}.$$

证明 在等式左端的 $2n$ 阶行列式中，取定前 n 行. 由这 n 行元素组成的所有 n 阶子式中，只有取前 n 列时的子式不等于零. 根据定理 1.6 得

$$\text{左端}=\begin{vmatrix} a_{11} & a_{12} & \cdots & a_{1n} \\ a_{21} & a_{22} & \cdots & a_{2n} \\ \vdots & \vdots & & \vdots \\ a_{n1} & a_{n2} & \cdots & a_{nn} \end{vmatrix} \times (-1)^{(1+2+\cdots+n)+(1+2+\cdots+n)} \begin{vmatrix} b_{11} & b_{12} & \cdots & b_{1n} \\ b_{21} & b_{22} & \cdots & b_{2n} \\ \vdots & \vdots & & \vdots \\ b_{n1} & b_{n2} & \cdots & b_{nn} \end{vmatrix}$$

$$=\begin{vmatrix} a_{11} & a_{12} & \cdots & a_{1n} \\ a_{21} & a_{22} & \cdots & a_{2n} \\ \vdots & \vdots & & \vdots \\ a_{n1} & a_{n2} & \cdots & a_{nn} \end{vmatrix} \cdot \begin{vmatrix} b_{11} & b_{12} & \cdots & b_{1n} \\ b_{21} & b_{22} & \cdots & b_{2n} \\ \vdots & \vdots & & \vdots \\ b_{n1} & b_{n2} & \cdots & b_{nn} \end{vmatrix}.$$

例如，四阶行列式

$$\begin{vmatrix} 3 & 2 & 0 & 0 \\ -1 & 1 & 0 & 0 \\ -1 & 1 & 5 & 2 \\ 1 & -1 & -2 & -1 \end{vmatrix} = \begin{vmatrix} 3 & 2 \\ -1 & 1 \end{vmatrix} \cdot \begin{vmatrix} 5 & 2 \\ -2 & -1 \end{vmatrix} = -5.$$

§1.4 克拉默(Cramer)法则

线性方程组的一般形式为

$$\begin{cases} a_{11}x_1 + a_{12}x_2 + \cdots + a_{1n}x_n = b_1, \\ a_{21}x_1 + a_{22}x_2 + \cdots + a_{2n}x_n = b_2, \\ \qquad \vdots \\ a_{m1}x_1 + a_{m2}x_2 + \cdots + a_{mn}x_n = b_m. \end{cases} \tag{1.10}$$

若线性方程组(1.10) 的常数项均为零，即

$$\begin{cases} a_{11}x_1+a_{12}x_2+\cdots+a_{1n}x_n=0, \\ a_{21}x_1+a_{22}x_2+\cdots+a_{2n}x_n=0, \\ \qquad\vdots \\ a_{m1}x_1+a_{m2}x_2+\cdots+a_{mn}x_n=0 \end{cases} \tag{1.11}$$

称为**齐次线性方程组**;若线性方程组(1.10) 的常数项不全为零，则称为**非齐次线性方程组**.本节以行列式为工具，研究方程个数与未知量个数相等的线性方程组

$$\begin{cases} a_{11}x_1+a_{12}x_2+\cdots+a_{1n}x_n=b_1, \\ a_{21}x_1+a_{22}x_2+\cdots+a_{2n}x_n-b_2, \\ \qquad\vdots \\ a_{n1}x_1+a_{n2}x_2+\cdots+a_{nn}x_n=b_n, \end{cases} \tag{1.12}$$

称

$$D=\begin{vmatrix} a_{11} & a_{12} & \cdots & a_{1n} \\ a_{21} & a_{22} & \cdots & a_{2n} \\ \vdots & \vdots & & \vdots \\ a_{n1} & a_{n2} & \cdots & a_{nn} \end{vmatrix}$$

为线性方程组(1.12)的**系数行列式**.

定理 1.7**(克拉默法则)**　如果线性方程组(1.12)的系数行列式

$$D=\begin{vmatrix} a_{11} & a_{12} & \cdots & a_{1n} \\ a_{21} & a_{22} & \cdots & a_{2n} \\ \vdots & \vdots & & \vdots \\ a_{n1} & a_{n2} & \cdots & a_{nn} \end{vmatrix} \neq 0,$$

则线性方程组(1.12) 有唯一解

$$x_1=\frac{D_1}{D},x_2=\frac{D_2}{D},\cdots,x_n=\frac{D_n}{D}, \tag{1.13}$$

其中 D_j 是把 D 中第 j 列换成方程组的常数项 $b_1,b_2,\cdots,b_n$ 后所得到的行列式.

定理 1.7 一共有 3 个结论:(1) 线性方程组(1.12) 有解;(2) 解是唯一的;(3) 解由式(1.13) 给出.

证明　首先证明式(1.13) 是方程组(1.12) 的解.事实上，将 $x_j=\dfrac{D_j}{D}(j=1,2,\cdots,n)$ 代入方程组(1.12) 的第 i 个方程的左端，将 D_j 按第 j 列展开为

$$D_j=b_1A_{1j}+b_2A_{2j}+\cdots+b_nA_{nj}\quad (j=1,2,\cdots,n),$$

再利用定理 1.5,得

$$a_{i1}\frac{D_1}{D}+a_{i2}\frac{D_2}{D}+\cdots+a_{in}\frac{D_n}{D}$$

$$=\frac{1}{D}[a_{i1}(b_1A_{11}+b_2A_{21}+\cdots+b_nA_{n1})+a_{i2}(b_1A_{12}+b_2A_{22}+\cdots+b_nA_{n2})$$

$$+\cdots+a_{in}(b_1A_{1n}+b_2A_{2n}+\cdots+b_nA_{nn})]$$

$$=\frac{1}{D}[b_1(a_{i1}A_{11}+a_{i2}A_{12}+\cdots+a_{in}A_{1n})+b_2(a_{i1}A_{21}+a_{i2}A_{22}+\cdots+a_{in}A_{2n})$$

$$+\cdots+b_i(a_{i1}A_{i1}+a_{i2}A_{i2}+\cdots+a_{in}A_{in})+\cdots+b_n(a_{i1}A_{n1}+a_{i2}A_{n2}+\cdots+a_{in}A_{nn})]$$

$$=\frac{1}{D}b_iD=b_i,$$

即式(1.13) 给出的 $x_1,x_2,\cdots,x_n$ 是方程组(1.12) 的解，同时也说明方程组(1.12) 有解.

下面证明解是唯一的.设 $x_1=c_1,x_2=c_2,\cdots,x_n=c_n$ 是方程组(1.12) 的任意一个解，则

$$\begin{cases}a_{11}c_1+a_{12}c_2+\cdots+a_{1n}c_n=b_1,\\ a_{21}c_1+a_{22}c_2+\cdots+a_{2n}c_n=b_2,\\ \qquad\vdots\\ a_{n1}c_1+a_{n2}c_2+\cdots+a_{nn}c_n=b_n.\end{cases}$$

用 D 中第 j 列元素的代数余子式 $A_{1j},A_{2j},\cdots,A_{nj}$ 依次乘以上式的 n 个等式，相加得

$$\left(\sum_{k=1}^{n}a_{k1}A_{kj}\right)c_1+\cdots+\left(\sum_{k=1}^{n}a_{kj}A_{kj}\right)c_j+\cdots+\left(\sum_{k=1}^{n}a_{kn}A_{kj}\right)c_n$$
$$=\sum_{k=1}^{n}b_kA_{kj},$$

从而

$$Dc_j=D_j\quad(j=1,2,\cdots,n).$$

由于 $D\neq0$，因此

$$c_j=\frac{D_j}{D}\quad(j=1,2,\cdots,n).$$

此即说明，若 $x_1=c_1,x_2=c_2,\cdots,x_n=c_n$ 是方程组(1.12) 的解，则必有 $c_j=\frac{D_j}{D}(j=1,2,\cdots,n)$，即方程组(1.12) 的解是唯一的，且由式(1.13) 给出 .

显然，在克拉默法则中，令 $n=2,3$ 即为 1.1 节中给出的关于二元、三元线性方程组的结论.

例 1.17 解线性方程组

$$\begin{cases}x_1+x_2+x_3+x_4=1,\\ x_1+2x_2+x_3+x_4=2,\\ x_1+2x_2+3x_3+2x_4=5,\\ x_1+3x_2+4x_3+5x_4=9.\end{cases}$$

解 因为方程组的系数行列式

$$D=\begin{vmatrix}1&1&1&1\\1&2&1&1\\1&2&3&2\\1&3&4&5\end{vmatrix}=5\neq 0,$$

所以方程组有唯一解.而

$$D_1=\begin{vmatrix}1&1&1&1\\2&2&1&1\\5&2&3&2\\9&3&4&5\end{vmatrix}=-9,\quad D_2=\begin{vmatrix}1&1&1&1\\1&2&1&1\\1&5&3&2\\1&9&4&5\end{vmatrix}=5,$$

$$D_3=\begin{vmatrix}1&1&1&1\\1&2&2&1\\1&2&5&2\\1&3&9&5\end{vmatrix}=6,\quad D_4=\begin{vmatrix}1&1&1&1\\1&2&1&2\\1&2&3&5\\1&3&4&9\end{vmatrix}=3,$$

因此方程组的唯一解为

$$x_1=\frac{D_1}{D}=\frac{-9}{5}=-\frac{9}{5},\quad x_2=\frac{D_2}{D}=\frac{5}{5}=1,\quad x_3=\frac{D_3}{D}=\frac{6}{5},\quad x_4=\frac{D_4}{D}=\frac{3}{5}.$$

克拉默法则解决了方程个数与未知量个数相等且系数行列式不为零的线性方程组的求解问题，而对于线性方程组中方程个数与未知量个数不相等，或者方程个数与未知量个数相等但系数行列式等于零的情形将在第 3 章中讨论.利用克拉默法则求解线性方程组需要计算行列式，因此当行列式阶数较高时计算量还是比较大的，但克拉默法则的重要之处在于它给出了线性方程组的解与系数的关系，从而对线性方程组的理论研究起着重要作用.

对于齐次线性方程组(1.11)，显然 $x_1=0,x_2=0,\cdots,x_n=0$ 必为方程组(1.11) 的一个解，这个解称为齐次线性方程组的**零解**.而若存在某个 $x_i\neq 0$ 的解称为齐次线性方程组的**非零解**.我们关心的问题是齐次线性方程组除了零解是否还有非零解.将克拉默法则用于方程个数与未知量个数相等的齐次线性方程组

$$\begin{cases}a_{11}x_1+a_{12}x_2+\cdots+a_{1n}x_n=0,\\a_{21}x_1+a_{22}x_2+\cdots+a_{2n}x_n=0,\\\qquad\vdots\\a_{n1}x_1+a_{n2}x_2+\cdots+a_{nn}x_n=0\end{cases}\tag{1.14}$$

中，可得定理 1.8.

定理 1.8　如果齐次线性方程组(1.14)的系数行列式 $D\neq 0$，则方程组(1.14) 只有零解.

推论　如果齐次线性方程组(1.14) 有非零解，则其系数行列式 $D=0$.

在第 3 章中还将证明，如果齐次线性方程组(1.14) 的系数行列式 $D=0$，则其一定有非零

解，也就是说，齐次线性方程组(1.14)有非零解的充要条件是其系数行列式 $D=0$.

例 1.18 问 λ 为何值时，齐次线性方程组

$$\begin{cases}\lambda x_1+x_2+x_3=0,\\ x_1+\lambda x_2-x_3=0,\\ 2x_1-x_2+x_3=0\end{cases}$$

有非零解？

解 如果齐次线性方程组有非零解，则其系数行列式

$$D=\begin{vmatrix}\lambda & 1 & 1\\ 1 & \lambda & -1\\ 2 & -1 & 1\end{vmatrix}=(\lambda+1)(\lambda-4)=0,$$

由此得 $\lambda=-1$ 或 $\lambda=4$.

习 题 一

(A)

1.求下列各排列的逆序数，并指出其奇偶性.

(1)342651； (2)7563421； (3)$345\cdots n21$； (4)$n12\cdots(n-1)$.

2.确定 i 和 j 的值，使 8 级排列 $2i68j431$ 为奇排列，9 级排列 $162i54j89$ 为偶排列.

3.下列各项中，哪些是六阶行列式 $|a_{ij}|$ 中的项？若是，试确定其符号.

(1)$a_{15}a_{23}a_{32}a_{44}a_{51}a_{66}$； (2)$a_{32}a_{26}a_{53}a_{44}a_{11}a_{65}$； (3)$a_{21}a_{53}a_{16}a_{43}a_{65}a_{34}$.

4.计算下列行列式.

(1)$\begin{vmatrix}2 & 1\\ -1 & 2\end{vmatrix}$； (2)$\begin{vmatrix}a & b\\ a^2 & b^2\end{vmatrix}$； (3)$\begin{vmatrix}1 & \log_b a\\ \log_a b & 1\end{vmatrix}$；

(4)$\begin{vmatrix}1 & 2 & 3\\ 3 & 1 & 2\\ 2 & 3 & 1\end{vmatrix}$； (5)$\begin{vmatrix}1 & 1 & 1\\ a & b & c\\ a^2 & b^2 & c^2\end{vmatrix}$； (6)$\begin{vmatrix}a & 0 & 0 & b\\ 0 & 0 & c & 0\\ 0 & d & 0 & 0\\ e & 0 & 0 & f\end{vmatrix}$；

(7)$\begin{vmatrix}3 & 5 & 8 & 6\\ 2 & 1 & 4 & 2\\ 1 & -1 & 0 & 1\\ 5 & 4 & 2 & 1\end{vmatrix}$； (8)$\begin{vmatrix}1 & 1 & 1 & 1 & 1\\ 1 & 3 & 9 & 27 & 81\\ 1 & 2 & 4 & 8 & 16\\ 1 & 5 & 25 & 125 & 625\\ 1 & 4 & 16 & 64 & 256\end{vmatrix}$.

5. 解下列方程.

(1) $\begin{vmatrix} 3 & 1 & x \\ 4 & x & 0 \\ 1 & 0 & x \end{vmatrix}=0$；

(2) $\begin{vmatrix} 1 & 1 & 2 & 3 \\ 1 & 2-x^2 & 2 & 3 \\ 2 & 3 & 1 & 5 \\ 2 & 3 & 1 & 9-x^2 \end{vmatrix}=0$；

(3) $\begin{vmatrix} 1 & 1 & 1 & \cdots & 1 \\ 1 & 1-x & 1 & \cdots & 1 \\ 1 & 1 & 2-x & \cdots & 1 \\ \vdots & \vdots & \vdots & & \vdots \\ 1 & 1 & 1 & \cdots & (n-1)-x \end{vmatrix}=0.$

6. 计算下列行列式.

(1) $\begin{vmatrix} 0 & 0 & \cdots & 0 & a_1 \\ 0 & 0 & \cdots & a_2 & 0 \\ \vdots & \vdots & & \vdots & \vdots \\ 0 & a_{n-1} & \cdots & 0 & 0 \\ a_n & 0 & \cdots & 0 & 0 \end{vmatrix}$；

(2) $\begin{vmatrix} 0 & 1 & 0 & \cdots & 0 \\ 0 & 0 & 2 & \cdots & 0 \\ \vdots & \vdots & \vdots & & \vdots \\ 0 & 0 & 0 & \cdots & n-1 \\ n & 0 & 0 & \cdots & 0 \end{vmatrix}$；

(3) $\begin{vmatrix} a_{11} & \cdots & a_{1\,n-1} & a_{1n} \\ a_{21} & \cdots & a_{2\,n-1} & 0 \\ \vdots & & \vdots & \vdots \\ a_{n1} & \cdots & 0 & 0 \end{vmatrix}$；

(4) $\begin{vmatrix} 1 & a_1 & a_2 & \cdots & a_n \\ 1 & a_1+b_1 & a_2 & \cdots & a_n \\ 1 & a_1 & a_2+b_2 & \cdots & a_n \\ \vdots & \vdots & \vdots & & \vdots \\ 1 & a_1 & a_2 & \cdots & a_n+b_n \end{vmatrix}$；

(5) $\begin{vmatrix} x & 1 & 2 & \cdots & n-2 & 1 \\ 1 & x & 2 & \cdots & n-2 & 1 \\ 1 & 2 & x & \cdots & n-2 & 1 \\ \vdots & \vdots & \vdots & & \vdots & \vdots \\ 1 & 2 & 3 & \cdots & x & 1 \\ 1 & 2 & 3 & \cdots & n-1 & 1 \end{vmatrix}$；

(6) $\begin{vmatrix} 2 & 1 & 1 & \cdots & 1 \\ 1 & 2 & 1 & \cdots & 1 \\ 1 & 1 & 2 & \cdots & 1 \\ \vdots & \vdots & \vdots & & \vdots \\ 1 & 1 & 1 & \cdots & 2 \end{vmatrix}_{(n阶)}$；

(7) $\begin{vmatrix} a-x & a & \cdots & a \\ a & a-x & \cdots & a \\ \vdots & \vdots & & \vdots \\ a & a & \cdots & a-x \end{vmatrix}_{(n阶)}$；

(8) $\begin{vmatrix} a_1+b & a_2 & \cdots & a_n \\ a_1 & a_2+b & \cdots & a_n \\ \vdots & \vdots & & \vdots \\ a_1 & a_2 & \cdots & a_n+b \end{vmatrix}$；

(9) $\begin{vmatrix} x & a_1 & a_2 & a_3 & \cdots & a_n \\ a_1 & x & a_2 & a_3 & \cdots & a_n \\ a_1 & a_2 & x & a_3 & \cdots & a_n \\ \vdots & \vdots & \vdots & \vdots & & \vdots \\ a_1 & a_2 & a_3 & a_4 & \cdots & x \end{vmatrix}$；

(10) $\begin{vmatrix} 0 & 1 & 1 & \cdots & 1 \\ 1 & 2 & 0 & \cdots & 0 \\ 1 & 0 & 3 & \cdots & 0 \\ \vdots & \vdots & \vdots & & \vdots \\ 1 & 0 & 0 & \cdots & n \end{vmatrix}$；

(11) $\begin{vmatrix} -a_1 & a_1 & 0 & \cdots & 0 & 0 \\ 0 & -a_2 & a_2 & \cdots & 0 & 0 \\ \vdots & \vdots & \vdots & & \vdots & \vdots \\ 0 & 0 & 0 & \cdots & -a_n & a_n \\ 1 & 1 & 1 & \cdots & 1 & 1 \end{vmatrix}$；

(12) $\begin{vmatrix} 1 & 2 & 3 & \cdots & n-1 & n \\ 1 & -1 & 0 & \cdots & 0 & 0 \\ 0 & 2 & -2 & \cdots & 0 & 0 \\ \vdots & \vdots & \vdots & & \vdots & \vdots \\ 0 & 0 & 0 & \cdots & n-1 & 1-n \end{vmatrix}$；

(13) $\begin{vmatrix} a & 0 & 0 & \cdots & 0 & 1 \\ 0 & a & 0 & \cdots & 0 & 0 \\ \vdots & \vdots & \vdots & & \vdots & \vdots \\ 0 & 0 & 0 & \cdots & a & 0 \\ 1 & 0 & 0 & \cdots & 0 & a \end{vmatrix}_{(n\text{阶})}$；

(14) $\begin{vmatrix} a_1 & b_1 & 0 & \cdots & 0 & 0 \\ 0 & a_2 & b_2 & \cdots & 0 & 0 \\ \vdots & \vdots & \vdots & & \vdots & \vdots \\ 0 & 0 & 0 & \cdots & a_{n-1} & b_{n-1} \\ b_n & 0 & 0 & \cdots & 0 & a_n \end{vmatrix}$；

(15) $\begin{vmatrix} 1 & 2 & 2 & \cdots & 2 \\ 2 & 2 & 2 & \cdots & 2 \\ 2 & 2 & 3 & \cdots & 2 \\ \vdots & \vdots & \vdots & & \vdots \\ 2 & 2 & 2 & \cdots & n \end{vmatrix}$；

(16) $\begin{vmatrix} a_0 & -1 & 0 & \cdots & 0 & 0 \\ a_1 & x & -1 & \cdots & 0 & 0 \\ \vdots & \vdots & \vdots & & \vdots & \vdots \\ a_{n-2} & 0 & 0 & \cdots & x & -1 \\ a_{n-1} & 0 & 0 & \cdots & 0 & x \end{vmatrix}$ $(n \geqslant 2)$.

7. 证明：

(1) $D_n = \begin{vmatrix} a_1-b_1 & a_1-b_2 & \cdots & a_1-b_n \\ a_2-b_1 & a_2-b_2 & \cdots & a_2-b_n \\ \vdots & \vdots & & \vdots \\ a_n-b_1 & a_n-b_2 & \cdots & a_n-b_n \end{vmatrix} = \begin{cases} a_1-b_1, n=1, \\ (a_2-a_1)(b_2-b_1), n=2, \\ 0, n \geqslant 3; \end{cases}$

(2) $D_n = \begin{vmatrix} \alpha+\beta & \alpha & 0 & \cdots & 0 & 0 \\ \beta & \alpha+\beta & \alpha & \cdots & 0 & 0 \\ 0 & \beta & \alpha+\beta & \cdots & 0 & 0 \\ \vdots & \vdots & \vdots & & \vdots & \vdots \\ 0 & 0 & 0 & \cdots & \alpha+\beta & \alpha \\ 0 & 0 & 0 & \cdots & \beta & \alpha+\beta \end{vmatrix} = \begin{cases} \dfrac{\alpha^{n+1}-\beta^{n+1}}{\alpha-\beta}, \alpha \neq \beta, \\ (n+1)\alpha^n, \alpha=\beta. \end{cases}$

8. 利用克拉默法则求解下列线性方程组.

(1) $\begin{cases} 2x+5y=1, \\ 3x+7y=2; \end{cases}$　　(2) $\begin{cases} x_1+x_2-2x_3=-3, \\ 5x_1-2x_2+7x_3=22, \\ 2x_1-5x_2+4x_3=4; \end{cases}$

(3) $\begin{cases} x_1+x_2+x_3+x_4=5, \\ x_1+2x_2-x_3+4x_4=-2, \\ 2x_1-3x_2-x_3-5x_4=-2, \\ 3x_1+x_2+2x_3+11x_4=0. \end{cases}$

9.求 k 为何值时，齐次线性方程组

$$(1)\begin{cases}x_1+kx_2+x_3=0,\\x_1-x_2+x_3=0,\\kx_1+x_2+2x_3=0\end{cases}$$

有非零解；

$$(2)\begin{cases}kx_1+x_2+x_3=0,\\kx_1+3x_2-x_3=0,\\-x_2+kx_3=0\end{cases}$$

只有零解.

(B)

1.写出四阶行列式 $|a_{ij}|$ 中含有因子 $a_{11}a_{23}$ 的项.

2.写出四阶行列式 $|a_{ij}|$ 中带负号且含有元素 a_{32} 的项.

3.求函数

$$f(x)=\begin{vmatrix}x&x&1&0\\1&x&2&3\\2&3&x&2\\1&1&2&x\end{vmatrix}$$

中 x^3 的系数.

4.已知函数

$$f(x)=\begin{vmatrix}x&1&2+x\\2&2&4\\3&x+2&4-x\end{vmatrix},$$

证明：方程 $f'(x)=0$ 有小于 1 的正根.

5.设 $D=\begin{vmatrix}a&b&c&d\\c&b&d&a\\d&b&c&a\\a&b&d&c\end{vmatrix}$，求 $A_{14}+A_{24}+A_{34}+A_{44}$.

6.设 $D=\begin{vmatrix}3&0&4&0\\2&2&2&2\\0&-7&0&0\\5&3&-2&2\end{vmatrix}$，求 $M_{41}+M_{42}+M_{43}+M_{44}$.

7.计算下列行列式.

(1) $\begin{vmatrix} 0 & 1 & 2 & 3 & \cdots & n-1 \\ 1 & 0 & 1 & 2 & \cdots & n-2 \\ 2 & 1 & 0 & 1 & \cdots & n-3 \\ \vdots & \vdots & \vdots & \vdots & & \vdots \\ n-1 & n-2 & n-3 & n-4 & \cdots & 0 \end{vmatrix}$;

(2) $\begin{vmatrix} 1+a_1^2 & a_1a_2 & \cdots & a_1a_n \\ a_2a_1 & 1+a_2^2 & \cdots & a_2a_n \\ \vdots & \vdots & & \vdots \\ a_na_1 & a_na_2 & \cdots & 1+a_n^2 \end{vmatrix}$;

(3) $\begin{vmatrix} 1 & 2 & 3 & \cdots & n \\ 2 & 3 & 4 & \cdots & 1 \\ 3 & 4 & 5 & \cdots & 2 \\ \vdots & \vdots & \vdots & & \vdots \\ n & 1 & 2 & \cdots & n-1 \end{vmatrix}$;

(4) $\begin{vmatrix} a_1^n & a_1^{n-1}b_1 & \cdots & a_1b_1^{n-1} & b_1^n \\ a_2^n & a_2^{n-1}b_2 & \cdots & a_2b_2^{n-1} & b_2^n \\ \vdots & \vdots & & \vdots & \vdots \\ a_{n+1}^n & a_{n+1}^{n-1}b_{n+1} & \cdots & a_{n+1}b_{n+1}^{n-1} & b_{n+1}^n \end{vmatrix}$，其中 $a_i \neq 0, b_i \neq 0 (i=1,2,\cdots,n+1)$.

8.求 λ,μ 取何值时，齐次线性方程组

$$\begin{cases} \lambda x_1 + x_2 + x_3 = 0, \\ x_1 + \mu x_2 + x_3 = 0, \\ x_1 + 2\mu x_2 + x_3 = 0 \end{cases}$$

有非零解.

9.设 a,b,c,d 两两不等，证明:线性方程组

$$\begin{cases} x_1 + x_2 + x_3 + x_4 = 1, \\ ax_1 + bx_2 + cx_3 + dx_4 = 2, \\ a^2x_1 + b^2x_2 + c^2x_3 + d^2x_4 = 3, \\ a^3x_1 + b^3x_2 + c^3x_3 + d^3x_4 = 4 \end{cases}$$

有唯一解.

第2章 矩阵

矩阵是数学中重要的基本概念之一，在很多问题中的一些数量关系要用矩阵来描述.矩阵也是代数学的一个重要研究对象，它在数学的很多分支和其他学科中有着广泛应用.

本章由实际问题入手，引出矩阵的概念，进而介绍矩阵的基本运算、可逆矩阵的逆矩阵、矩阵的初等变换，并介绍矩阵的分块及分块矩阵的运算.

§2.1 矩阵的概念

一、矩阵的概念

例 2.1 某种物资有 3 个产地，4 个销售地，调配方案见表 2.1.

表 2.1 **调运量** **单位:吨**

产地＼销售地	甲	乙	丙	丁
Ⅰ	1	2	3	4
Ⅱ	3	1	2	0
Ⅲ	4	5	1	2

则表中的数据可构成下面的一个矩形数表

$$\begin{pmatrix} 1 & 2 & 3 & 4 \\ 3 & 1 & 2 & 0 \\ 4 & 5 & 1 & 2 \end{pmatrix},$$

此数表中的每一个数据都表示从某产地运往某销售地的物资的吨数.分析物资的调运量情况，就可以通过考察这个矩形数表得到.

例 2.2 设线性方程组

$$\begin{cases} a_{11}x_1 + a_{12}x_2 + \cdots + a_{1n}x_n = b_1, \\ a_{21}x_1 + a_{22}x_2 + \cdots + a_{2n}x_n = b_2, \\ \qquad\qquad \vdots \\ a_{m1}x_1 + a_{m2}x_2 + \cdots + a_{mn}x_n = b_m. \end{cases} \tag{2.1}$$

将线性方程组(2.1) 中每个方程的系数及常数项取出，按其在方程组(2.1) 中原有的对应位置排成一个矩形数表

$$\begin{pmatrix} a_{11} & a_{12} & \cdots & a_{1n} & b_1 \\ a_{21} & a_{22} & \cdots & a_{2n} & b_2 \\ \vdots & \vdots & & \vdots & \vdots \\ a_{m1} & a_{m2} & \cdots & a_{mn} & b_m \end{pmatrix},$$

显然，方程组(2.1) 与该矩形数表是一一对应的.因此，研究线性方程组解的问题，就可转化为对这个矩形数表的研究.

可以发现,不同的问题对应着不同的矩形数表，去掉这些矩形数表所代表的具体含义，把它们的共同特点抽象出来即为矩阵的定义.

定义 2.1 由 $m \times n$ 个数 $a_{ij}(i=1,2,\cdots,m;j=1,2,\cdots,n)$ 排成一个 m 行 n 列，并括以圆括弧(或是方括弧) 的数表

$$\begin{pmatrix} a_{11} & a_{12} & \cdots & a_{1n} \\ a_{21} & a_{22} & \cdots & a_{2n} \\ \vdots & \vdots & & \vdots \\ a_{m1} & a_{m2} & \cdots & a_{mn} \end{pmatrix}$$

称为 m **行** n **列矩阵**，简称 $m \times n$ **矩阵**，其中横排称为**行**，纵排称为**列**，数 a_{ij} 称为矩阵的**元素**，其第一个下标 i 称为**行标**，表示这个元素所在的行数，第二个下标 j 称为**列标**，表示这个元素所在的列数.

矩阵通常用大写字母 $\boldsymbol{A}$、$\boldsymbol{B}$、$\boldsymbol{C}\cdots$ 来表示.为了说明矩阵的行数和列数，也可将一个 m 行 n 列的矩阵 $\boldsymbol{A}$ 记作 $\boldsymbol{A}_{m\times n}$，或记作 $\boldsymbol{A}=(a_{ij})_{m\times n}$.

当矩阵中元素是实数时称为**实矩阵**，元素是复数时称为**复矩阵**.本书主要讨论实矩阵 .

定义 2.2 若矩阵 $\boldsymbol{A}$ 与 $\boldsymbol{B}$ 的行数与列数分别相等，则称矩阵 $\boldsymbol{A}$ 与 $\boldsymbol{B}$ 为**同型矩阵**;若矩阵 $\boldsymbol{A}$ 与 $\boldsymbol{B}$ 是同型矩阵且对应元素相同，即 $a_{ij}=b_{ij}(i=1,2,\cdots,m;j=1,2,\cdots,n)$，则称矩阵 $\boldsymbol{A}$ 与 $\boldsymbol{B}$ **相等**.

设矩阵 $\boldsymbol{A}=(a_{ij})_{m\times n}$，称矩阵

$$\begin{pmatrix} -a_{11} & -a_{12} & \cdots & -a_{1n} \\ -a_{21} & -a_{22} & \cdots & -a_{2n} \\ \vdots & \vdots & & \vdots \\ -a_{m1} & -a_{m2} & \cdots & -a_{mn} \end{pmatrix}$$

为矩阵 $\mathbf{A}$ 的**负矩阵**，记作 $-\mathbf{A}$，即 $-\mathbf{A}=(-a_{ij})_{m\times n}$.

二、几种特殊的矩阵

(1) 行矩阵

只有一行的矩阵 $\mathbf{A}=(a_1 \quad a_2 \cdots a_n)$ 称为**行矩阵**（或**行向量**）.为了避免元素之间的混淆，行矩阵也记作 $\mathbf{A}=(a_1,a_2,\cdots,a_n)$.

(2) 列矩阵

只有一列的矩阵 $\boldsymbol{B}=\begin{pmatrix} b_1 \\ b_2 \\ \vdots \\ b_n \end{pmatrix}$ 称为**列矩阵**（或**列向量**）.

(3) 零矩阵

元素都是零的矩阵称为**零阵**，记作 $\boldsymbol{O}_{m\times n}$，可简记作 $\boldsymbol{O}$.

(4) 方阵

行数和列数相等的矩阵称为**方阵**.例如，

$$\mathbf{A}=\begin{pmatrix} a_{11} & a_{12} & \cdots & a_{1n} \\ a_{21} & a_{22} & \cdots & a_{2n} \\ \vdots & \vdots & & \vdots \\ a_{n1} & a_{n2} & \cdots & a_{nn} \end{pmatrix}$$

为 $n\times n$ 方阵，常称为 n **阶方阵**或 n **阶矩阵**，记为 $\mathbf{A}=(a_{ij})_{n\times n}$，其中 $a_{11},a_{22},\cdots,a_{nn}$ 所在的连线称为**方阵 A** 的主对角线，$a_{1n},a_{2\,n-1},\cdots,a_{n1}$ 所在的连线称为**方阵 A** 的副对角线.

(5) 对角矩阵

设矩阵 $\mathbf{A}=(a_{ij})_{n\times n}$，如果其主对角线以外的元素全为零，即满足 $a_{ij}=0, i\neq j(i,j=1,2,\cdots,n)$，则称 $\mathbf{A}$ 为**对角矩阵**，即

$$\mathbf{A}=\begin{pmatrix} a_{11} & & & \\ & a_{22} & & \\ & & \ddots & \\ & & & a_{nn} \end{pmatrix}.$$

(6) 数量矩阵

如果 n 阶对角矩阵 $\mathbf{A}$ 的所有主对角线元素都相等，则称矩阵 $\mathbf{A}$ 为**数量矩阵**，即

$$\mathbf{A}=\begin{pmatrix} a & & & \\ & a & & \\ & & \ddots & \\ & & & a \end{pmatrix}.$$

特别地，当 $a=1$ 时，该数量矩阵称为**单位矩阵**，记作 $\boldsymbol{E}_n$ 或 $\boldsymbol{E}$，即

$$\boldsymbol{E}=\begin{pmatrix}1 & & & \\ & 1 & & \\ & & \ddots & \\ & & & 1\end{pmatrix}.$$

(7) 三角形矩阵

设矩阵 $\boldsymbol{A}=(a_{ij})_{n\times n}$，如果其主对角线下方元素都等于零，即满足 $a_{ij}=0,i>j(i,j=1,2,\cdots,n)$，称矩阵 $\boldsymbol{A}$ 为**上三角形矩阵**，即

$$\boldsymbol{A}=\begin{pmatrix}a_{11} & a_{12} & \cdots & a_{1n} \\ 0 & a_{22} & \cdots & a_{2n} \\ \vdots & \vdots & & \vdots \\ 0 & 0 & \cdots & a_{nn}\end{pmatrix}.$$

设矩阵 $\boldsymbol{A}=(a_{ij})_{n\times n}$，如果其主对角线上方元素都等于零，即满足 $a_{ij}=0,i<j(i,j=1,2,\cdots,n)$，称矩阵 $\boldsymbol{A}$ 为**下三角形矩阵**，即

$$\boldsymbol{A}=\begin{pmatrix}a_{11} & 0 & \cdots & 0 \\ a_{21} & a_{22} & \cdots & 0 \\ \vdots & \vdots & & \vdots \\ a_{n1} & a_{n2} & \cdots & a_{nn}\end{pmatrix}.$$

§2.2 矩阵的运算

当我们用矩阵来表示某些量时，有时需要将几个矩阵相联系，讨论它们在什么条件下可进行何种运算，以及运算所满足的性质等，这就是本节所要讨论的内容.

一、矩阵的加法

定义 2.3 设矩阵 $\boldsymbol{A}=(a_{ij})_{m\times n}$ 与 $\boldsymbol{B}=(b_{ij})_{m\times n}$ 为同型矩阵，则称矩阵 $\boldsymbol{C}=(c_{ij})_{m\times n}=(a_{ij}+b_{ij})_{m\times n}$ 为矩阵 $\boldsymbol{A}$ 与 $\boldsymbol{B}$ 的**和**，记作 $\boldsymbol{C}=\boldsymbol{A}+\boldsymbol{B}$.称 $\boldsymbol{A}$ 与 $-\boldsymbol{B}$ 的和为矩阵 $\boldsymbol{A}$ 与 $\boldsymbol{B}$ 的**差**，记作 $\boldsymbol{A}-\boldsymbol{B}$，即

$$\boldsymbol{A}-\boldsymbol{B}=\boldsymbol{A}+(-\boldsymbol{B}).$$

注意:只有同型矩阵才能相加，其和矩阵仍是与它们同型的矩阵.

矩阵的加法满足下列运算律：

设 $\boldsymbol{A},\boldsymbol{B},\boldsymbol{C},\boldsymbol{O}$ 都是同型矩阵，则有

(1) 交换律：$\boldsymbol{A}+\boldsymbol{B}=\boldsymbol{B}+\boldsymbol{A}$.

(2) 结合律：$(\boldsymbol{A}+\boldsymbol{B})+\boldsymbol{C}=\boldsymbol{A}+(\boldsymbol{B}+\boldsymbol{C})$.

(3)$\boldsymbol{A}+\boldsymbol{O}=\boldsymbol{O}+\boldsymbol{A}=\boldsymbol{A}$.

(4)$\boldsymbol{A}-\boldsymbol{A}=\boldsymbol{A}+(-\boldsymbol{A})=\boldsymbol{O}$.

例 2.3 设

$$\boldsymbol{A}=\begin{pmatrix}1&2&3&-1\\2&0&1&2\end{pmatrix},\quad \boldsymbol{B}=\begin{pmatrix}0&-1&2&3\\3&0&1&-1\end{pmatrix},$$

求 $\boldsymbol{A}+\boldsymbol{B}$ 与 $\boldsymbol{A}-\boldsymbol{B}$.

解 $$\boldsymbol{A}+\boldsymbol{B}=\begin{pmatrix}1+0&2-1&3+2&-1+3\\2+3&0+0&1+1&2-1\end{pmatrix}=\begin{pmatrix}1&1&5&2\\5&0&2&1\end{pmatrix},$$

$$\boldsymbol{A}-\boldsymbol{B}=\begin{pmatrix}1-0&2-(-1)&3-2&-1-3\\2-3&0-0&1-1&2-(-1)\end{pmatrix}=\begin{pmatrix}1&3&1&-4\\-1&0&0&3\end{pmatrix}.$$

二、矩阵的数量乘法

定义 2.4 设矩阵 $\boldsymbol{A}=(a_{ij})_{m\times n}$，$k$ 为常数，用数 k 乘矩阵 $\boldsymbol{A}$ 的每一个元素得到的矩阵称为**数 k 与矩阵 $\boldsymbol{A}$** 的数量乘法，简称**数乘**，记作 $k\boldsymbol{A}$，即

$$k\boldsymbol{A}=(ka_{ij})_{m\times n}=\begin{pmatrix}ka_{11}&ka_{12}&\cdots&ka_{1n}\\ka_{21}&ka_{22}&\cdots&ka_{2n}\\\vdots&\vdots&&\vdots\\ka_{m1}&ka_{m2}&\cdots&ka_{mn}\end{pmatrix}.$$

矩阵的数乘运算满足下列运算律：

设 $\boldsymbol{A},\boldsymbol{B}$ 是同型矩阵，k,l 是常数，则有

(1) 结合律：$(kl)\boldsymbol{A}=k(l\boldsymbol{A})$.

(2) 分配律：$(k+l)\boldsymbol{A}=k\boldsymbol{A}+l\boldsymbol{A}$（对数的分配律）.

$k(\boldsymbol{A}+\boldsymbol{B})=k\boldsymbol{A}+k\boldsymbol{B}$（对矩阵的分配律）.

(3)$1\boldsymbol{A}=\boldsymbol{A}$，$(-1)\boldsymbol{A}=-\boldsymbol{A}$，$0\boldsymbol{A}=\boldsymbol{O}$.

例 2.4 已知

$$\boldsymbol{A}=\begin{pmatrix}2&1&3\\3&0&-2\end{pmatrix},\quad \boldsymbol{B}=\begin{pmatrix}1&-2&-3\\-1&0&5\end{pmatrix},\quad \boldsymbol{C}=\begin{pmatrix}1&0&-2\\1&-1&1\end{pmatrix},$$

求 $2\boldsymbol{A}+3\boldsymbol{B}-4\boldsymbol{C}$.

解 因为

$$2\boldsymbol{A}=\begin{pmatrix}4&2&6\\6&0&-4\end{pmatrix},3\boldsymbol{B}=\begin{pmatrix}3&-6&-9\\-3&0&15\end{pmatrix},4\boldsymbol{C}=\begin{pmatrix}4&0&-8\\4&-4&4\end{pmatrix},$$

故

$$2\boldsymbol{A}+3\boldsymbol{B}-4\boldsymbol{C}=\begin{pmatrix}4+3-4&2-6-0&6-9-(-8)\\6-3-4&0+0-(-4)&-4+15-4\end{pmatrix}$$

$$=\begin{pmatrix}3&-4&5\\-1&4&7\end{pmatrix}.$$

三、矩阵的乘法

定义 2.5 设矩阵 $\boldsymbol{A}=(a_{ij})_{m\times s}$，$\boldsymbol{B}=(b_{ij})_{s\times n}$，则由元素

$$c_{ij}=a_{i1}b_{1j}+a_{i2}b_{2j}+\cdots+a_{is}b_{sj}=\sum_{k=1}^{s}a_{ik}b_{kj}$$

$(i=1,2,\cdots,m;j=1,2,\cdots,n)$ 组成的矩阵 $\boldsymbol{C}$ 称为矩阵 $\boldsymbol{A}$ 与 $\boldsymbol{B}$ 的**乘积**，记号 $\boldsymbol{AB}$，即 $\boldsymbol{C}=\boldsymbol{AB}$，常读作 $\boldsymbol{A}$ 左乘 $\boldsymbol{B}$ 或 $\boldsymbol{B}$ 右乘 $\boldsymbol{A}$.

关于矩阵乘法需注意以下几点.

(1) 只有第一个矩阵 $\boldsymbol{A}$ 的列数等于第二个矩阵 $\boldsymbol{B}$ 的行数，$\boldsymbol{AB}$ 才有意义.

(2) 乘积矩阵 $\boldsymbol{C}$ 的元素 c_{ij} 等于第一个矩阵 $\boldsymbol{A}$ 的第 i 行与第二个矩阵 $\boldsymbol{B}$ 的第 j 列对应元素乘积之和.为了便于记忆，$\boldsymbol{AB}=\boldsymbol{C}$ 可以直观地表示为

$$\text{第 } i \text{ 行}\begin{pmatrix}a_{11}&a_{12}&\cdots&a_{1s}\\\vdots&\vdots&&\vdots\\\boxed{a_{i1}\quad a_{i2}\quad\cdots\quad a_{is}}\\\vdots&\vdots&&\vdots\\a_{m1}&a_{m2}&\cdots&a_{ms}\end{pmatrix}\begin{pmatrix}b_{11}&\cdots&\boxed{\begin{matrix}b_{1j}\\b_{2j}\\\vdots\\b_{sj}\end{matrix}}&\cdots&b_{1n}\\b_{21}&\cdots&&\cdots&b_{2n}\\\vdots&&&&\vdots\\b_{s1}&\cdots&&\cdots&b_{sn}\end{pmatrix}$$

第 j 列

$$=\begin{pmatrix}c_{11}&\cdots&c_{1j}&\cdots&c_{1n}\\\vdots&&\vdots&&\vdots\\c_{i1}&\cdots&\boxed{c_{ij}}&\cdots&c_{in}\\\vdots&&\vdots&&\vdots\\c_{m1}&\cdots&c_{mj}&\cdots&c_{mn}\end{pmatrix}\text{第 } i \text{ 行}.$$

第 j 列

（3）乘积矩阵 $\boldsymbol{C}$ 的行数等于第一个矩阵 $\boldsymbol{A}$ 的行数，列数等于第二个矩阵 $\boldsymbol{B}$ 的列数.

（4）一个 $1\times n$ 的行矩阵与一个 $n\times 1$ 的列矩阵的乘积是一个1阶矩阵，也就是一个数，即

$$(a_1\ a_2\ \cdots\ a_n)\begin{pmatrix}b_1\\b_2\\\vdots\\b_n\end{pmatrix}=a_1b_1+a_2b_2+\cdots+a_nb_n.$$

而一个 $n\times 1$ 的列矩阵与一个 $1\times n$ 的行矩阵的乘积是一个 n 阶方阵，即

$$\begin{pmatrix}a_1\\a_2\\\vdots\\a_n\end{pmatrix}(b_1\ b_2\ \cdots\ b_n)=\begin{pmatrix}a_1b_1 & a_1b_2 & \cdots & a_1b_n\\a_2b_1 & a_2b_2 & \cdots & a_2b_n\\\vdots & \vdots & & \vdots\\a_nb_1 & a_nb_2 & \cdots & a_nb_n\end{pmatrix}.$$

例 2.5　设

$$\boldsymbol{A}=\begin{pmatrix}4 & 0 & -3\\-1 & -2 & 3\end{pmatrix},\quad \boldsymbol{B}=\begin{pmatrix}2\\-1\\3\end{pmatrix},$$

求 $\boldsymbol{AB}$.

解　$$\boldsymbol{AB}=\begin{pmatrix}4 & 0 & -3\\-1 & -2 & 3\end{pmatrix}\begin{pmatrix}2\\-1\\3\end{pmatrix}=\begin{pmatrix}-1\\9\end{pmatrix}.$$

注：因为 $\boldsymbol{B}$ 是 3×1 矩阵，$\boldsymbol{A}$ 是 2×3 矩阵，由定义2.5知，$\boldsymbol{BA}$ 无意义.

例 2.6　设矩阵

$$\boldsymbol{A}=\begin{pmatrix}1 & 1\\-1 & -1\end{pmatrix},\quad \boldsymbol{B}=\begin{pmatrix}1 & -1\\-1 & 1\end{pmatrix},$$

求 $\boldsymbol{AB}$ 及 $\boldsymbol{BA}$.

解　$$\boldsymbol{AB}=\begin{pmatrix}1 & 1\\-1 & -1\end{pmatrix}\begin{pmatrix}1 & -1\\-1 & 1\end{pmatrix}=\begin{pmatrix}0 & 0\\0 & 0\end{pmatrix}.$$

$$\boldsymbol{BA}=\begin{pmatrix}1 & -1\\-1 & 1\end{pmatrix}\begin{pmatrix}1 & 1\\-1 & -1\end{pmatrix}=\begin{pmatrix}2 & 2\\-2 & -2\end{pmatrix}.$$

例 2.7　设矩阵

$$\boldsymbol{A}=\begin{pmatrix}2 & 4\\-3 & -6\end{pmatrix},\quad \boldsymbol{B}=\begin{pmatrix}-1 & 4\\2 & -1\end{pmatrix},\quad \boldsymbol{C}=\begin{pmatrix}1 & 0\\1 & 1\end{pmatrix},$$

求 $\boldsymbol{AB}$ 和 $\boldsymbol{AC}$.

解　$$\boldsymbol{AB}=\begin{pmatrix}2 & 4\\-3 & -6\end{pmatrix}\begin{pmatrix}-1 & 4\\2 & -1\end{pmatrix}=\begin{pmatrix}6 & 4\\-9 & -6\end{pmatrix}.$$

$$\boldsymbol{AC}=\begin{pmatrix}2&4\\-3&-6\end{pmatrix}\begin{pmatrix}1&0\\1&1\end{pmatrix}=\begin{pmatrix}6&4\\-9&-6\end{pmatrix}.$$

由上面的例子，可以得出下列结论.

(1)$\boldsymbol{AB}$ 与 $\boldsymbol{BA}$ 不一定都有意义，即使 $\boldsymbol{AB}$ 与 $\boldsymbol{BA}$ 都有意义，但 $\boldsymbol{AB}$ 与 $\boldsymbol{BA}$ 也不一定是同型矩阵.在 $\boldsymbol{AB}$ 与 $\boldsymbol{BA}$ 是同型矩阵的情况下，一般地 $\boldsymbol{AB}\neq\boldsymbol{BA}$，即矩阵的乘法一般不满足交换律.

(2) 由 $\boldsymbol{AB}=\boldsymbol{O}$ 不能推导出 $\boldsymbol{A}=\boldsymbol{O}$ 或 $\boldsymbol{B}=\boldsymbol{O}$，即两个非零矩阵相乘的结果也可能是零矩阵.

(3) 由 $\boldsymbol{AB}=\boldsymbol{AC}$ 且 $\boldsymbol{A}\neq\boldsymbol{O}$，不能推导出 $\boldsymbol{B}=\boldsymbol{C}$，即矩阵乘法一般不满足消去律.

例 2.8 在线性方程组

$$\begin{cases}a_{11}x_1+a_{12}x_2+\cdots+a_{1n}x_n=b_1,\\a_{21}x_1+a_{22}x_2+\cdots+a_{2n}x_n=b_2,\\\qquad\vdots\\a_{m1}x_1+a_{m2}x_2+\cdots+a_{mn}x_n=b_m\end{cases}\tag{2.2}$$

中，如果记

$$\boldsymbol{A}=\begin{pmatrix}a_{11}&a_{12}&\cdots&a_{1n}\\a_{21}&a_{22}&\cdots&a_{2n}\\\vdots&\vdots&&\vdots\\a_{m1}&a_{m2}&\cdots&a_{mn}\end{pmatrix},\quad\boldsymbol{X}=\begin{pmatrix}x_1\\x_2\\\vdots\\x_n\end{pmatrix},\quad\boldsymbol{B}=\begin{pmatrix}b_1\\b_2\\\vdots\\b_m\end{pmatrix},$$

其中矩阵 $\boldsymbol{A}$ 称为线性方程组的**系数矩阵**，则方程组(2.2) 可以写成矩阵形式

$$\boldsymbol{AX}=\boldsymbol{B}.$$

将线性方程组写成矩阵形式，既便于书写，又可以将线性方程组与矩阵联系起来，这给线性方程组相关问题的讨论带来了方便.

设以下矩阵乘积均有意义,矩阵乘法满足下列运算律.

(1) 结合律:$(\boldsymbol{AB})\boldsymbol{C}=\boldsymbol{A}(\boldsymbol{BC})$.

(2) 左分配律.$\boldsymbol{A}(\boldsymbol{B}+\boldsymbol{C})=\boldsymbol{AB}+\boldsymbol{AC}$,右分配律.$(\boldsymbol{B}+\boldsymbol{C})\boldsymbol{A}=\boldsymbol{BA}+\boldsymbol{CA}$.

(3)$k(\boldsymbol{AB})=(k\boldsymbol{A})\boldsymbol{B}=\boldsymbol{A}(k\boldsymbol{B})$($k$ 为常数).

(4)$\boldsymbol{E}_m\boldsymbol{A}_{m\times n}=\boldsymbol{A}_{m\times n}$，$\boldsymbol{A}_{m\times n}\boldsymbol{E}_n=\boldsymbol{A}_{m\times n}$.

定义 2.6 设 $\boldsymbol{A}$ 为 n 阶方阵，k 为正整数，则 k 个 $\boldsymbol{A}$ 的连乘积称为**方阵 $\boldsymbol{A}$ 的 k 次幂**，记作 $\boldsymbol{A}^k$，即

$$\boldsymbol{A}^k=\underbrace{\boldsymbol{AA}\cdots\boldsymbol{A}}_{k个}.$$

规定 $\boldsymbol{A}^0=\boldsymbol{E}$.

对于任意非负整数 k,l，下列等式成立：

$$A^kA^l=A^{k+l},$$
$$(A^k)^l=A^{kl}.$$

注意: 由于矩阵乘法一般不满足交换律，因此，$(AB)^k$ 与 A^kB^k 一般不相等.另外，一般情况下，由 $A^2=E$ 不能推导出 $A=\pm E$.若 $A^k=O(k>1)$，也不能推导出 $A=O$.

例如，设 $A=\begin{pmatrix}1&0\\0&-1\end{pmatrix}$，则 $A^2=\begin{pmatrix}1&0\\0&1\end{pmatrix}=E$，但 $A\neq\pm E$.设 $A=\begin{pmatrix}0&1\\0&0\end{pmatrix}$，则 $A^2=\begin{pmatrix}0&0\\0&0\end{pmatrix}$，但 $A\neq O$.

定义 2.7 设

$$f(x)=a_mx^m+a_{m-1}x^{m-1}+\cdots+a_1x+a_0$$

是 x 的多项式，A 是 n 阶方阵，则称

$$f(A)=a_mA^m+a_{m-1}A^{m-1}+\cdots+a_1A+a_0E$$

为 n **阶方阵 A** 的多项式.

显然，n 阶方阵 A 的多项式 $f(A)$ 是和 A 同型的方阵.

例 2.9 设

$$A=\begin{pmatrix}1&0\\1&1\end{pmatrix},\quad f(x)=x^2-2x+1,$$

求 $f(A)$.

解 $f(A)=A^2-2A+E=(A-E)^2$

$$=\begin{pmatrix}1-1&0\\1&1-1\end{pmatrix}^2=\begin{pmatrix}0&0\\1&0\end{pmatrix}^2=\begin{pmatrix}0&0\\0&0\end{pmatrix}.$$

四、矩阵的转置

定义 2.8 将矩阵 $A=(a_{ij})_{m\times n}$ 的行与列互换所得到的 $n\times m$ 矩阵

$$\begin{pmatrix}a_{11}&a_{21}&\cdots&a_{m1}\\a_{12}&a_{22}&\cdots&a_{m2}\\\vdots&\vdots&&\vdots\\a_{1n}&a_{2n}&\cdots&a_{mn}\end{pmatrix}$$

称为矩阵 A 的**转置矩阵**，简称 A 的**转置**，记作 A^{T}.

显然，矩阵 A 中位于第 i 行第 j 列的元素 a_{ij} 在 A^{T} 中就位于第 j 行第 i 列.例如，若

$$A=\begin{pmatrix}1&2&4&3\\0&-2&-1&1\\2&0&1&3\end{pmatrix}，则\ A^{\mathrm{T}}=\begin{pmatrix}1&0&2\\2&-2&0\\4&-1&1\\3&1&3\end{pmatrix}.$$

设以下矩阵的运算均有意义，矩阵的转置满足下列运算律.

(1)$(\boldsymbol{A}^{\mathrm{T}})^{\mathrm{T}}=\boldsymbol{A}$；

(2)$(\boldsymbol{A}+\boldsymbol{B})^{\mathrm{T}}=\boldsymbol{A}^{\mathrm{T}}+\boldsymbol{B}^{\mathrm{T}}$；

(3)$(k\boldsymbol{A})^{\mathrm{T}}=k\boldsymbol{A}^{\mathrm{T}}$($k$ 是常数)；

(4)$(\boldsymbol{AB})^{\mathrm{T}}=\boldsymbol{B}^{\mathrm{T}}\boldsymbol{A}^{\mathrm{T}}$.

证明 (1)，(2)，(3) 显然成立.现在证明(4) 成立.

设 $\boldsymbol{A}=(a_{ij})_{m\times s}$，$\boldsymbol{B}=(b_{ij})_{s\times n}$，显然，$(\boldsymbol{AB})^{\mathrm{T}}$ 和 $\boldsymbol{B}^{\mathrm{T}}\boldsymbol{A}^{\mathrm{T}}$ 均为 $n\times m$ 矩阵.

矩阵$(\boldsymbol{AB})^{\mathrm{T}}$ 的第 j 行第 i 列的元素是$\boldsymbol{AB}$ 的第 i 行第 j 列的元素

$$a_{i1}b_{1j}+a_{i2}b_{2j}+\cdots+a_{is}b_{sj}=\sum_{k=1}^{s}a_{ik}b_{kj},$$

而矩阵$\boldsymbol{B}^{\mathrm{T}}\boldsymbol{A}^{\mathrm{T}}$ 的第j 行第i 列的元素，应是$\boldsymbol{B}^{\mathrm{T}}$ 的第j 行元素与$\boldsymbol{A}^{\mathrm{T}}$ 的第i 列对应元素乘积之和，即矩阵 $\boldsymbol{B}$ 的第j 列元素与$\boldsymbol{A}$ 的第i 行对应元素乘积之和为

$$b_{1j}a_{i1}+b_{2j}a_{i2}+\cdots+b_{sj}a_{is}=\sum_{k=1}^{s}b_{kj}a_{ik},$$

所以$(\boldsymbol{AB})^{\mathrm{T}}=\boldsymbol{B}^{\mathrm{T}}\boldsymbol{A}^{\mathrm{T}}$.

将性质(4) 推广到有限个矩阵相乘的情形，即

$$(\boldsymbol{A}_1\boldsymbol{A}_2\cdots\boldsymbol{A}_m)^{\mathrm{T}}=\boldsymbol{A}_m^{\mathrm{T}}\cdots\boldsymbol{A}_2^{\mathrm{T}}\boldsymbol{A}_1^{\mathrm{T}}.$$

定义 2.9 如果 n 阶矩阵$\boldsymbol{A}=(a_{ij})_{n\times n}$ 满足$\boldsymbol{A}^{\mathrm{T}}=\boldsymbol{A}$，即 $a_{ij}=a_{ji}(i,j=1,2,\cdots,n)$，则称$\boldsymbol{A}$ 为**对称矩阵**.

例如，矩阵

$$\boldsymbol{A}=\begin{pmatrix}-2 & 1 & 3\\ 1 & 0 & -1\\ 3 & -1 & 4\end{pmatrix}$$

是一个三阶对称矩阵.显然对称矩阵 $\boldsymbol{A}$ 中的元素关于其主对角线对称.

对称矩阵具有下列性质：

(1) 同阶对称矩阵的和(差) 仍是对称矩阵.

(2) 数 k 与对称矩阵$\boldsymbol{A}$ 的数乘$k\boldsymbol{A}$ 仍是对称矩阵.

但应注意，两个同阶对称矩阵的乘积不一定是对称矩阵.例如，设

$$\boldsymbol{A}=\begin{pmatrix}-2 & -1\\ -1 & 3\end{pmatrix},\quad \boldsymbol{B}=\begin{pmatrix}-1 & 1\\ 1 & 0\end{pmatrix}$$

都是对称矩阵，然而

$$\boldsymbol{AB}=\begin{pmatrix}-2 & -1\\ -1 & 3\end{pmatrix}\begin{pmatrix}-1 & 1\\ 1 & 0\end{pmatrix}=\begin{pmatrix}1 & -2\\ 4 & -1\end{pmatrix}$$

却不是对称矩阵.

定义 2.10 如果n 阶矩阵$\boldsymbol{A}=(a_{ij})_{n\times n}$ 满足$\boldsymbol{A}^{\mathrm{T}}=-\boldsymbol{A}$，即$a_{ij}=-a_{ji}(i,j=1,2,\cdots,n)$，则

称 $\boldsymbol{A}$ 为**反对称矩阵**.

例如，

$$\boldsymbol{A}=\begin{pmatrix}0 & -2 & 1\\ 2 & 0 & 4\\ -1 & -4 & 0\end{pmatrix}$$

是一个三阶反对称矩阵.显然，反对称矩阵的主对角线上的元素一定为零.

反对称矩阵具有下列性质.

（1）两个同阶反对称矩阵的和(差)仍是反对称矩阵.

（2）数 k 与反对称矩阵 $\boldsymbol{A}$ 的数乘 $k\boldsymbol{A}$ 仍是反对称矩阵.

但应注意，两个同阶反对称矩阵的乘积不一定是反对称矩阵.

例 2.10　已知

$$\boldsymbol{A}=\begin{pmatrix}1 & 1 & 2\\ 1 & 0 & 3\\ 2 & 3 & 1\end{pmatrix},\quad \boldsymbol{B}=\begin{pmatrix}1 & 0 & 1\\ 0 & 2 & 1\\ 1 & 1 & 4\end{pmatrix},$$

求 $(\boldsymbol{AB})^{\mathrm{T}}$.

解　解法一　因为

$$\boldsymbol{AB}=\begin{pmatrix}1 & 1 & 2\\ 1 & 0 & 3\\ 2 & 3 & 1\end{pmatrix}\begin{pmatrix}1 & 0 & 1\\ 0 & 2 & 1\\ 1 & 1 & 4\end{pmatrix}=\begin{pmatrix}3 & 4 & 10\\ 4 & 3 & 13\\ 3 & 7 & 9\end{pmatrix},$$

所以 $(\boldsymbol{AB})^{\mathrm{T}}=\begin{pmatrix}3 & 4 & 3\\ 4 & 3 & 7\\ 10 & 13 & 9\end{pmatrix}$.

解法二

$$(\boldsymbol{AB})^{\mathrm{T}}=\boldsymbol{B}^{\mathrm{T}}\boldsymbol{A}^{\mathrm{T}}=\begin{pmatrix}1 & 0 & 1\\ 0 & 2 & 1\\ 1 & 1 & 4\end{pmatrix}\begin{pmatrix}1 & 1 & 2\\ 1 & 0 & 3\\ 2 & 3 & 1\end{pmatrix}=\begin{pmatrix}3 & 4 & 3\\ 4 & 3 & 7\\ 10 & 13 & 9\end{pmatrix}.$$

五、方阵的行列式

定义 2.11　n 阶方阵 $\boldsymbol{A}$ 的元素按原来的位置排列所构成的行列式称为**方阵 $\boldsymbol{A}$** 的行列式，记作 $|\boldsymbol{A}|$ 或 $\det\boldsymbol{A}$.

例如，方阵 $\boldsymbol{A}=\begin{pmatrix}2 & -2\\ 3 & 4\end{pmatrix}$ 的行列式 $|\boldsymbol{A}|=\begin{vmatrix}2 & -2\\ 3 & 4\end{vmatrix}=14$.

应该注意，只有方阵才存在行列式.方阵与行列式是两个不同的概念，n 阶方阵是 n^2 个数按一定方式排成的矩形数表，而 n 阶行列式则是这些数(也就是数表 $\boldsymbol{A}$)按一定的运算法则所确定的一个数.

设 $\boldsymbol{A},\boldsymbol{B}$ 为 n 阶方阵,k 为常数，方阵 $\boldsymbol{A}$ 的行列式满足下列运算律：

(1) $|\boldsymbol{A}|=|\boldsymbol{A}^{\mathrm{T}}|$；

(2) $|k\boldsymbol{A}|=k^n|\boldsymbol{A}|$；

(3) $|\boldsymbol{AB}|=|\boldsymbol{A}||\boldsymbol{B}|$.

由(3)可知，对于 n 阶方阵 $\boldsymbol{A},\boldsymbol{B}$，虽然一般 $\boldsymbol{AB}\neq\boldsymbol{BA}$，但总有

$$|\boldsymbol{AB}|=|\boldsymbol{A}||\boldsymbol{B}|=|\boldsymbol{B}||\boldsymbol{A}|=|\boldsymbol{BA}|.$$

将(3)推广到有限个矩阵相乘的情形，有

$$|\boldsymbol{A}_1\boldsymbol{A}_2\cdots\boldsymbol{A}_t|=|\boldsymbol{A}_1||\boldsymbol{A}_2|\cdots|\boldsymbol{A}_t|.$$

例 2.11 设 $\boldsymbol{A},\boldsymbol{B}$ 都是三阶方阵，已知 $|\boldsymbol{A}^5|=-32$，$|\boldsymbol{B}|=5$，求 $\big||\boldsymbol{A}|\boldsymbol{B}\big|$.

解 因为 $|\boldsymbol{A}^5|=|\boldsymbol{A}|^5=-32$，所以 $|\boldsymbol{A}|=-2$，因而

$$\big||\boldsymbol{A}|\boldsymbol{B}\big|=|-2\boldsymbol{B}|=(-2)^3|\boldsymbol{B}|=(-2)^3\times 5=-40.$$

§2.3 逆矩阵

一、逆矩阵的概念

在 2.2 中，已经介绍了矩阵的加法和乘法运算.根据矩阵的加法，定义了矩阵的减法，因此，想知道通过矩阵的乘法，能否定义矩阵的“除法”，即矩阵的乘法运算是否存在逆运算，如果这种逆运算存在，应该满足什么条件.

在数的运算中，对于数 $a\neq 0$，总存在唯一的一个数 a^{-1}，使得 $aa^{-1}=a^{-1}a=1$，其中 a^{-1} 为 a 的倒数或 a 的逆.类似地，在矩阵的运算中也可以考虑，对于矩阵 $\boldsymbol{A}$，是否存在唯一的一个矩阵 $\boldsymbol{B}$，使得

$$\boldsymbol{AB}=\boldsymbol{BA}=\boldsymbol{E}.$$

为此引入逆矩阵的概念.

定义 2.12 对于 n 阶矩阵 $\boldsymbol{A}$，如果存在一个 n 阶矩阵 $\boldsymbol{B}$，使得

$$\boldsymbol{AB}=\boldsymbol{BA}=\boldsymbol{E},$$

则矩阵 $\boldsymbol{A}$ 称为**可逆矩阵**，简称 $\boldsymbol{A}$ 可逆，并称 $\boldsymbol{B}$ 为 $\boldsymbol{A}$ 的**逆矩阵**,记作 $\boldsymbol{A}^{-1}$.

显然，单位矩阵 $\boldsymbol{E}$ 是可逆矩阵,且其逆矩阵是其本身 $\boldsymbol{E}$.

例如，对于矩阵 $\boldsymbol{A}=\begin{pmatrix}2&0\\3&1\end{pmatrix}$，$\boldsymbol{B}=\begin{pmatrix}\frac{1}{2}&0\\-\frac{3}{2}&1\end{pmatrix}$，因为

$$\boldsymbol{AB}=\begin{pmatrix}2&0\\3&1\end{pmatrix}\begin{pmatrix}\frac{1}{2}&0\\-\frac{3}{2}&1\end{pmatrix}=\begin{pmatrix}1&0\\0&1\end{pmatrix}=\boldsymbol{E},$$

$$\boldsymbol{BA}=\begin{pmatrix}\frac{1}{2} & 0\\ -\frac{3}{2} & 1\end{pmatrix}\begin{pmatrix}2 & 0\\ 3 & 1\end{pmatrix}=\begin{pmatrix}1 & 0\\ 0 & 1\end{pmatrix}=\boldsymbol{E}.$$

即 $\boldsymbol{AB}=\boldsymbol{BA}=\boldsymbol{E}$，所以 $\boldsymbol{A}$ 可逆，且

$$\boldsymbol{A}^{-1}=\boldsymbol{B}=\begin{pmatrix}\frac{1}{2} & 0\\ -\frac{3}{2} & 1\end{pmatrix}.$$

例 2.12 因为对任何方阵 $\boldsymbol{B}$，都有 $\boldsymbol{BO}=\boldsymbol{OB}=\boldsymbol{O}$，所以零矩阵不是可逆矩阵.

在定义 2.12 中，由于矩阵 $\boldsymbol{A}$ 与矩阵 $\boldsymbol{B}$ 在等式 $\boldsymbol{AB}=\boldsymbol{BA}=\boldsymbol{E}$ 中的地位是平等的，所以，若 $\boldsymbol{A}$ 可逆，$\boldsymbol{B}$ 是 $\boldsymbol{A}$ 的逆矩阵，那么 $\boldsymbol{B}$ 也可逆，且 $\boldsymbol{A}$ 是 $\boldsymbol{B}$ 的逆矩阵，即 $\boldsymbol{A},\boldsymbol{B}$ 互为逆矩阵.再者可逆矩阵一定是方阵，否则它将不可逆.

二、n 阶矩阵可逆的充分必要条件

对于一个 n 阶矩阵 $\boldsymbol{A}$ 来说，逆矩阵可能存在，也可能不存在.我们需要研究在什么条件下 n 阶矩阵 $\boldsymbol{A}$ 可逆.如果可逆，如何求逆矩阵 $\boldsymbol{A}^{-1}$.

定义 2.13 如果 n 阶矩阵 $\boldsymbol{A}$ 的行列式 $|\boldsymbol{A}|\neq 0$，称 $\boldsymbol{A}$ 是**非奇异矩阵**（或**非退化矩阵**），否则，称 $\boldsymbol{A}$ 是**奇异矩阵**（或**退化矩阵**）.

定义 2.14 设 $\boldsymbol{A}_{ij}$ 是 n 阶矩阵 $\boldsymbol{A}=(a_{ij})_{n\times n}$ 的行列式 $|\boldsymbol{A}|$ 中的元素 $a_{ij}\ (i,j=1,2,\cdots,n)$ 的代数余子式，矩阵

$$\boldsymbol{A}^{*}=\begin{pmatrix}\boldsymbol{A}_{11} & \boldsymbol{A}_{21} & \cdots & \boldsymbol{A}_{n1}\\ \boldsymbol{A}_{12} & \boldsymbol{A}_{22} & \cdots & \boldsymbol{A}_{n2}\\ \vdots & \vdots & & \vdots\\ \boldsymbol{A}_{1n} & \boldsymbol{A}_{2n} & \cdots & \boldsymbol{A}_{nn}\end{pmatrix}$$

称为矩阵 $\boldsymbol{A}$ 的**伴随矩阵**.

定理 2.1 设 $\boldsymbol{A}^{*}$ 是 n 阶矩阵 $\boldsymbol{A}$ 的伴随矩阵，则

$$\boldsymbol{AA}^{*}=\boldsymbol{A}^{*}\boldsymbol{A}=|\boldsymbol{A}|\boldsymbol{E}.$$

证明 令 $\boldsymbol{AA}^{*}=\boldsymbol{B}=(b_{ij})$，则

$$b_{ij}=a_{i1}\boldsymbol{A}_{j1}+a_{i2}\boldsymbol{A}_{j2}+\cdots+a_{in}\boldsymbol{A}_{jn}.$$

由行列式按行（或列）展开定理，得

$$b_{ij}=\begin{cases}|\boldsymbol{A}|, & i=j,\\ 0, & i\neq j,\end{cases}$$

即 $\boldsymbol{AA}^{*}=|\boldsymbol{A}|\boldsymbol{E}$.同理可证 $\boldsymbol{A}^{*}\boldsymbol{A}=|\boldsymbol{A}|\boldsymbol{E}$.

定理 2.2 n 阶矩阵 $\boldsymbol{A}$ 可逆的充分必要条件是 $|\boldsymbol{A}|\neq 0$，且当 $\boldsymbol{A}$ 可逆时，有

$$\boldsymbol{A}^{-1}=\frac{1}{|\boldsymbol{A}|}\boldsymbol{A}^{*}.$$

证明 必要性 若$\boldsymbol{A}$可逆，则存在逆矩阵$\boldsymbol{A}^{-1}$，使得$\boldsymbol{A}\boldsymbol{A}^{-1}=\boldsymbol{E}$.对等式两边取行列式，得

$$|\boldsymbol{A}\boldsymbol{A}^{-1}|=|\boldsymbol{A}|\,|\boldsymbol{A}^{-1}|=|\boldsymbol{E}|=1,$$

所以$|\boldsymbol{A}|\neq 0$，即$\boldsymbol{A}$为非奇异矩阵.

充分性 因为$|\boldsymbol{A}|\neq 0$，由$\boldsymbol{A}\boldsymbol{A}^{*}=\boldsymbol{A}^{*}\boldsymbol{A}=|\boldsymbol{A}|\boldsymbol{E}$得

$$\boldsymbol{A}\left(\frac{1}{|\boldsymbol{A}|}\boldsymbol{A}^{*}\right)=\left(\frac{1}{|\boldsymbol{A}|}\boldsymbol{A}^{*}\right)\boldsymbol{A}=\boldsymbol{E},$$

因此$\boldsymbol{A}$是可逆的，且

$$\boldsymbol{A}^{-1}=\frac{1}{|\boldsymbol{A}|}\boldsymbol{A}^{*}.$$

定理2.2不仅给出了一个n阶矩阵可逆的条件，同时还给出了利用伴随矩阵求逆矩阵的一种方法，这种方法称为**伴随矩阵法**.

推论 设$\boldsymbol{A},\boldsymbol{B}$均为$n$阶矩阵，且$\boldsymbol{A}\boldsymbol{B}=\boldsymbol{E}$,则$\boldsymbol{A},\boldsymbol{B}$均可逆，且$\boldsymbol{A}^{-1}=\boldsymbol{B},\boldsymbol{B}^{-1}=\boldsymbol{A}$.

证明 由$\boldsymbol{A}\boldsymbol{B}=\boldsymbol{E}$可得

$$|\boldsymbol{A}\boldsymbol{B}|=|\boldsymbol{A}|\cdot|\boldsymbol{B}|=|\boldsymbol{E}|=1,$$

所以必有$|\boldsymbol{A}|\neq 0$，$|\boldsymbol{B}|\neq 0$，由定理2.2知$\boldsymbol{A},\boldsymbol{B}$均可逆.

在$\boldsymbol{A}\boldsymbol{B}=\boldsymbol{E}$两边左乘$\boldsymbol{A}^{-1}$,得$\boldsymbol{B}=\boldsymbol{A}^{-1}$.在$\boldsymbol{A}\boldsymbol{B}=\boldsymbol{E}$的两边右乘$\boldsymbol{B}^{-1}$,得$\boldsymbol{A}=\boldsymbol{B}^{-1}$.

此推论说明，要判断矩阵$\boldsymbol{B}$是否为$\boldsymbol{A}$的逆矩阵，只要验证$\boldsymbol{A}\boldsymbol{B}=\boldsymbol{E}$或$\boldsymbol{B}\boldsymbol{A}=\boldsymbol{E}$是否成立即可.

例 2.13 求方阵

$$\boldsymbol{A}=\begin{pmatrix}1&2&3\\2&1&2\\1&3&4\end{pmatrix}$$

的逆矩阵.

解 因为

$$|\boldsymbol{A}|=\begin{vmatrix}1&2&3\\2&1&2\\1&3&4\end{vmatrix}=1\neq 0,$$

所以$\boldsymbol{A}$可逆.由

$$\boldsymbol{A}_{11}=\begin{vmatrix}1&2\\3&4\end{vmatrix}=-2,\quad \boldsymbol{A}_{12}=-\begin{vmatrix}2&2\\1&4\end{vmatrix}=-6,\quad \boldsymbol{A}_{13}=\begin{vmatrix}2&1\\1&3\end{vmatrix}=5,$$

$$\boldsymbol{A}_{21}=-\begin{vmatrix}2&3\\3&4\end{vmatrix}=1,\quad \boldsymbol{A}_{22}=\begin{vmatrix}1&3\\1&4\end{vmatrix}=1,\quad \boldsymbol{A}_{23}=-\begin{vmatrix}1&2\\1&3\end{vmatrix}=-1,$$

$$\boldsymbol{A}_{31}=\begin{vmatrix}2&3\\1&2\end{vmatrix}=1,\quad \boldsymbol{A}_{32}=-\begin{vmatrix}1&3\\2&2\end{vmatrix}=4,\quad \boldsymbol{A}_{33}=\begin{vmatrix}1&2\\2&1\end{vmatrix}=-3,$$

得

$$A^{-1}=\frac{1}{|A|}A^{*}=\frac{1}{|A|}\begin{pmatrix}A_{11} & A_{21} & A_{31}\\ A_{12} & A_{22} & A_{32}\\ A_{13} & A_{23} & A_{33}\end{pmatrix}$$

$$=\begin{pmatrix}-2 & 1 & 1\\ -6 & 1 & 4\\ 5 & -1 & -3\end{pmatrix}.$$

用伴随矩阵法求一个方阵的逆矩阵计算量很大，所以这种方法通常只适用于求阶数较低的或特殊方阵的逆矩阵，对于阶数较高的方阵的逆矩阵的计算问题，将在本章第五节介绍.

三、可逆矩阵的性质

性质 1 若矩阵 $\boldsymbol{A}$ 可逆，则 $\boldsymbol{A}$ 的逆矩阵是唯一的.

证明 设 $\boldsymbol{B},\boldsymbol{C}$ 都是 $\boldsymbol{A}$ 的逆矩阵，则有

$$\boldsymbol{AB}=\boldsymbol{BA}=\boldsymbol{E},\boldsymbol{AC}=\boldsymbol{CA}=\boldsymbol{E},$$

所以

$$\boldsymbol{B}=\boldsymbol{EB}=(\boldsymbol{CA})\boldsymbol{B}=\boldsymbol{C}(\boldsymbol{AB})=\boldsymbol{CE}=\boldsymbol{C},$$

所以 $\boldsymbol{A}$ 的逆矩阵是唯一的.

性质 2 若矩阵 $\boldsymbol{A}$ 可逆，则 $\boldsymbol{A}^{-1}$ 也可逆，并且$(\boldsymbol{A}^{-1})^{-1}=\boldsymbol{A}$.

证明 由 $\boldsymbol{AA}^{-1}=\boldsymbol{E}$，得 $\boldsymbol{A}^{-1}$ 也可逆，并且$(\boldsymbol{A}^{-1})^{-1}=\boldsymbol{A}$.

性质 3 如果 $\boldsymbol{A},\boldsymbol{B}$ 是两个同阶可逆矩阵，则 $\boldsymbol{AB}$ 也可逆，且$(\boldsymbol{AB})^{-1}=\boldsymbol{B}^{-1}\boldsymbol{A}^{-1}$.

证明 因为 $\boldsymbol{A},\boldsymbol{B}$ 都可逆，所以存在 $\boldsymbol{A}^{-1}$，$\boldsymbol{B}^{-1}$，使

$$\boldsymbol{AA}^{-1}=\boldsymbol{A}^{-1}\boldsymbol{A}=\boldsymbol{E},\boldsymbol{BB}^{-1}=\boldsymbol{B}^{-1}\boldsymbol{B}=\boldsymbol{E},$$

于是

$$(\boldsymbol{AB})(\boldsymbol{B}^{-1}\boldsymbol{A}^{-1})=\boldsymbol{A}(\boldsymbol{BB}^{-1})\boldsymbol{A}^{-1}=\boldsymbol{AEA}^{-1}=\boldsymbol{AA}^{-1}=\boldsymbol{E},$$

所以 $\boldsymbol{AB}$ 也可逆，并且$(\boldsymbol{AB})^{-1}=\boldsymbol{B}^{-1}\boldsymbol{A}^{-1}$.

此性质可推广到有限个可逆矩阵相乘的情形，即若 $\boldsymbol{A}_1,\boldsymbol{A}_2,\cdots,\boldsymbol{A}_t$ 均是同阶可逆矩阵，则 $\boldsymbol{A}_1\boldsymbol{A}_2\cdots\boldsymbol{A}_t$ 也可逆，并且

$$(\boldsymbol{A}_1\boldsymbol{A}_2\cdots\boldsymbol{A}_t)^{-1}=\boldsymbol{A}_t^{-1}\cdots\boldsymbol{A}_2^{-1}\boldsymbol{A}_1^{-1}.$$

性质 4 如果矩阵 $\boldsymbol{A}$ 可逆，数 $k\neq 0$，则 $k\boldsymbol{A}$ 也可逆，且$(k\boldsymbol{A})^{-1}=\frac{1}{k}\boldsymbol{A}^{-1}$.

性质 5 如果矩阵 $\boldsymbol{A}$ 可逆，则 $\boldsymbol{A}^{\mathrm{T}}$ 也可逆，并且$(\boldsymbol{A}^{\mathrm{T}})^{-1}=(\boldsymbol{A}^{-1})^{\mathrm{T}}$.

证明 因为

$$\boldsymbol{A}^{\mathrm{T}}(\boldsymbol{A}^{-1})^{\mathrm{T}}=(\boldsymbol{A}^{-1}\boldsymbol{A})^{\mathrm{T}}=\boldsymbol{E}^{\mathrm{T}}=\boldsymbol{E},$$

所以 $\boldsymbol{A}^{\mathrm{T}}$ 也可逆，且$(\boldsymbol{A}^{\mathrm{T}})^{-1}=(\boldsymbol{A}^{-1})^{\mathrm{T}}$.

性质 6 如果矩阵 $\boldsymbol{A}$ 可逆，则$|\boldsymbol{A}^{-1}|=|\boldsymbol{A}|^{-1}$.

性质 4 和性质 6 的证明，读者自己完成.

对于矩阵方程

$$\boldsymbol{AX}=\boldsymbol{B},\boldsymbol{XA}=\boldsymbol{BAXB}=\boldsymbol{C},$$

利用矩阵乘法的运算律和逆矩阵的运算性质，在方程两边左乘或右乘相应矩阵的逆矩阵(假设相应的矩阵可逆)，可以求出其解分别为

$$\boldsymbol{X}=\boldsymbol{A}^{-1}\boldsymbol{B},\boldsymbol{X}=\boldsymbol{BA}^{-1},\boldsymbol{X}=\boldsymbol{A}^{-1}\boldsymbol{CB}^{-1}.$$

例 2.14　设矩阵方程 $\boldsymbol{AXB}=\boldsymbol{C}$，其中

$$\boldsymbol{A}=\begin{pmatrix}2&1\\3&2\end{pmatrix},\quad \boldsymbol{B}=\begin{pmatrix}1&-4&-3\\1&-5&-3\\-1&6&4\end{pmatrix},\quad \boldsymbol{C}=\begin{pmatrix}1&2&3\\1&0&1\end{pmatrix},$$

求矩阵 $\boldsymbol{X}$.

解　因为

$$|\boldsymbol{A}|=\begin{vmatrix}2&1\\3&2\end{vmatrix}=1\neq 0,\quad |\boldsymbol{B}|=\begin{vmatrix}1&-4&-3\\1&-5&-3\\-1&6&4\end{vmatrix}=-1\neq 0,$$

所以 $\boldsymbol{A}^{-1}$，$\boldsymbol{B}^{-1}$ 均存在，且

$$\boldsymbol{A}^{-1}=\begin{pmatrix}2&-1\\-3&2\end{pmatrix},\quad \boldsymbol{B}^{-1}=\begin{pmatrix}2&2&3\\1&-1&0\\-1&2&1\end{pmatrix},$$

由 $\boldsymbol{AXB}=\boldsymbol{C}$ 得 $\boldsymbol{A}^{-1}\boldsymbol{AXBB}^{-1}=\boldsymbol{A}^{-1}\boldsymbol{CB}^{-1}$，即

$$\boldsymbol{X}=\boldsymbol{A}^{-1}\boldsymbol{CB}^{-1}=\begin{pmatrix}2&-1\\-3&2\end{pmatrix}\begin{pmatrix}1&2&3\\1&0&1\end{pmatrix}\begin{pmatrix}2&2&3\\1&-1&0\\-1&2&1\end{pmatrix}$$

$$=\begin{pmatrix}1&8&8\\-1&-10&-10\end{pmatrix}.$$

例 2.15　设 n 阶矩阵 $\boldsymbol{A}$ 满足 $a\boldsymbol{A}^2+b\boldsymbol{A}+c\boldsymbol{E}=\boldsymbol{O}$，证明:$\boldsymbol{A}$ 为可逆矩阵,并求 $\boldsymbol{A}^{-1}$(a,b,c 为常数，$c\neq 0$).

证明　由 $a\boldsymbol{A}^2+b\boldsymbol{A}+c\boldsymbol{E}=\boldsymbol{O}$，得 $a\boldsymbol{A}^2+b\boldsymbol{A}=-c\boldsymbol{E}$，而 $c\neq 0$，所以

$$-\frac{a}{c}\boldsymbol{A}^2-\frac{b}{c}\boldsymbol{A}=\boldsymbol{E},$$

即

$$\left(-\frac{a}{c}\boldsymbol{A}-\frac{b}{c}\boldsymbol{E}\right)\boldsymbol{A}=\boldsymbol{E},$$

由定理 2.2 的推论知，$\boldsymbol{A}$ 为可逆矩阵,且

$$\boldsymbol{A}^{-1}=-\frac{a}{c}\boldsymbol{A}-\frac{b}{c}\boldsymbol{E}.$$

§2.4 矩阵的分块

在前面介绍的矩阵计算中，我们发现行数与列数较小的矩阵比行数与列数较大的矩阵容易计算.因此对于阶数较高的矩阵运算，很自然地想到把它转化为阶数较低的矩阵进行计算.

一、分块矩阵的概念

定义 2.15 用若干条贯穿整个矩阵的横线与纵线将矩阵 $\boldsymbol{A}$ 分成许多个小矩阵，每一个小矩阵称为 $\boldsymbol{A}$ 的**子矩阵**(或**子块**)，以这些子矩阵(或子块) 为元素的矩阵称为**分块矩阵**.

例如，设矩阵

$$\boldsymbol{A}=\begin{pmatrix}1&0&0&-1\\0&1&0&2\\0&0&1&0\\0&0&0&1\end{pmatrix},$$

则矩阵 $\boldsymbol{A}$ 可分块为

$$\boldsymbol{A}=\left(\begin{array}{c:ccc}1&0&0&-1\\0&0&0&2\\ \hdashline 0&0&0&0\\0&0&0&1\end{array}\right)=\begin{pmatrix}\boldsymbol{E}_2&\boldsymbol{A}_1\\\boldsymbol{O}&\boldsymbol{E}_2\end{pmatrix},$$

其中 $\boldsymbol{A}_1=\begin{pmatrix}0&-1\\0&2\end{pmatrix}$，$\boldsymbol{E}_2$ 是二阶单位阵，$\boldsymbol{O}$ 是二阶零矩阵.

矩阵 $\boldsymbol{A}$ 还可按如下方式分块

$$\boldsymbol{A}=\left(\begin{array}{c:c:c:c}1&0&0&-1\\0&1&0&2\\0&0&1&0\\0&0&0&1\end{array}\right)=(\boldsymbol{\varepsilon}_1,\boldsymbol{\varepsilon}_2,\boldsymbol{\varepsilon}_3,\boldsymbol{\alpha}),$$

其中$\boldsymbol{\varepsilon}_1=\begin{pmatrix}1\\0\\0\\0\end{pmatrix}$，$\boldsymbol{\varepsilon}_2=\begin{pmatrix}0\\1\\0\\0\end{pmatrix}$，$\boldsymbol{\varepsilon}_3=\begin{pmatrix}0\\0\\1\\0\end{pmatrix}$，$\boldsymbol{\alpha}=\begin{pmatrix}-1\\2\\0\\1\end{pmatrix}$.

显然矩阵分块是任意的，但可以发现分块矩阵在同行上的子块具有相同的“行数”，在同列上的子块具有相同的“列数”.选取哪种方式分块，主要取决于问题的需要和矩阵自身的特点，既要使子块在参与运算时不失意义，又要为运算的方便考虑.

二、分块矩阵的运算

如果把分块矩阵的每一个子块当成矩阵的一个元素，可以按矩阵的运算法则建立分块矩阵的运算法则.

(1)分块矩阵的加法

设矩阵 $\boldsymbol{A}$ 与 $\boldsymbol{B}$ 是同型矩阵，将它们按同样的方法分块，有

$$\boldsymbol{A}=\begin{pmatrix}\boldsymbol{A}_{11} & \boldsymbol{A}_{12} & \cdots & \boldsymbol{A}_{1t}\\ \boldsymbol{A}_{21} & \boldsymbol{A}_{22} & \cdots & \boldsymbol{A}_{2t}\\ \vdots & \vdots & & \vdots\\ \boldsymbol{A}_{s1} & \boldsymbol{A}_{s2} & \cdots & \boldsymbol{A}_{st}\end{pmatrix},\quad \boldsymbol{B}=\begin{pmatrix}\boldsymbol{B}_{11} & \boldsymbol{B}_{12} & \cdots & \boldsymbol{B}_{1t}\\ \boldsymbol{B}_{21} & \boldsymbol{B}_{22} & \cdots & \boldsymbol{B}_{2t}\\ \vdots & \vdots & & \vdots\\ \boldsymbol{B}_{s1} & \boldsymbol{B}_{s2} & \cdots & \boldsymbol{B}_{st}\end{pmatrix},$$

其中 $\boldsymbol{A}_{ij}$ 与 $\boldsymbol{B}_{ij}(i=1,2,\cdots,s;j=1,2,\cdots,t)$ 是同型子矩阵，则

$$\boldsymbol{A}+\boldsymbol{B}=\begin{pmatrix}\boldsymbol{A}_{11}+\boldsymbol{B}_{11} & \boldsymbol{A}_{12}+\boldsymbol{B}_{12} & \cdots & \boldsymbol{A}_{1t}+\boldsymbol{B}_{1t}\\ \boldsymbol{A}_{21}+\boldsymbol{B}_{21} & \boldsymbol{A}_{22}+\boldsymbol{B}_{22} & \cdots & \boldsymbol{B}_{2t}+\boldsymbol{B}_{2t}\\ \vdots & \vdots & & \vdots\\ \boldsymbol{A}_{s1}+\boldsymbol{B}_{s1} & \boldsymbol{A}_{s2}+\boldsymbol{B}_{s2} & \cdots & \boldsymbol{A}_{st}+\boldsymbol{B}_{st}\end{pmatrix}.$$

注意，矩阵 $\boldsymbol{A},\boldsymbol{B}$ 分块方法相同是为了保证各对应子块(作为矩阵)可以相加.

(2)分块矩阵的数量乘法(简称数乘)

设 k 为一个常数，则

$$k\boldsymbol{A}=\begin{pmatrix}k\boldsymbol{A}_{11} & k\boldsymbol{A}_{12} & \cdots & k\boldsymbol{A}_{1t}\\ k\boldsymbol{A}_{21} & k\boldsymbol{A}_{22} & \cdots & k\boldsymbol{A}_{2t}\\ \vdots & \vdots & & \vdots\\ k\boldsymbol{A}_{s1} & k\boldsymbol{A}_{s2} & \cdots & k\boldsymbol{A}_{st}\end{pmatrix}.$$

注意，数 k 与分块矩阵相乘时，数 k 应与分块矩阵的每一个子矩阵相乘.

例 2.16 设矩阵

$$\boldsymbol{A}=\begin{pmatrix}2 & -1 & 1\\ -3 & 4 & 5\\ 0 & 1 & 0\\ 0 & 0 & 1\end{pmatrix},\quad \boldsymbol{B}=\begin{pmatrix}-4 & 2 & -1\\ 5 & -1 & 6\\ 1 & 3 & 0\\ -1 & 0 & 3\end{pmatrix},$$

将矩阵分块后计算 $2\boldsymbol{A}+\boldsymbol{B}$.

解 由 $\boldsymbol{A},\boldsymbol{B}$ 矩阵的特点将其分块为

$$\boldsymbol{A}=\left(\begin{array}{c:cc}2 & -1 & 1\\ -3 & 4 & 5\\ \hdashline 0 & 1 & 0\\ 0 & 0 & 1\end{array}\right)=\begin{pmatrix}\boldsymbol{A}_{11} & \boldsymbol{A}_{12}\\ \boldsymbol{O} & \boldsymbol{E}_2\end{pmatrix},$$

$$\boldsymbol{B}=\left(\begin{array}{c:cc}-4 & 2 & -1\\ 5 & -1 & 6\\ \hdashline 1 & 3 & 0\\ -1 & 0 & 3\end{array}\right)=\begin{pmatrix}\boldsymbol{B}_{11} & \boldsymbol{B}_{12}\\ \boldsymbol{B}_{21} & 3\boldsymbol{E}_2\end{pmatrix},$$

则

$$2\boldsymbol{A}+\boldsymbol{B}=\begin{pmatrix}2\boldsymbol{A}_{11} & 2\boldsymbol{A}_{12}\\ \boldsymbol{O} & 2\boldsymbol{E}_2\end{pmatrix}+\begin{pmatrix}\boldsymbol{B}_{11} & \boldsymbol{B}_{12}\\ \boldsymbol{B}_{21} & 3\boldsymbol{E}_2\end{pmatrix}$$

$$=\begin{pmatrix}2\boldsymbol{A}_{11}+\boldsymbol{B}_{11} & 2\boldsymbol{A}_{12}+\boldsymbol{B}_{12}\\ \boldsymbol{O}+\boldsymbol{B}_{21} & 2\boldsymbol{E}_2+3\boldsymbol{E}_2\end{pmatrix}.$$

而

$$2\boldsymbol{A}_{11}+\boldsymbol{B}_{11}=\begin{pmatrix}4\\ -6\end{pmatrix}+\begin{pmatrix}-4\\ 5\end{pmatrix}=\begin{pmatrix}0\\ -1\end{pmatrix},$$

$$2\boldsymbol{A}_{12}+\boldsymbol{B}_{12}=\begin{pmatrix}-2 & 2\\ 8 & 10\end{pmatrix}+\begin{pmatrix}2 & -1\\ -1 & 6\end{pmatrix}=\begin{pmatrix}0 & 1\\ 7 & 16\end{pmatrix},$$

$$\boldsymbol{O}+\boldsymbol{B}_{21}=\boldsymbol{B}_{21}=\begin{pmatrix}1\\ -1\end{pmatrix},\quad 2\boldsymbol{E}_2+3\boldsymbol{E}_2=5\boldsymbol{E}_2=\begin{pmatrix}5 & 0\\ 0 & 5\end{pmatrix},$$

所以

$$\boldsymbol{B}=\left(\begin{array}{c:cc}0 & 0 & 1\\ -1 & 7 & 16\\ \hdashline 1 & 5 & 0\\ -1 & 0 & 5\end{array}\right).$$

三、分块矩阵的乘法

设$\boldsymbol{A}$为$m\times n$矩阵，$\boldsymbol{B}$为$n\times p$矩阵，由矩阵乘法可知，$\boldsymbol{AB}$有意义.如果在对矩阵$\boldsymbol{A}$H与矩阵$\boldsymbol{B}$分块时，使$\boldsymbol{A}$的列的分法与$\boldsymbol{B}$的行的分法完全一致，而对$\boldsymbol{A}$的行的分法与$\boldsymbol{B}$的列的分法不作限制，例如

$$\boldsymbol{A}=\begin{pmatrix}\boldsymbol{A}_{11} & \boldsymbol{A}_{12} & \cdots & \boldsymbol{A}_{1p}\\ \boldsymbol{A}_{21} & \boldsymbol{A}_{22} & \cdots & \boldsymbol{A}_{2p}\\ \vdots & \vdots & & \vdots\\ \boldsymbol{A}_{l1} & \boldsymbol{A}_{l2} & \cdots & \boldsymbol{A}_{lp}\end{pmatrix},\quad \boldsymbol{B}=\begin{pmatrix}\boldsymbol{B}_{11} & \boldsymbol{B}_{12} & \cdots & \boldsymbol{B}_{1r}\\ \boldsymbol{B}_{21} & \boldsymbol{B}_{22} & \cdots & \boldsymbol{B}_{2r}\\ \vdots & \vdots & & \vdots\\ \boldsymbol{B}_{p1} & \boldsymbol{B}_{p2} & \cdots & \boldsymbol{B}_{pr}\end{pmatrix},$$

其中$\boldsymbol{A}_{i1},\boldsymbol{A}_{i2},\cdots,\boldsymbol{A}_{ip}$的列数分别等于$\boldsymbol{B}_{1j},\boldsymbol{B}_{2j},\cdots,\boldsymbol{B}_{pj}$的行数($i=1,2\cdots l$；$j=1,2\cdots r$)，则

$$\boldsymbol{AB}=\boldsymbol{C}=(\boldsymbol{C}_{ij})_{l\times r}=\begin{pmatrix}\boldsymbol{C}_{11} & \boldsymbol{C}_{12} & \cdots & \boldsymbol{C}_{1r}\\ \boldsymbol{C}_{21} & \boldsymbol{C}_{22} & \cdots & \boldsymbol{C}_{2r}\\ \vdots & \vdots & & \vdots\\ \boldsymbol{C}_{l1} & \boldsymbol{C}_{l2} & \cdots & \boldsymbol{C}_{lr}\end{pmatrix},$$

其中

$$C_{ij}=\sum_{k=1}^{p}A_{ik}B_{kj}=A_{i1}B_{1j}+A_{i2}B_{2j}+\cdots+A_{ip}B_{pj}$$
$$(i=1,2,\cdots,l;j=1,2,\cdots,r).$$

例 2.17 设

$$A=\begin{pmatrix}1&0&0&0\\0&1&0&0\\-1&2&1&0\\1&1&0&1\end{pmatrix},\quad B=\begin{pmatrix}1&0&3\\-1&2&0\\1&0&4\\-1&-1&2\end{pmatrix},$$

将矩阵分块后计算 AB.

解 可将 A,B 分块如下

$$A=\left(\begin{array}{cc:cc}1&0&0&0\\0&1&0&0\\\hdashline -1&2&1&0\\1&1&0&1\end{array}\right)=\begin{pmatrix}E_2&O\\A_{21}&E_2\end{pmatrix},$$

$$B=\left(\begin{array}{ccc}1&0&3\\-1&2&0\\\hdashline 1&0&4\\-1&-1&2\end{array}\right)=\begin{pmatrix}B_{11}\\B_{21}\end{pmatrix},$$

则

$$AB=\begin{pmatrix}E_2&O\\A_{21}&E_2\end{pmatrix}\begin{pmatrix}B_{11}\\B_{21}\end{pmatrix}=\begin{pmatrix}B_{11}\\A_{21}B_{11}+B_{21}\end{pmatrix}.$$

又因为

$$A_{21}B_{11}=\begin{pmatrix}-1&2\\1&1\end{pmatrix}\begin{pmatrix}1&0&3\\-1&2&0\end{pmatrix}=\begin{pmatrix}-3&4&-3\\0&2&3\end{pmatrix},$$

$$A_{21}B_{11}+B_{21}=\begin{pmatrix}-3&4&-3\\0&2&3\end{pmatrix}+\begin{pmatrix}1&0&4\\-1&-1&2\end{pmatrix}=\begin{pmatrix}-2&4&1\\-1&1&5\end{pmatrix},$$

所以

$$AB=\begin{pmatrix}1&0&3\\-1&2&0\\-2&4&1\\-1&1&5\end{pmatrix}.$$

例 2.18 将线性方程组

$$\begin{cases}a_{11}x_1+a_{12}x_2+\cdots+a_{1n}x_n=b_1,\\ a_{21}x_1+a_{22}x_2+\cdots+a_{2n}x_n=b_2,\\ \qquad\vdots\\ a_{m1}x_1+a_{m2}x_2+\cdots+a_{mn}x_n=b_m\end{cases}$$

的系数矩阵 $\boldsymbol{A}=(a_{ij})_{m\times n}$ 按列分块为

$$\boldsymbol{A}=(\boldsymbol{A}_1,\boldsymbol{A}_2,\cdots,\boldsymbol{A}_n),$$

其中 $\boldsymbol{A}_j=(a_{1j},a_{2j},\cdots,a_{mj})^{\mathrm{T}}(j=1,2,\cdots,n)$.记 $\boldsymbol{X}=(x_1,x_2,\cdots,x_n)^{\mathrm{T}}$，$\boldsymbol{B}=(b_1,b_2,\cdots,b_m)^{\mathrm{T}}$，则线性方程组的矩阵形式 $\boldsymbol{AX}=\boldsymbol{B}$ 可以写成

$$(\boldsymbol{A}_1,\boldsymbol{A}_2,\cdots,\boldsymbol{A}_n)\begin{pmatrix}x_1\\ x_2\\ \vdots\\ x_n\end{pmatrix}=\boldsymbol{B},$$

即

$$\boldsymbol{A}_1x_1+\boldsymbol{A}_2x_2+\cdots+\boldsymbol{A}_nx_n=\boldsymbol{B},$$

这就是线性方程组的向量形式，将在第三章中介绍.

四、分块矩阵的转置

将 $m\times n$ 矩阵 $\boldsymbol{A}$ 分成 $s\times p$ 的分块矩阵

$$\boldsymbol{A}=\begin{pmatrix}\boldsymbol{A}_{11} & \boldsymbol{A}_{12} & \cdots & \boldsymbol{A}_{1p}\\ \boldsymbol{A}_{21} & \boldsymbol{A}_{22} & \cdots & \boldsymbol{A}_{2p}\\ \vdots & \vdots & & \vdots\\ \boldsymbol{A}_{s1} & \boldsymbol{A}_{s2} & \cdots & \boldsymbol{A}_{sp}\end{pmatrix},$$

则 $\boldsymbol{A}$ 的转置矩阵为

$$\boldsymbol{A}^{\mathrm{T}}=\begin{pmatrix}\boldsymbol{A}_{11}^{\mathrm{T}} & \boldsymbol{A}_{21}^{\mathrm{T}} & \cdots & \boldsymbol{A}_{s1}^{\mathrm{T}}\\ \boldsymbol{A}_{12}^{\mathrm{T}} & \boldsymbol{A}_{22}^{\mathrm{T}} & \cdots & \boldsymbol{A}_{s2}^{\mathrm{T}}\\ \vdots & \vdots & & \vdots\\ \boldsymbol{A}_{1p}^{\mathrm{T}} & \boldsymbol{A}_{2p}^{\mathrm{T}} & \cdots & \boldsymbol{A}_{sp}^{\mathrm{T}}\end{pmatrix}.$$

分块矩阵转置时，不仅要把当作元素看待的子块进行行列互换，而且要把每个子块内部的元素也进行行列互换.

例 2.19 利用分块矩阵方法求

$$\boldsymbol{A}=\begin{pmatrix}2&1&0&0\\3&1&0&0\\4&0&1&-1\\2&1&-3&0\end{pmatrix}$$

的转置矩阵 $\boldsymbol{A}^{\mathrm{T}}$.

解 将矩阵 $\boldsymbol{A}$ 分块成

$$\boldsymbol{A}=\left(\begin{array}{cc:cc}2&1&0&0\\3&1&0&0\\ \hdashline 4&0&1&-1\\2&1&-3&0\end{array}\right)=\begin{pmatrix}\boldsymbol{A}_{11}&\boldsymbol{O}\\\boldsymbol{A}_{21}&\boldsymbol{A}_{22}\end{pmatrix},$$

则

$$\boldsymbol{A}^{\mathrm{T}}=\begin{pmatrix}\boldsymbol{A}_{11}^{\mathrm{T}}&\boldsymbol{A}_{21}^{\mathrm{T}}\\\boldsymbol{O}^{\mathrm{T}}&\boldsymbol{A}_{22}^{\mathrm{T}}\end{pmatrix}=\begin{pmatrix}2&3&4&2\\1&1&0&1\\0&0&1&-3\\0&0&-1&0\end{pmatrix}.$$

五、几种特殊的分块矩阵

(1) 分块对角矩阵

设 $\boldsymbol{A}$ 为 n 阶方阵，若 $\boldsymbol{A}$ 的分块矩阵在主对角线上的子块均为方阵，且主对角线以外的子块均为零矩阵，即

$$\boldsymbol{A}=\begin{pmatrix}\boldsymbol{A}_1&\boldsymbol{O}&\cdots&\boldsymbol{O}\\\boldsymbol{O}&\boldsymbol{A}_2&\cdots&\boldsymbol{O}\\\vdots&\vdots&&\vdots\\\boldsymbol{O}&\boldsymbol{O}&\cdots&\boldsymbol{A}_s\end{pmatrix},$$

其中 $\boldsymbol{A}_i\,(i=1,2,\cdots,s)$ 是方阵，称 $\boldsymbol{A}$ 为**分块对角矩阵**，也可简记为 $\boldsymbol{A}=\mathrm{diag}(\boldsymbol{A}_1,\boldsymbol{A}_2,\cdots,\boldsymbol{A}_s)$.

显然，分块对角矩阵是对角矩阵概念的推广，因为当分块对角矩阵对角线上的子块是一阶方阵时，它就成为对角矩阵.

分块对角矩阵满足下列运算律.

①$|\boldsymbol{A}|=|\boldsymbol{A}_1||\boldsymbol{A}_2|\cdots|\boldsymbol{A}_s|$.

② 若$|\boldsymbol{A}_i|\neq 0$，即$\boldsymbol{A}_i$有逆矩阵$\boldsymbol{A}_i^{-1}(i=1,2,\cdots,s)$，则$|\boldsymbol{A}|\neq 0$，且$\boldsymbol{A}$的逆矩阵为

$$\boldsymbol{A}^{-1}=\begin{pmatrix}\boldsymbol{A}_1^{-1} & & & \\ & \boldsymbol{A}_2^{-1} & & \\ & & \ddots & \\ & & & \boldsymbol{A}_s^{-1}\end{pmatrix}.$$

③ 设$\boldsymbol{A}=\begin{pmatrix}\boldsymbol{A}_1 & & & \\ & \boldsymbol{A}_2 & & \\ & & \ddots & \\ & & & \boldsymbol{A}_s\end{pmatrix}$和$\boldsymbol{B}=\begin{pmatrix}\boldsymbol{B}_1 & & & \\ & \boldsymbol{B}_2 & & \\ & & \ddots & \\ & & & \boldsymbol{B}_s\end{pmatrix}$均为分块对角矩阵，其中$\boldsymbol{A}_i$，$\boldsymbol{B}_i(i=1,2,\cdots,s)$是同型子矩阵，则

$$\boldsymbol{AB}=\begin{pmatrix}\boldsymbol{A}_1\boldsymbol{B}_1 & & & \\ & \boldsymbol{A}_2\boldsymbol{B}_2 & & \\ & & \ddots & \\ & & & \boldsymbol{A}_s\boldsymbol{B}_s\end{pmatrix}.$$

④$\boldsymbol{A}^{\mathrm{T}}=\begin{pmatrix}\boldsymbol{A}_1^{\mathrm{T}} & & & \\ & \boldsymbol{A}_2^{\mathrm{T}} & & \\ & & \ddots & \\ & & & \boldsymbol{A}_s^{\mathrm{T}}\end{pmatrix}$.

(2)分块上三角形矩阵

设$\boldsymbol{A}$为n阶方阵，若$\boldsymbol{A}$的分块矩阵主对角线上的子块都是方阵，主对角线下方的子块都是零矩阵，即

$$\boldsymbol{A}=\begin{pmatrix}\boldsymbol{A}_{11} & \boldsymbol{A}_{12} & \cdots & \boldsymbol{A}_{1s} \\ \boldsymbol{O} & \boldsymbol{A}_{22} & \cdots & \boldsymbol{A}_{2s} \\ \vdots & \vdots & & \vdots \\ \boldsymbol{O} & \boldsymbol{O} & \cdots & \boldsymbol{A}_{ss}\end{pmatrix},$$

其中$\boldsymbol{A}_{ii}(i=1,2,\cdots,s)$均为方阵，称$\boldsymbol{A}$为**分块上三角形矩阵**. 若$\boldsymbol{A}$的分块矩阵主对角线上的子块都是方阵，主对角线上方的子块都是零矩阵，即

$$A=\begin{pmatrix}A_{11} & O & \cdots & O\\ A_{21} & A_{22} & \cdots & O\\ \vdots & \vdots & & \vdots\\ A_{s1} & A_{s2} & \cdots & A_{ss}\end{pmatrix},$$

其中 $A_{ii}(i=1,2,\cdots,s)$ 均为方阵，称 A 为**分块下三角形矩阵**.

例 2.20 设 $A=\begin{pmatrix}5 & 2 & 0 & 0\\ 2 & 1 & 0 & 0\\ 0 & 0 & 1 & -2\\ 0 & 0 & 1 & 1\end{pmatrix}$，求 $|A|$，A^{-1}.

解 将 A 按如下分块

$$A=\left(\begin{array}{cc:cc}5 & 2 & 0 & 0\\ 2 & 1 & 0 & 0\\ \hdashline 0 & 0 & 1 & -2\\ 0 & 0 & 1 & 1\end{array}\right)=\begin{pmatrix}A_1 & O\\ O_{21} & A_2\end{pmatrix},$$

则 A 为分块对角矩阵，且

$$|A|=|A_1||A_2|=\begin{vmatrix}5 & 2\\ 2 & 1\end{vmatrix}\begin{vmatrix}1 & -2\\ 1 & 1\end{vmatrix}=3,$$

故 A 可逆，且

$$A_1^{-1}=\begin{pmatrix}1 & -2\\ -2 & 5\end{pmatrix},\quad A_2^{-1}=\begin{pmatrix}\frac{1}{3} & \frac{2}{3}\\ -\frac{1}{3} & \frac{1}{3}\end{pmatrix},$$

则

$$A^{-1}=\begin{pmatrix}A_1^{-1} & O\\ O & A_2^{-1}\end{pmatrix}=\begin{pmatrix}1 & -2 & 0 & 0\\ -2 & 5 & 0 & 0\\ 0 & 0 & \frac{1}{3} & \frac{2}{3}\\ 0 & 0 & -\frac{1}{3} & \frac{1}{3}\end{pmatrix}.$$

例 2.21 设有分块矩阵

$$D=\begin{pmatrix}A & C\\ O & B\end{pmatrix},$$

其中 A、B 分别为 m 阶、n 阶可逆矩阵，C 为 $m\times n$ 矩阵，O 为 $n\times m$ 零矩阵.证明：矩阵 D 可逆，并求 D^{-1}.

证明 因为 $|A|\neq 0$，$|B|\neq 0$，所以

$$|D|=\begin{vmatrix}A & C\\ O & B\end{vmatrix}=|A||B|\neq 0,$$

于是矩阵 D 可逆.设

$$D^{-1}=\begin{pmatrix}X & Z\\ P & Y\end{pmatrix},$$

其中 $\boldsymbol{X}$、$\boldsymbol{Y}$ 分别为 m 阶和 n 阶矩阵，$\boldsymbol{Z}$ 为 $m\times n$ 矩阵，$\boldsymbol{P}$ 为 $n\times m$ 矩阵，则由

$$\boldsymbol{DD}^{-1}=\begin{pmatrix}\boldsymbol{A} & \boldsymbol{C}\\ \boldsymbol{O} & \boldsymbol{B}\end{pmatrix}\begin{pmatrix}\boldsymbol{X} & \boldsymbol{Z}\\ \boldsymbol{P} & \boldsymbol{Y}\end{pmatrix}=\begin{pmatrix}\boldsymbol{E}_m & \boldsymbol{O}\\ \boldsymbol{O} & \boldsymbol{E}_n\end{pmatrix},$$

可得

$$\begin{pmatrix}\boldsymbol{AX}+\boldsymbol{CP} & \boldsymbol{AZ}+\boldsymbol{CY}\\ \boldsymbol{BP} & \boldsymbol{BY}\end{pmatrix}=\begin{pmatrix}\boldsymbol{E}_m & \boldsymbol{O}\\ \boldsymbol{O} & \boldsymbol{E}_n\end{pmatrix},$$

于是

$$\begin{cases}\boldsymbol{AX}+\boldsymbol{CP}=\boldsymbol{E}_m, & (2.3)\\ \boldsymbol{AZ}+\boldsymbol{CY}=\boldsymbol{O}, & (2.4)\\ \boldsymbol{BP}=\boldsymbol{O}, & (2.5)\\ \boldsymbol{BY}=\boldsymbol{E}_n. & (2.6)\end{cases}$$

在式(2.5)式(2.6)两边左乘 $\boldsymbol{B}^{-1}$，得 $\boldsymbol{P}=\boldsymbol{O}$，$\boldsymbol{Y}=\boldsymbol{B}^{-1}$. 把 $\boldsymbol{P}=\boldsymbol{O}$ 代入式(2.3)得 $\boldsymbol{AX}=\boldsymbol{E}_m$，两边左乘 $\boldsymbol{A}^{-1}$，得 $\boldsymbol{X}=\boldsymbol{A}^{-1}$. 把 $\boldsymbol{Y}=\boldsymbol{B}^{-1}$ 代入式(2.4)，得 $\boldsymbol{AZ}=-\boldsymbol{CB}^{-1}$，两边左乘 $\boldsymbol{A}^{-1}$，得 $\boldsymbol{Z}=-\boldsymbol{A}^{-1}\boldsymbol{CB}^{-1}$，于是

$$\boldsymbol{D}^{-1}=\begin{pmatrix}\boldsymbol{A}^{-1} & -\boldsymbol{A}^{-1}\boldsymbol{CB}^{-1}\\ \boldsymbol{O} & \boldsymbol{B}^{-1}\end{pmatrix}.$$

§ 2.5 矩阵的初等变换

矩阵的初等变换是线性代数中最重要的运算之一，源于线性方程组的求解过程，在求可逆矩阵的逆矩阵、矩阵的秩和解线性方程组等方面起着非常重要的作用.

一、矩阵的初等变换

定义 2.16 设矩阵 $\boldsymbol{A}=(a_{ij})_{m\times n}$，将矩阵 $\boldsymbol{A}$ 进行如下三种变换：

(1) 交换矩阵 $\boldsymbol{A}$ 的两行(列)，记为 $r_i\leftrightarrow r_j(c_i\leftrightarrow c_j)$.

(2) 将矩阵 $\boldsymbol{A}$ 的第 i 行(列)元素都乘以一个非零数 k，记为 $r_i\times k(c_i\times k)$.

(3) 将矩阵 $\boldsymbol{A}$ 的第 j 行(列)元素都乘以数 k 加到第 i 行(列)的对应元素上去，记为 $r_i+kr_j(c_i+kc_j)$.

将上述三种变换称为矩阵 $\boldsymbol{A}$ 的**初等行(列)变换**.矩阵的初等行变换、初等列变换统称为矩阵的**初等变换**.显然，经过初等变换后得到的矩阵与原矩阵为同型矩阵，而且初等变换将一个矩阵变换成另一个矩阵，一般情况下，变换前后的两个矩阵并不相等.

定义 2.17 若矩阵 $\boldsymbol{A}$ 经过有限次初等变换变为矩阵 $\boldsymbol{B}$，则称矩阵 $\boldsymbol{A}$ 与 $\boldsymbol{B}$ **等价**，记作 $\boldsymbol{A}\cong\boldsymbol{B}$.

矩阵之间的等价关系具有下列性质.

(1) **反身性**:$\boldsymbol{A}\cong\boldsymbol{A}$.

(2) **对称性**:若 $\boldsymbol{A}\cong\boldsymbol{B}$,则 $\boldsymbol{B}\cong\boldsymbol{A}$.

(3) **传递性**:若 $\boldsymbol{A}\cong\boldsymbol{B}$,$\boldsymbol{B}\cong\boldsymbol{C}$,则 $\boldsymbol{A}\cong\boldsymbol{C}$.

例如,将矩阵

$$\boldsymbol{A}=\begin{pmatrix}1&1&1&1&2\\2&1&3&2&3\\2&3&2&2&5\\1&3&-1&1&4\end{pmatrix}$$

施以如下的初等行变换:

$$\boldsymbol{A}\xrightarrow[r_4-r_1]{\substack{r_2-2r_1\\r_3-2r_1}}\begin{pmatrix}1&1&1&1&2\\0&-1&1&0&-1\\0&1&0&0&1\\0&2&-2&0&2\end{pmatrix}\xrightarrow[r_4+2r_2]{r_3+r_2}\begin{pmatrix}1&1&1&1&2\\0&-1&1&0&-1\\0&0&1&0&0\\0&0&0&0&0\end{pmatrix}=\boldsymbol{B}_1,$$

$$\boldsymbol{B}_1\xrightarrow[r_2-r_3]{r_1-r_3}\begin{pmatrix}1&1&0&1&2\\0&-1&0&0&-1\\0&0&1&0&0\\0&0&0&0&0\end{pmatrix}\xrightarrow[r_2\times(-1)]{r_1+r_2}\begin{pmatrix}1&0&0&1&1\\0&1&0&0&1\\0&0&1&0&0\\0&0&0&0&0\end{pmatrix}=\boldsymbol{B}_2.$$

利用矩阵的初等行变换可以把矩阵化成一种特殊形式,而这种特殊形式对于矩阵的运算极为重要,应用也非常广泛.

定义 2.18 若矩阵 $\boldsymbol{A}$ 的非零行的第一个非零元素左边零的个数随着行数的增加而增加,且元素全为零的行(如果存在的话)位于矩阵的最下方,则称矩阵 $\boldsymbol{A}$ 为**行阶梯形矩阵**.若矩阵 $\boldsymbol{A}$ 是行阶梯形矩阵,且其非零行的第一个非零元素为 1,而该元素所在列的其他元素全为 0,则称矩阵 $\boldsymbol{A}$ 为**行最简形矩阵**.

显然,上述矩阵 $\boldsymbol{B}_1$ 为行阶梯形矩阵,$\boldsymbol{B}_2$ 为行最简形矩阵.如果对于上述矩阵 $\boldsymbol{B}_2$ 再施以初等列变换,可以化成一种更简单的矩阵:

$$\boldsymbol{B}_2=\begin{pmatrix}1&0&0&1&1\\0&1&0&0&1\\0&0&1&0&0\\0&0&0&0&0\end{pmatrix}\xrightarrow{\substack{c_4-c_1\\c_5-c_1\\c_5-c_2}}\begin{pmatrix}1&0&0&0&0\\0&1&0&0&0\\0&0&1&0&0\\0&0&0&0&0\end{pmatrix}=\boldsymbol{C}.$$

这里的矩阵 $\boldsymbol{C}$ 称为矩阵 $\boldsymbol{A}$ 的**标准形矩阵**.矩阵 $\boldsymbol{C}$ 有如下特点:矩阵 $\boldsymbol{C}$ 的左上角是一个单位矩阵,其他元素全为零,即 $\boldsymbol{C}=\begin{pmatrix}\boldsymbol{E}_r&\boldsymbol{O}\\\boldsymbol{O}&\boldsymbol{O}\end{pmatrix}$.

定理 2.3　任意一个矩阵都可以经过有限次的初等变换化为其标准形矩阵

$$C=\begin{pmatrix}1&&&&&\\&\ddots&&&&\\&&1&&&\\&&&0&&\\&&&&\ddots&\\&&&&&0\end{pmatrix}\text{第 }r\text{ 行}=\begin{pmatrix}\boldsymbol{E}_r&\boldsymbol{O}_{r\times(n-r)}\\\boldsymbol{O}_{(m-r)\times r}&\boldsymbol{O}_{(m-r)\times(n-r)}\end{pmatrix}.$$

第 r 列

证明　如果 $\boldsymbol{A}=\boldsymbol{O}$，则 $\boldsymbol{A}$ 已经是矩阵 $\boldsymbol{C}$ 的形式.如果 $\boldsymbol{A}\neq\boldsymbol{O}$，则对 $\boldsymbol{A}$ 施以初等变换，总可以把非零元素调换到第一行第一列的位置．为简便起见，不妨设 $a_{11}\neq 0$，对 $\boldsymbol{A}$ 施以如下的初等变换:第一行各元素乘以 $-\dfrac{a_{i1}}{a_{11}}$ 加到第 i 行对应元素上($i=2,3,\cdots,m$)，然后把所得矩阵的第一列各元素乘以 $-\dfrac{a_{1j}}{a_{11}}$ 加到第 j 列对应元素上($j=2,3,\cdots,n$)，最后以$\dfrac{1}{a_{11}}$ 乘第一行，可将 $\boldsymbol{A}$ 化为

$$\boldsymbol{A}\xrightarrow{\text{初等变换}}\begin{pmatrix}1&0&\cdots&0\\0&\overline{a}_{22}&\cdots&\overline{a}_{2n}\\\vdots&\vdots&&\vdots\\0&\overline{a}_{m2}&\cdots&\overline{a}_{mn}\end{pmatrix}=\begin{pmatrix}\boldsymbol{E}_1&\boldsymbol{O}\\\boldsymbol{O}&\boldsymbol{A}_1\end{pmatrix},$$

其中 $\boldsymbol{A}_1$ 是$(m-1)\times(n-1)$ 矩阵.若 $\boldsymbol{A}_1=\boldsymbol{O}$，则 $\boldsymbol{A}$ 已化为其等价标准形，若 $\boldsymbol{A}_1\neq\boldsymbol{O}$，重复施以上述变换，最后一定可以将 $\boldsymbol{A}$ 化为其标准形矩阵.

例 2.22　将矩阵

$$\boldsymbol{A}=\begin{pmatrix}2&1&2&3\\4&2&3&5\\2&1&1&2\end{pmatrix}$$

化为其标准形矩阵.

解　$$\boldsymbol{A}=\begin{pmatrix}2&1&2&3\\4&2&3&5\\2&1&1&2\end{pmatrix}\xrightarrow[r_3-r_1]{r_2-2r_1}\begin{pmatrix}2&1&2&3\\0&0&-1&-1\\0&0&-1&-1\end{pmatrix}$$

$$\xrightarrow[r_1+2r_2]{r_3-r_2}\begin{pmatrix}2&1&0&1\\0&0&-1&-1\\0&0&0&0\end{pmatrix}\xrightarrow{\substack{c_1\times\frac{1}{2}\\c_2-c_4\\c_3+c_2\\c_4-c_1\\c_4+c_2}}\begin{pmatrix}1&0&0&0\\0&1&0&0\\0&0&0&0\end{pmatrix}.$$

二、初等矩阵

对单位矩阵做一次初等变换会得到什么样的矩阵？对任意一个非零矩阵 $\boldsymbol{A}$，是否有其他方法能找到 $\boldsymbol{B}$，使得 $\boldsymbol{AB}=\boldsymbol{BA}=\boldsymbol{E}$？下面来解决这些问题.

定义 2.19 对单位矩阵做一次初等变换后得到的矩阵，称为**初等矩阵**.

三种初等行(列)变换对应着下面三种初等矩阵.

(1) 交换单位矩阵的第 i,j 两行(列)所得到的矩阵为第一种初等矩阵，记作 $\boldsymbol{E}(i,j)$，即

$$\boldsymbol{E}(i,j)=\begin{pmatrix}1&&&&&&&\\&\ddots&&&&&&\\&&0&\cdots&1&&&\\&&&1&&&&\\&&\vdots&\ddots&\vdots&&&\\&&&&1&&&\\&&1&\cdots&0&&&\\&&&&&&\ddots&\\&&&&&&&1\end{pmatrix}\begin{matrix}\\\\第\,i\,行\\\\\\\\第\,j\,行\\\\\\\end{matrix}.$$

第 i 列　　　　第 j 列

(2) 将单位矩阵的第 i 行(列)乘以非零数 k 所得到的矩阵为第二种初等矩阵，记作 $\boldsymbol{E}[i(k)]$，即

$$\boldsymbol{E}[i(k)]=\begin{pmatrix}1&&&&&&\\&\ddots&&&&&\\&&1&&&&\\&&&k&&&\\&&&&1&&\\&&&&&\ddots&\\&&&&&&1\end{pmatrix}第\,i\,行.$$

第 i 列

(3) 将单位矩阵的第 j 行(或第 i 列)乘以数 k 加到第 i 行(第 j 列)所得到的矩阵为第三种初等矩阵，记作 $\boldsymbol{E}[i,j(k)]$，即

$$E[i,j(k)]=\begin{pmatrix}1 & & & & & & \\ & \ddots & & & & & \\ & & 1 & \cdots & k & & \\ & & & \ddots & \vdots & & \\ & & & & 1 & & \\ & & & & & \ddots & \\ & & & & & & 1\end{pmatrix}\begin{matrix}\\ \\ 第\,i\,行\\ \\ 第\,j\,行\\ \\ \\ \end{matrix}.$$

第 i 列　第 j 列

初等矩阵具有以下性质.

(1)初等矩阵的转置仍为初等矩阵，且

$$E(i,j)^{\mathrm{T}}=E(i,j);E[i(k)]^{\mathrm{T}}=E[i(k)];E[i,j(k)]^{\mathrm{T}}=E[j,i(k)].$$

(2) 初等矩阵都是可逆矩阵，其逆矩阵仍为初等矩阵，且

$$E(i,j)^{-1}=E(i,j);$$
$$E[i(k)]^{-1}=E[i(k^{-1})];$$
$$E[i,j(k)]^{-1}=E[i,j(-k)].$$

例 2.23　设

$$A=\begin{pmatrix}a_{11} & a_{12} & a_{13}\\ a_{21} & a_{22} & a_{23}\\ a_{31} & a_{32} & a_{33}\end{pmatrix},$$

求 $E(1,3)A$ 及 $AE(1,3)$.

解　由矩阵乘法知

$$E(1,3)A=\begin{pmatrix}0 & 0 & 1\\ 0 & 1 & 0\\ 1 & 0 & 0\end{pmatrix}\begin{pmatrix}a_{11} & a_{12} & a_{13}\\ a_{21} & a_{22} & a_{23}\\ a_{31} & a_{32} & a_{33}\end{pmatrix}$$

$$=\begin{pmatrix}a_{31} & a_{32} & a_{33}\\ a_{21} & a_{22} & a_{23}\\ a_{11} & a_{12} & a_{13}\end{pmatrix}=B.$$

$$AE(1,3)=\begin{pmatrix}a_{11} & a_{12} & a_{13}\\ a_{21} & a_{22} & a_{23}\\ a_{31} & a_{32} & a_{33}\end{pmatrix}\begin{pmatrix}0 & 0 & 1\\ 0 & 1 & 0\\ 1 & 0 & 0\end{pmatrix}$$

$$=\begin{pmatrix} a_{13} & a_{12} & a_{11} \\ a_{23} & a_{22} & a_{21} \\ a_{33} & a_{32} & a_{31} \end{pmatrix}=\boldsymbol{C}.$$

例 2.23 表明，$\boldsymbol{E}(1,3)\boldsymbol{A}$ 相当于对 $\boldsymbol{A}$ 做交换第一行与第三行的初等变换，即

$$\boldsymbol{A}\xrightarrow{r_1\leftrightarrow r_3}\boldsymbol{B}.$$

而 $\boldsymbol{AE}(1,3)$ 相当于对 $\boldsymbol{A}$ 做交换第一列与第三列的初等变换，即

$$\boldsymbol{A}\xrightarrow{c_1\leftrightarrow c_3}\boldsymbol{C}.$$

一般地，初等矩阵与初等变换有如下的关系.

定理 2.4 设 $\boldsymbol{A}$ 是一个 $m\times n$ 矩阵，则有：

(1) 对 $\boldsymbol{A}$ 施以一次初等行变换所得到的矩阵，相当于用同种 m 阶初等矩阵左乘矩阵 $\boldsymbol{A}$；

(2) 对 $\boldsymbol{A}$ 施以一次初等列变换所得到的矩阵，相当于用同种 n 阶初等矩阵右乘矩阵 $\boldsymbol{A}$.

证明 (1) 仅对第三种初等行变换进行证明. 把矩阵 $\boldsymbol{A}=(a_{ij})_{m\times n}$ 和 m 阶单位阵 $\boldsymbol{E}$ 按行分块为

$$\boldsymbol{A}=\begin{pmatrix} \boldsymbol{A}_1 \\ \boldsymbol{A}_2 \\ \vdots \\ \boldsymbol{A}_m \end{pmatrix},\quad \boldsymbol{E}=\begin{pmatrix} \boldsymbol{\varepsilon}_1 \\ \boldsymbol{\varepsilon}_2 \\ \vdots \\ \boldsymbol{\varepsilon}_m \end{pmatrix},$$

其中

$$\boldsymbol{A}_i=(a_{i1},a_{i2},\cdots,a_{in}),\quad \boldsymbol{\varepsilon}_i=(0,\cdots,0,1,0,\cdots,0)\quad (i=1,2,\cdots,m).$$

把矩阵 $\boldsymbol{A}$ 的第 j 行的 k 倍加到第 i 行上，得矩阵

$$\boldsymbol{B}=\begin{pmatrix} \boldsymbol{A}_1 \\ \vdots \\ \boldsymbol{A}_i+k\boldsymbol{A}_j \\ \vdots \\ \boldsymbol{A}_j \\ \vdots \\ \boldsymbol{A}_m \end{pmatrix},$$

而第三种初等矩阵为

$$\boldsymbol{E}[i,j(k)]=\begin{pmatrix}\boldsymbol{\varepsilon}_1\\ \vdots\\ \boldsymbol{\varepsilon}_i+k\boldsymbol{\varepsilon}_j\\ \vdots\\ \boldsymbol{\varepsilon}_j\\ \vdots\\ \boldsymbol{\varepsilon}_m\end{pmatrix},$$

于是

$$\boldsymbol{E}(i,j(k))\boldsymbol{A}=\begin{pmatrix}\boldsymbol{\varepsilon}_1\\ \vdots\\ \boldsymbol{\varepsilon}_i+k\boldsymbol{\varepsilon}_j\\ \vdots\\ \boldsymbol{\varepsilon}_j\\ \vdots\\ \boldsymbol{\varepsilon}_m\end{pmatrix}\boldsymbol{A}=\begin{pmatrix}\boldsymbol{\varepsilon}_1\boldsymbol{A}\\ \vdots\\ (\boldsymbol{\varepsilon}_i+k\boldsymbol{\varepsilon}_j)\boldsymbol{A}\\ \vdots\\ \boldsymbol{\varepsilon}_j\boldsymbol{A}\\ \vdots\\ \boldsymbol{\varepsilon}_m\boldsymbol{A}\end{pmatrix}=\begin{pmatrix}\boldsymbol{A}_1\\ \vdots\\ \boldsymbol{A}_i+k\boldsymbol{A}_j\\ \vdots\\ \boldsymbol{A}_j\\ \vdots\\ \boldsymbol{A}_m\end{pmatrix}=\boldsymbol{B}.$$

由此可见，用初等矩阵 $\boldsymbol{E}[i,j(k)]$ 左乘矩阵 $\boldsymbol{A}$ 恰好等于把矩阵 $\boldsymbol{A}$ 的第 j 行的 k 倍加到第 i 行上.

对于其他两种初等行变换以及定理的(2)，可以类似地证明.

利用定理 2.3,也可将定理 2.4 表述为定理 2.5.

定理 2.5　设任意矩阵 $\boldsymbol{A}=(a_{ij})_{m\times n}$，存在有限个 m 阶初等矩阵 $\boldsymbol{P}_1,\boldsymbol{P}_2,\cdots,\boldsymbol{P}_s$ 和 n 阶初等矩阵 $\boldsymbol{Q}_1,\boldsymbol{Q}_2,\cdots,\boldsymbol{Q}_t$，使得

$$\boldsymbol{P}_s\cdots\boldsymbol{P}_2\boldsymbol{P}_1\boldsymbol{A}\boldsymbol{Q}_1\boldsymbol{Q}_2\cdots\boldsymbol{Q}_t=\begin{pmatrix}\boldsymbol{E}_r & \boldsymbol{O}_{r\times(n-r)}\\ \boldsymbol{O}_{(m-r)\times r} & \boldsymbol{O}_{(m-r)\times(n-r)}\end{pmatrix}.$$

推论 1　n 阶矩阵 $\boldsymbol{A}$ 可逆的充分必要条件为矩阵 $\boldsymbol{A}$ 的标准形矩阵为 $\boldsymbol{E}_n$.

推论 2　n 阶矩阵 $\boldsymbol{A}$ 可逆的充分必要条件是 $\boldsymbol{A}$ 可以表示成有限个初等矩阵的乘积.

证明　必要性　如果矩阵 $\boldsymbol{A}$ 可逆，由推论 1，则存在有限个初等矩阵 $\boldsymbol{P}_1,\boldsymbol{P}_2,\cdots,\boldsymbol{P}_s$ 和 $\boldsymbol{Q}_1,\boldsymbol{Q}_2,\cdots,\boldsymbol{Q}_t$，使得

$$\boldsymbol{P}_s\cdots\boldsymbol{P}_2\boldsymbol{P}_1\boldsymbol{A}\boldsymbol{Q}_1\boldsymbol{Q}_2\cdots\boldsymbol{Q}_t=\boldsymbol{E}.$$

于是

$$\boldsymbol{A}=\boldsymbol{P}_1^{-1}\boldsymbol{P}_2^{-1}\cdots\boldsymbol{P}_s^{-1}\boldsymbol{Q}_t^{-1}\cdots\boldsymbol{Q}_2^{-1}\boldsymbol{Q}_1^{-1}.$$

由于初等矩阵的逆矩阵仍为初等矩阵，所以 $\boldsymbol{A}$ 可以表示成有限个初等矩阵的乘积.

充分性　如果 $\boldsymbol{A}$ 可以表示成有限个初等矩阵的乘积，设

$$\boldsymbol{A}=\boldsymbol{P}_1\boldsymbol{P}_2\cdots\boldsymbol{P}_s,$$

其中 $\boldsymbol{P}_1,\boldsymbol{P}_2,\cdots,\boldsymbol{P}_s$ 是初等矩阵，由于初等矩阵是可逆矩阵，则可得矩阵 $\boldsymbol{A}$ 可逆.

三、用初等变换求矩阵的逆

若 $\boldsymbol{A}$ 为 n 阶可逆矩阵，则由定理2.5的推论2可得，必存在有限个 n 阶初等矩阵 $\boldsymbol{P}_1$，$\boldsymbol{P}_2,\cdots,\boldsymbol{P}_s$，使得

$$\boldsymbol{A}^{-1}=\boldsymbol{P}_s^{-1}\cdots\boldsymbol{P}_2^{-1}\boldsymbol{P}_1^{-1}, \tag{2.7}$$

即

$$\boldsymbol{A}^{-1}=\boldsymbol{P}_s^{-1}\cdots\boldsymbol{P}_2^{-1}\boldsymbol{P}_1^{-1}\boldsymbol{E}. \tag{2.8}$$

在(2.7)式两边右乘矩阵 $\boldsymbol{A}$，得到

$$\boldsymbol{A}^{-1}\boldsymbol{A}=\boldsymbol{P}_s^{-1}\cdots\boldsymbol{P}_2^{-1}\boldsymbol{P}_1^{-1}\boldsymbol{A},$$

即

$$\boldsymbol{E}=\boldsymbol{P}_s^{-1}\cdots\boldsymbol{P}_2^{-1}\boldsymbol{P}_1^{-1}\boldsymbol{A}\ . \tag{2.9}$$

这说明，若矩阵 $\boldsymbol{A}$ 经过有限次初等行变换变为单位矩阵，则单位矩阵经过同样的初等行变换即可变为 $\boldsymbol{A}^{-1}$，由此可得求逆矩阵的初等变换法，其步骤为

(1) 写出 $n\times 2n$ 矩阵 $(\boldsymbol{A}\,\vdots\,\boldsymbol{E})$；

(2) 利用初等行变换将 $(\boldsymbol{A}\,\vdots\,\boldsymbol{E})$ 变成行最简形矩阵，即

$$(\boldsymbol{A}\,\vdots\,\boldsymbol{E})\xrightarrow{\text{初等行变换}}(\boldsymbol{E}\,\vdots\,\boldsymbol{A}^{-1});$$

(3) 写出 $\boldsymbol{A}$ 的逆矩阵 $\boldsymbol{A}^{-1}$.

这就是求逆矩阵的**初等变换法**.

例 2.24 设

$$\boldsymbol{A}=\begin{pmatrix}2&1&1\\3&1&2\\1&-1&0\end{pmatrix},$$

求 $\boldsymbol{A}^{-1}$.

解 因为

$$(\boldsymbol{A}\,\vdots\,\boldsymbol{E})=\left(\begin{array}{ccc:ccc}2&1&1&1&0&0\\3&1&2&0&1&0\\1&-1&0&0&0&1\end{array}\right)\xrightarrow{r_1\leftrightarrow r_3}\left(\begin{array}{ccc:ccc}1&-1&0&0&0&1\\3&1&2&0&1&0\\2&1&1&1&0&0\end{array}\right)$$

$$\xrightarrow[r_3-2r_1]{r_2-3r_1}\left(\begin{array}{ccc:ccc}1&-1&0&0&0&1\\0&4&2&0&1&-3\\0&3&1&1&0&-2\end{array}\right)\xrightarrow{r_2-r_3}\left(\begin{array}{ccc:ccc}1&-1&0&0&0&1\\0&1&1&-1&1&-1\\0&3&1&1&0&-2\end{array}\right)$$

$$\xrightarrow{r_3-3r_2}\left(\begin{array}{ccc:ccc}1 & -1 & 0 & 0 & 0 & 1\\0 & 1 & 1 & -1 & 1 & -1\\0 & 0 & -2 & 4 & -3 & 1\end{array}\right)\xrightarrow{r_3\times\left(-\frac{1}{2}\right)}\left(\begin{array}{ccc:ccc}1 & -1 & 0 & 0 & 0 & 1\\0 & 1 & 1 & -1 & 1 & -1\\0 & 0 & 1 & -2 & \frac{3}{2} & -\frac{1}{2}\end{array}\right)$$

$$\xrightarrow[r_j+r_2]{r_2-r_3}\left(\begin{array}{ccc:ccc}1 & 0 & 0 & 1 & -\frac{1}{2} & \frac{1}{2}\\0 & 1 & 0 & 1 & -\frac{1}{2} & -\frac{1}{2}\\0 & 0 & 1 & -2 & \frac{3}{2} & -\frac{1}{2}\end{array}\right),$$

所以

$$\boldsymbol{A}^{-1}=\begin{pmatrix}1 & -\frac{1}{2} & \frac{1}{2}\\1 & -\frac{1}{2} & -\frac{1}{2}\\-2 & \frac{3}{2} & -\frac{1}{2}\end{pmatrix}.$$

类似地，可以用初等变换的方法求解矩阵方程.例如，对于方程

$$\boldsymbol{AX}=\boldsymbol{B},$$

其中 $\boldsymbol{A}$ 是 n 阶可逆矩阵，$\boldsymbol{B}$ 是 $n\times m$ 矩阵，则在矩阵方程 $\boldsymbol{AX}=\boldsymbol{B}$ 两边左乘 $\boldsymbol{A}^{-1}$，得矩阵

$$\boldsymbol{X}=\boldsymbol{A}^{-1}\boldsymbol{B} \tag{2.10}$$

另外，由于 $\boldsymbol{A}$ 可逆，故存在初等矩阵 $\boldsymbol{P}_1,\boldsymbol{P}_2,\cdots,\boldsymbol{P}_s$，使

$$\boldsymbol{P}_s\cdots\boldsymbol{P}_2\boldsymbol{P}_1\boldsymbol{A}=\boldsymbol{E},$$

在上式两边右乘 $\boldsymbol{A}^{-1}$，得

$$\boldsymbol{P}_s\cdots\boldsymbol{P}_2\boldsymbol{P}_1=\boldsymbol{A}^{-1},$$

将其代入式(2.10)得

$$\boldsymbol{X}=\boldsymbol{A}^{-1}\boldsymbol{B}=\boldsymbol{P}_s\cdots\boldsymbol{P}_2\boldsymbol{P}_1\boldsymbol{B}$$

比较

$$\boldsymbol{P}_s\cdots\boldsymbol{P}_2\boldsymbol{P}_1\boldsymbol{A}=\boldsymbol{E}\text{ 与 }\boldsymbol{X}=\boldsymbol{P}_s\cdots\boldsymbol{P}_2\boldsymbol{P}_1\boldsymbol{B},$$

可知对矩阵 $\boldsymbol{A}$ 进行初等行变换，将 $\boldsymbol{A}$ 化为单位矩阵 $\boldsymbol{E}$ 的同时，对矩阵 $\boldsymbol{B}$ 进行相同的初等行变换，就可以得到矩阵 $\boldsymbol{X}$，于是有

$$(\boldsymbol{A}\ \vdots\ \boldsymbol{B})\xrightarrow{\text{初等行变换}}(\boldsymbol{E}\ \vdots\ \boldsymbol{A}^{-1}\boldsymbol{B}).$$

例 2.25　用初等变换法解矩阵方程

$$\boldsymbol{AX}=\boldsymbol{B},$$

其中

$$\boldsymbol{A}=\begin{pmatrix}1&1&-1\\0&2&2\\1&-1&0\end{pmatrix},\boldsymbol{B}=\begin{pmatrix}1&-1\\1&1\\2&1\end{pmatrix}.$$

解　因为

$$(\boldsymbol{A}\,\vdots\,\boldsymbol{E})=\left(\begin{array}{ccc:cc}1&1&-1&1&-1\\0&2&2&1&1\\1&-1&0&2&1\end{array}\right)\xrightarrow{r_3-r_1}\left(\begin{array}{ccc:cc}1&1&-1&1&-1\\0&2&2&1&1\\0&-2&1&1&2\end{array}\right)$$

$$\xrightarrow[\substack{r_2-2r_3\\r_1+r_3}]{\substack{r_3+r_2\\r_3\times\frac{1}{3}}}\left(\begin{array}{ccc:cc}1&1&0&\frac{5}{3}&0\\0&2&0&-\frac{1}{3}&-1\\0&0&1&\frac{2}{3}&1\end{array}\right)\xrightarrow{r_2\times\frac{1}{2},r_1-r_2}\left(\begin{array}{ccc:cc}1&0&0&\frac{11}{6}&\frac{1}{2}\\0&1&0&-\frac{11}{6}&-\frac{1}{2}\\0&0&1&\frac{2}{3}&1\end{array}\right),$$

于是

$$\boldsymbol{X}=\begin{pmatrix}\frac{11}{6}&\frac{1}{2}\\-\frac{1}{6}&-\frac{1}{2}\\\frac{2}{3}&1\end{pmatrix}.$$

§2.6　矩阵的秩

一、矩阵的秩

矩阵的秩是线性代数中一个非常重要的概念，它不仅与讨论可逆矩阵的问题有关，而且在讨论线性方程组的解的情况时也起着重要的作用.

为了建立矩阵秩的概念，首先给出矩阵的子式的概念.

定义 2.20　在 $m\times n$ 矩阵 $\boldsymbol{A}$ 中，任意选取 k 行 k 列($k\leqslant\min\{m,n\}$)，位于这些行列交叉处的 k^2 个元素按原来的顺序排列所构成的 k 阶行列式，称为矩阵 $\boldsymbol{A}$ 的一个 k **阶子行列式**，简称 $\boldsymbol{A}$ 的一个 k **阶子式**.

显然，矩阵 $\boldsymbol{A}$ 的每个元素都构成它的一个一阶子式，$m\times n$ 矩阵 $\boldsymbol{A}$ 的所有子式的最高阶数不超过 $\min\{m,n\}$，$m\times n$ 的矩阵 $\boldsymbol{A}$ 共有 $\boldsymbol{C}_m^k\boldsymbol{C}_n^k$ 个 k 阶子式，当 $\boldsymbol{A}$ 是 n 阶方阵时，$|\boldsymbol{A}|$ 是 $\boldsymbol{A}$ 的阶数最高的子式.

例如，$\boldsymbol{A}=\begin{pmatrix}1&2&3&4&5\\-1&0&2&1&1\\3&2&0&0&4\end{pmatrix}$. 取定第 1,2 行和第 3,4 列，得到一个二阶子式 $\begin{vmatrix}3&4\\2&1\end{vmatrix}=-5$；若取定第 1,2,3 行和第 1,2,3 列，则得到一个三阶子式 $\begin{vmatrix}1&2&3\\-1&0&2\\3&2&0\end{vmatrix}=2$.

定义 2.21　矩阵 $\boldsymbol{A}$ 中所有不等于零的子式的最高阶数称为矩阵 $\boldsymbol{A}$ 的**秩**，记为 $r(\boldsymbol{A})$.

当 $\boldsymbol{A}=\boldsymbol{O}$ 时，规定 $r(\boldsymbol{A})=0$.

对于 n 阶矩阵 $\boldsymbol{A}$，其 n 阶子式为 $|\boldsymbol{A}|$，当且仅当 $|\boldsymbol{A}|\neq 0$ 时，$r(\boldsymbol{A})=n$，此时称矩阵 $\boldsymbol{A}$ 为**满秩矩阵**；当且仅当 $|\boldsymbol{A}|=0$，$r(\boldsymbol{A})<n$，此时称矩阵 $\boldsymbol{A}$ 为**降秩矩阵**.显然，满秩矩阵是非奇异矩阵，也是可逆矩阵；降秩矩阵是奇异矩阵，也是不可逆矩阵 .

例 2.26　求 $\boldsymbol{A}=\begin{pmatrix}1&2&-2&3\\4&-3&3&12\\3&-1&1&9\end{pmatrix}$ 的秩.

解　$\boldsymbol{A}$ 的一个二阶子式 $\begin{vmatrix}1&2\\4&-3\end{vmatrix}=-11\neq 0$，经过计算可得 $\boldsymbol{A}$ 的所有三阶子式

$$\begin{vmatrix}1&2&-2\\4&-3&3\\3&-1&1\end{vmatrix},\quad\begin{vmatrix}1&2&3\\4&-3&12\\3&-1&9\end{vmatrix},\quad\begin{vmatrix}1&-2&3\\4&3&12\\3&1&9\end{vmatrix},\quad\begin{vmatrix}2&-2&3\\-3&3&12\\-1&1&9\end{vmatrix}$$

全为零，故 $r(\boldsymbol{A})=2$.

矩阵的秩有下列性质：

(1) 若矩阵 $\boldsymbol{A}$ 有一个非零 r 阶子式，则 $r(\boldsymbol{A})\geqslant r$；

(2) 若矩阵 $\boldsymbol{A}$ 中所有的 r 阶子式全为零，则 $r(\boldsymbol{A})<r$；

(3) $r(\boldsymbol{A})=r(\boldsymbol{A}^{\mathrm{T}})$；

(4) 若 $\boldsymbol{A}$ 是行阶梯形矩阵，则 $r(\boldsymbol{A})$ 等于 $\boldsymbol{A}$ 的非零行的行数.

对于一般的矩阵，当矩阵的行数和列数较高时，利用定义计算矩阵的秩是非常麻烦的.由矩阵的秩的性质(4)知道，行阶梯形矩阵的秩很容易判断.下面给出利用矩阵的行阶梯形矩阵求矩阵秩的简便方法.

二、用初等变换求矩阵的秩

定理 2.6　初等变换不改变矩阵的秩，即若 $\boldsymbol{A}\cong\boldsymbol{B}$，则 $r(\boldsymbol{A})=r(\boldsymbol{B})$.

证明　先考察经过一次初等行变换的情形.

设 $\boldsymbol{A}$ 经过一次初等行变换变为 $\boldsymbol{B}$，且 $r(\boldsymbol{A})=r_1, r(\boldsymbol{B})=r_2$. 当对 $\boldsymbol{A}$ 施行互换两行或以数 $k\neq 0$ 乘某一行的初等变换时，由行列式的性质知，矩阵 $\boldsymbol{B}$ 中的任何 r_1+1 阶子式等于 ± 1 或 k 与 $\boldsymbol{A}$ 的某一个 r_1+1 阶子式的乘积.因为 $\boldsymbol{A}$ 的任何 r_1+1 阶子式都等于零，所以 $\boldsymbol{B}$ 的任何 r_1+1 阶子式也都等于零，从而 $r_2<r_1+1$.

当对 $\boldsymbol{A}$ 施以第 i 行乘以数 k 加到第 j 行的初等变换时，对矩阵 $\boldsymbol{B}$ 的任意一个 r_1+1 阶子式 $|\boldsymbol{B}_1|$，如果它不含 $\boldsymbol{B}$ 的第 j 行或既含 $\boldsymbol{B}$ 的第 j 行又含第 i 行，则它就等于 $\boldsymbol{A}$ 的某一个 r_1+1 阶子式；如果 $|\boldsymbol{B}_1|$ 含 $\boldsymbol{B}$ 的第 j 行但不含第 i 行，则 $|\boldsymbol{B}_1|=|\boldsymbol{A}_1|+k|\boldsymbol{A}_2|$，其中 $\boldsymbol{A}_1, \boldsymbol{A}_2$ 是 $\boldsymbol{A}$ 的两个 r_1+1 阶子方阵.由 $\boldsymbol{A}$ 的任何 r_1+1 阶子式都等于零可知，$\boldsymbol{B}$ 的每一个 r_1+1 阶子式也全为零，从而 $r_2<r_1+1$.

由此可得，对 $\boldsymbol{A}$ 施以一次初等行变换得到 $\boldsymbol{B}$ 时，有 $r_2<r_1+1$，即 $r_2\leqslant r_1$.

由于 $\boldsymbol{A}$ 经过某种初等变换变为 $\boldsymbol{B}$，$\boldsymbol{B}$ 也可经相应的初等变换变为 $\boldsymbol{A}$，因此又有 $r_1\leqslant r_2$，故 $r_1=r_2$.

上述结论对初等列变换也成立，于是对 $\boldsymbol{A}$ 施以一次初等变换所得矩阵的秩与 $\boldsymbol{A}$ 的秩相同，因而对 $\boldsymbol{A}$ 施以有限次初等变换后所得矩阵的秩仍然等于矩阵 $\boldsymbol{A}$ 的秩.

根据这个定理，可以得到利用初等行变换求矩阵 $\boldsymbol{A}$ 的秩的方法，即对矩阵 $\boldsymbol{A}$ 施以初等行变换化成行阶梯形矩阵 $\boldsymbol{B}$，则 $\boldsymbol{B}$ 的非零行的行数即为 $\boldsymbol{A}$ 的秩 .

例 2.27 求矩阵

$$\boldsymbol{A}=\begin{pmatrix}1&1&1&1&2\\2&1&3&2&3\\2&3&2&2&5\\1&3&-1&1&4\end{pmatrix}$$

的秩 $r(\boldsymbol{A})$.

解
$$\boldsymbol{A}=\begin{pmatrix}1&1&1&1&2\\2&1&3&2&3\\2&3&2&2&5\\1&3&-1&1&4\end{pmatrix}\xrightarrow[\substack{r_3-2r\\r_4-r_1}]{r_2-2r_1}\begin{pmatrix}1&1&1&1&2\\0&-1&1&0&-1\\0&1&0&0&1\\0&2&-2&0&2\end{pmatrix}$$

$$\xrightarrow[r_4+2r_2]{r_3+r_2}\begin{pmatrix}1&1&1&1&2\\0&-1&1&0&-1\\0&0&1&0&0\\0&0&0&0&0\end{pmatrix},$$

所以 $r(\boldsymbol{A})=3$.

习 题 二

（A）

1.设

$$A=\begin{pmatrix}1 & 5 & 1\\1 & 2 & -3\\9 & -5 & 3\end{pmatrix},\quad B=\begin{pmatrix}1 & x_1 & x_2\\x_1 & 2 & x_3\\x_2 & x_3 & 3\end{pmatrix},\quad C=\begin{pmatrix}0 & y_1 & y_2\\-y_1 & 0 & y_3\\-y_2 & -y_3 & 0\end{pmatrix},$$

并且 $A=B+2C$，求矩阵 B,C.

2.设 $A=\begin{pmatrix}0 & -1 & 2\\-5 & 3 & 4\end{pmatrix}$，$B=\begin{pmatrix}4 & 5 & -3\\3 & -4 & 0\end{pmatrix}$.

（1）求 $2A-3B$；

（2）若矩阵 X 满足 $A+2X=B$，求 X.

3.计算下列矩阵乘积.

（1）$\begin{pmatrix}3 & 1 & -1\\-2 & -1 & 1\end{pmatrix}\begin{pmatrix}2\\3\\-1\end{pmatrix}$；

（2）$\begin{pmatrix}2 & -1\\-4 & 0\\3 & 1\end{pmatrix}\begin{pmatrix}7 & -9\\-8 & 10\end{pmatrix}$；

（3）$\begin{pmatrix}1 & 1\\-1 & -1\end{pmatrix}\begin{pmatrix}1 & -1\\-1 & 1\end{pmatrix}$；

（4）$(x_1 \quad x_2 \quad x_3)\begin{pmatrix}a_{11} & a_{12} & a_{13}\\a_{12} & a_{22} & a_{23}\\a_{13} & a_{23} & a_{33}\end{pmatrix}\begin{pmatrix}x_1\\x_2\\x_3\end{pmatrix}$；

（5）$\begin{pmatrix}1 & 2 & 3\\2 & 4 & 6\\3 & 6 & 8\end{pmatrix}\begin{pmatrix}-1 & -2 & -4\\-1 & -2 & -4\\1 & 2 & 4\end{pmatrix}$；

（6）$\begin{pmatrix}1 & 2 & 3\\-2 & 1 & 2\end{pmatrix}\begin{pmatrix}1 & 2 & 0\\0 & 1 & 1\\3 & 0 & -1\end{pmatrix}$.

4. 举反例说明下列命题是错误的.

(1) 若 $\boldsymbol{A}^2=\boldsymbol{O}$，则 $\boldsymbol{A}=\boldsymbol{O}$.

(2) 若 $\boldsymbol{A}^2=\boldsymbol{A}$，则 $\boldsymbol{A}=\boldsymbol{O}$ 或 $\boldsymbol{A}=\boldsymbol{E}$.

(3) 若 $\boldsymbol{AX}=\boldsymbol{AY}$，且 $\boldsymbol{A}\neq\boldsymbol{O}$，则 $\boldsymbol{X}=\boldsymbol{Y}$.

5.计算：

(1) $\begin{pmatrix}0 & 1\\ -1 & 0\end{pmatrix}^n$；　(2) $\begin{pmatrix}\cos\varphi & -\sin\varphi\\ \sin\varphi & \cos\varphi\end{pmatrix}^2$；　(3) $\begin{pmatrix}a & 0 & 0\\ 0 & -b & 0\\ 0 & 0 & c\end{pmatrix}^n$.

6.设 $\boldsymbol{A}=\begin{pmatrix}0 & 1\\ 3 & -2\end{pmatrix}$，$f(x)=\begin{vmatrix}x & -1\\ -3 & x+2\end{vmatrix}$，求 $f(\boldsymbol{A})$.

7.证明：若实对称方阵 $\boldsymbol{A}$ 满足 $\boldsymbol{A}^2=\boldsymbol{O}$，则 $\boldsymbol{A}=\boldsymbol{O}$.

8.证明：如果方阵 $\boldsymbol{A}$，$\boldsymbol{B}$ 满足 $\boldsymbol{AB}+\boldsymbol{BA}=\boldsymbol{E}$，且 $\boldsymbol{A}^2=\boldsymbol{O}$（或 $\boldsymbol{B}^2=\boldsymbol{O}$），则 $(\boldsymbol{AB})^2=\boldsymbol{AB}$.

9.设 $\boldsymbol{A}=\begin{pmatrix}5 & -2 & 1\\ 3 & 4 & -1\end{pmatrix}$，$\boldsymbol{B}=\begin{pmatrix}-3 & 2 & 0\\ -2 & 0 & 1\end{pmatrix}$，计算 $\boldsymbol{AB}^{\mathrm T}$，$\boldsymbol{B}^{\mathrm T}\boldsymbol{A}$，$\boldsymbol{A}^{\mathrm T}\boldsymbol{A}$，$\boldsymbol{BB}^{\mathrm T}+\boldsymbol{AB}^{\mathrm T}$.

10.设 $\boldsymbol{A}$ 是 n 阶方阵，证明：$\boldsymbol{AA}^{\mathrm T}$，$\boldsymbol{A}^{\mathrm T}\boldsymbol{A}$，$\boldsymbol{A}+\boldsymbol{A}^{\mathrm T}$ 都是对称矩阵.

11.设 $\boldsymbol{A}=\begin{pmatrix}1 & 1 & 1\\ 0 & 0 & -1\\ 1 & -1 & 1\end{pmatrix}$，$\boldsymbol{B}=\begin{pmatrix}1 & 2 & 3\\ -1 & -2 & 4\\ 0 & 5 & 1\end{pmatrix}$求.

(1) 求 $\boldsymbol{A}^{\mathrm T}\boldsymbol{B}-2\boldsymbol{A}$；

(2) 求 $(\boldsymbol{AB})^{\mathrm T}$.

12.设 n 阶矩阵 $\boldsymbol{A}$ 的伴随矩阵为 $\boldsymbol{A}^*$，且 $|\boldsymbol{A}|\neq 0$，证明：$|\boldsymbol{A}^*|=|\boldsymbol{A}|^{n-1}$.

13.设三阶矩阵 $\boldsymbol{A}$ 的伴随矩阵为 $\boldsymbol{A}^*$，已知 $\boldsymbol{AA}^*=2\boldsymbol{E}$，求下列格式：

(1) $|2\boldsymbol{A}^{-1}|$；　(2) $|(3\boldsymbol{A}^*)^2|$；　(3) $\left|(3\boldsymbol{A})^{-1}-\dfrac{1}{2}\boldsymbol{A}^*\right|$.

14.已知矩阵 $\boldsymbol{A}=\begin{pmatrix}1 & 0\\ 2 & 1\\ 3 & 2\end{pmatrix}$，$\boldsymbol{B}=\begin{pmatrix}1 & -1\\ 1 & 2\end{pmatrix}$，用两种方法计算 $(\boldsymbol{AB})^{\mathrm T}$.

15.已知 n 阶矩阵 $\boldsymbol{A}$ 满足 $\boldsymbol{A}^2+2\boldsymbol{A}-3\boldsymbol{E}=\boldsymbol{O}$.

(1) 证明：$\boldsymbol{A}$ 和 $\boldsymbol{A}+2\boldsymbol{E}$ 都可逆，并求 $\boldsymbol{A}^{-1}$ 和 $(\boldsymbol{A}+2\boldsymbol{E})^{-1}$.

(2) 证明：$\boldsymbol{A}+4\boldsymbol{E}$ 和 $\boldsymbol{A}-2\boldsymbol{E}$ 都可逆，并求 $(\boldsymbol{A}+4\boldsymbol{E})^{-1}$ 和 $(\boldsymbol{A}-2\boldsymbol{E})^{-1}$.

16.设 $\boldsymbol{A}$ 是可逆矩阵，证明：其伴随矩阵 $\boldsymbol{A}^*$ 也可逆，且

$$(\boldsymbol{A}^*)^{-1}=(\boldsymbol{A}^{-1})^*.$$

17.设 $\boldsymbol{A}$，$\boldsymbol{B}$ 均为四阶矩阵，已知 $|\boldsymbol{A}|=-2$，$|\boldsymbol{B}|=3$，计算：

(1) $\left|\dfrac{1}{2}\boldsymbol{AB}^{-1}\right|$；　(2) $|-\boldsymbol{AB}^{\mathrm T}|$；　(3) $|(\boldsymbol{AB})^{-1}|$；　(4) $|[(\boldsymbol{AB})^{\mathrm T}]^{-1}|$；

(5) $|-3\boldsymbol{A}^*|$（$\boldsymbol{A}^*$ 为 $\boldsymbol{A}$ 的伴随矩阵）.

18. 设 $\boldsymbol{A}$ 为四阶矩阵，已知 $|\boldsymbol{A}|=a\neq 0$，计算 $\big||\boldsymbol{A}^*|\boldsymbol{A}\big|$.

19.设 $\boldsymbol{A}=\begin{pmatrix}1 & -3 & 0 & 0\\ 0 & 2 & 0 & 0\\ 0 & 0 & 1 & 2\\ 0 & 0 & 1 & 3\end{pmatrix}$，求：(1) $|\boldsymbol{A}^5|$；(2) $\boldsymbol{A}^{-1}$；(3) $\boldsymbol{A}^3$.

20.按指定的分块方法，用分块矩阵的加法或乘法计算下列各题.

（1）设 $\boldsymbol{A}=\left(\begin{array}{cc:cc}1 & -1 & 0 & 0\\ 3 & -1 & 0 & 0\\ \hdashline 0 & 1 & 0 & 0\\ 0 & 0 & 2 & -1\end{array}\right)$ 与 $\boldsymbol{B}=\left(\begin{array}{cc:cc}1 & 0 & 0 & 0\\ -1 & 0 & 0 & 0\\ \hdashline 0 & 1 & 3 & -1\\ 0 & 2 & 1 & 4\end{array}\right)$，求 $\boldsymbol{A}+\boldsymbol{B}$ 和 $\boldsymbol{AB}$.

（2）设 $\boldsymbol{A}=\left(\begin{array}{ccc}-2 & -1 & 2\\ \hdashline 2 & 2 & 1\\ \hdashline 1 & 2 & 2\end{array}\right)$，求 $\boldsymbol{A}\boldsymbol{A}^{\mathrm{T}}$.

21.设 $\boldsymbol{A}$ 为三阶矩阵，$|\boldsymbol{A}|=-1$，把 $\boldsymbol{A}$ 按列分块为 $\boldsymbol{A}=(\boldsymbol{A}_1,\boldsymbol{A}_2,\boldsymbol{A}_3)$，其中 $\boldsymbol{A}_j\ (j=1,2,3)$ 为 $\boldsymbol{A}$ 的第 j 列，求(1) $|3\boldsymbol{A}_3,-\boldsymbol{A}_1,\boldsymbol{A}_2|$；(2) $|\boldsymbol{A}_3+\boldsymbol{A}_1,-2\boldsymbol{A}_2,3\boldsymbol{A}_1|$.

22.求下列矩阵的标准形矩阵.

（1）$\begin{pmatrix}2 & 4\\ 1 & 2\end{pmatrix}$；　（2）$\begin{pmatrix}1 & 2 & 3\\ 3 & 1 & 2\\ 2 & 3 & 1\end{pmatrix}$；　（3）$\begin{pmatrix}3 & 3 & 9 & 12\\ 2 & -2 & 7 & 9\\ 1 & -3 & 4 & 5\end{pmatrix}$；

（4）$\begin{pmatrix}-2 & -1 & -4 & 2 & -1\\ 3 & 0 & 6 & -1 & 1\\ 0 & 3 & 0 & 0 & 1\end{pmatrix}$.

23.求下列矩阵的逆矩阵.

（1）$\begin{pmatrix}2 & 0 & 1\\ 1 & -2 & -1\\ -1 & 3 & 2\end{pmatrix}$；　（2）$\begin{pmatrix}1 & 2 & 3\\ 2 & 2 & 1\\ 3 & 4 & 3\end{pmatrix}$；　（3）$\begin{pmatrix}1 & 0 & 0 & 0\\ 1 & 2 & 0 & 0\\ 1 & 2 & 3 & 0\\ 1 & 2 & 3 & 4\end{pmatrix}$；

（4）$\begin{pmatrix}0 & a_1 & 0 & \cdots & 0 & 0\\ 0 & 0 & a_2 & \cdots & 0 & 0\\ \vdots & \vdots & \vdots & & \vdots & \vdots\\ 0 & 0 & 0 & \cdots & 0 & a_{n-1}\\ a_n & 0 & 0 & \cdots & 0 & 0\end{pmatrix}$，其中 $a_i\neq 0,(i=1,2,\cdots,n)$.

24.解下列矩阵方程.

（1）$\begin{pmatrix}0 & 1 & 2\\ 1 & 1 & 4\\ 2 & -1 & 0\end{pmatrix}\boldsymbol{X}=\begin{pmatrix}1 & 1\\ 0 & 1\\ -1 & 0\end{pmatrix}$；

（2）$\boldsymbol{X}\begin{pmatrix}-2 & 1 & 0\\ 1 & -2 & 1\\ 0 & 1 & -2\end{pmatrix}=\begin{pmatrix}1 & 2 & 3\\ 0 & 1 & 2\end{pmatrix}$；

（3）$\begin{pmatrix}1 & 4\\ -1 & 2\end{pmatrix}\boldsymbol{X}\begin{pmatrix}2 & 0\\ -1 & 1\end{pmatrix}=\begin{pmatrix}3 & 1\\ 0 & 0\end{pmatrix}$；

(4)$AX+B=X$，其中 $A=\begin{pmatrix}0&1&0\\-1&1&1\\-1&0&-1\end{pmatrix}$，$B=\begin{pmatrix}1&-1\\2&0\\5&-3\end{pmatrix}$．

25.求下列矩阵的秩.

(1)$\begin{pmatrix}2&3\\1&-1\\-1&2\end{pmatrix}$；(2)$\begin{pmatrix}2&-1&1\\4&-2&2\\6&-3&3\end{pmatrix}$；(3)$\begin{pmatrix}1&-1&2&1&0\\2&-2&4&2&0\\3&0&6&-1&1\\0&3&0&0&1\end{pmatrix}$．

26.已知矩阵 B，C 为可逆方阵，$A=\begin{pmatrix}B&O\\D&C\end{pmatrix}$，证明：$A$ 可逆，并求 A^{-1}.

27.设 A 为 n 阶非奇异矩阵，B 为 $n\times m$ 阵，证明：$r(AB)=r(B)$．

(B)

1.已知 $\boldsymbol{\alpha}=(1,2,3)$，$\boldsymbol{\beta}=\left(1,\frac{1}{2},\frac{1}{3}\right)$，令 $A=\boldsymbol{\alpha}^{T}\boldsymbol{\beta}$，求 A^{n}.

2.设 A、B 均为 n 阶方阵，且 $E-AB$ 与 $E-BA$ 都可逆，证明：

$$(E-BA)^{-1}=E+B(E-AB)^{-1}A.$$

3.设 A 为奇数阶可逆矩阵，且 $A^{-1}=A^{T}$，$|A|=1$，求 $|E-A|$.

4.已知

$$A=\begin{pmatrix}1&0&0\\1&1&0\\1&1&1\end{pmatrix},\quad B=\begin{pmatrix}0&1&1\\1&0&1\\1&1&0\end{pmatrix},$$

且矩阵 X 满足 $AXA+BXB=AXB+BXA+E$，求矩阵 X.

5.设矩阵 B 的伴随矩阵为

$$B^{*}=\begin{pmatrix}1&0&0&0\\0&1&0&0\\1&0&1&0\\1&-3&0&8\end{pmatrix},$$

且 $BAB^{-1}=AB^{-1}+3E$，求 A.

6.设 A，B，C，D 均为 n 阶矩阵，E 为 n 阶单位矩阵，A 为可逆矩阵.如果分块矩阵

$$P=\begin{pmatrix}E&O\\-CA^{-1}&E\end{pmatrix},\quad Q=\begin{pmatrix}A&B\\C&D\end{pmatrix},\quad R=\begin{pmatrix}E&-A^{-1}B\\O&E\end{pmatrix},$$

计算 PQR.

7. 设 n 阶方阵 A 满足 $2A(A-E)=A^{3}$，求 $(E-A)^{-1}$.

8. 已知 $A=\begin{pmatrix}1&1&-1\\-1&1&1\\1&-1&1\end{pmatrix}$，若 $A^{*}B\left(\frac{1}{2}A^{*}\right)^{*}=8A^{-1}B+12E$，求矩阵 B .

第3章 线性方程组

在第1章中，已经研究了一类特殊的线性方程组，即方程组中所含方程的个数等于未知量的个数，并且方程组的系数行列式不等于零的情形. 而在科学技术和经济管理中的许多问题往往可以归结为解一般的线性方程组. 这些方程组中未知量的个数和方程的个数是不同的，方程组可能无解，也可能有唯一解或有无穷多个解. 对于这些问题的研究在理论上和应用上都具有重要意义. 本章将系统地讨论一般线性方程组有解的充要条件和求解方法，以及向量组的线性关系，并在此基础上讨论线性方程组解的性质及解的结构问题.

§3.1 线性方程组解的判定

含有 m 个方程、n 个未知量的线性方程组的一般形式为

$$\begin{cases} a_{11}x_1+a_{12}x_2+\cdots+a_{1n}x_n=b_1, \\ a_{21}x_1+a_{22}x_2+\cdots+a_{2n}x_n=b_2, \\ \quad\vdots \\ a_{m1}x_1+a_{m2}x_2+\cdots+a_{mn}x_n=b_m. \end{cases} \tag{3.1}$$

记矩阵

$$\boldsymbol{A}=\begin{pmatrix} a_{11} & a_{12} & \cdots & a_{1n} \\ a_{21} & a_{22} & \cdots & a_{2n} \\ \vdots & \vdots & & \vdots \\ a_{m1} & a_{m2} & \cdots & a_{mn} \end{pmatrix}, \quad \boldsymbol{X}=\begin{pmatrix} x_1 \\ x_2 \\ \vdots \\ x_n \end{pmatrix}, \quad \boldsymbol{B}=\begin{pmatrix} b_1 \\ b_2 \\ \vdots \\ b_m \end{pmatrix},$$

则线性方程组(3.1)可以写成矩阵形式为

$$\boldsymbol{AX}=\boldsymbol{B},$$

其中 $\boldsymbol{A}$ 称为线性方程组(3.1)的**系数矩阵**，$\boldsymbol{B}$ 称为**常数项矩阵**，$\boldsymbol{X}$ 称为**未知量矩阵**. 而矩阵

$(\boldsymbol{A},\boldsymbol{B})$ 称为线性方程组(3.1)的**增广矩阵**，记为 $\overline{\boldsymbol{A}}$，即

$$\overline{\boldsymbol{A}}=\begin{pmatrix} a_{11} & a_{12} & \cdots & a_{1n} & b_1 \\ a_{21} & a_{22} & \cdots & a_{2n} & b_2 \\ \vdots & \vdots & & \vdots & \vdots \\ a_{m1} & a_{m2} & \cdots & a_{mn} & b_m \end{pmatrix}.$$

一、消元法解线性方程组

在中学代数中，我们已经学习过用消元法解二元或三元线性方程组. 下面先看一个例子.

例 3.1　解线性方程组

$$\begin{cases} x_1+3x_2-2x_3=5, \\ x_1+2x_2-5x_3=12, \\ 2x_1+x_2+x_3=5. \end{cases} \tag{3.2}$$

解　分别把方程组(3.2)的第一个方程两边乘以(−1)和(−2)，加到第二个方程和第三个方程上，消去这两个方程中的未知量 x_1，得

$$\begin{cases} x_1+3x_2-2x_3=5, \\ \quad -x_2-3x_3=7, \\ \quad -5x_2+5x_3=-5. \end{cases}$$

上面方程组的第三个方程两边乘以$\left(-\dfrac{1}{5}\right)$，得

$$\begin{cases} x_1+3x_2-2x_3=5, \\ \quad -x_2-3x_3=7, \\ \quad x_2-x_3=1. \end{cases}$$

交换上面方程组中第二个方程和第三个方程，得

$$\begin{cases} x_1+3x_2-2x_3=5, \\ \quad x_2-x_3=1, \\ \quad -x_2-3x_3=7. \end{cases}$$

把上面方程组中第二个方程加到第三个方程上，消去方程中的未知量 x_2，得

$$\begin{cases} x_1+3x_2-2x_3=5, \\ \quad x_2-x_3=1, \\ \quad\quad -4x_3=8. \end{cases} \tag{3.3}$$

显然，方程组(3.3)与原方程组(3.2)同解. 由方程组(3.3)的最后一个方程可得 $x_3=-2$，把 $x_3=-2$ 代入方程组(3.3)的第二个方程得 $x_2=-1$. 最后，把 $x_2=-1$，$x_3=-2$ 代入(3.3)的第一个方程，解得 $x_1=4$，所以原方程组(3.2)有唯一解，即

$$x_1=4,\quad x_2=-1,\quad x_3=-2.$$

方程组(3.3)的特点是：自上而下的各个方程中所含未知量的个数依次减少，这种形式的线性方程组，一般称为**阶梯形方程组**. 由原方程组化为阶梯形方程组的过程称为**消元过程**. 由阶梯形方程组逐次求得各未知量的过程称为**回代过程**. 可以看出，对线性方程组的消元过程和回代过程，就是对方程组反复施行如下三种变换：

(1) 交换两个方程的位置；

(2) 用一个不等于零的数乘某个方程的两边；

(3) 把一个方程的若干倍加到另一个方程上.

这三种变换称为线性方程组的**初等变换**.

分析上面方程组的求解过程，可以发现在对方程组(3.2)施行上面三种初等变换时，参与运算的只是方程组的系数和右端常数项. 因此可以简化运算的表达形式，将该方程组的增广矩阵施以相应的初等行变换，则方程组(3.2)的消元过程可以用增广矩阵的初等行变换表示如下：

$$\begin{pmatrix}1&3&-2&5\\1&2&-5&12\\2&1&1&5\end{pmatrix}\xrightarrow[r_3-2r_1]{r_2-r_1}\begin{pmatrix}1&3&-2&5\\0&-1&-3&7\\0&-5&5&-5\end{pmatrix}\xrightarrow{r_3\times\left(-\frac{1}{5}\right)}\begin{pmatrix}1&3&-2&5\\0&-1&-3&7\\0&1&-1&1\end{pmatrix}$$

$$\xrightarrow{r_2\leftrightarrow r_3}\begin{pmatrix}1&3&-2&5\\0&1&-1&1\\0&-1&-3&7\end{pmatrix}\xrightarrow{r_3+r_2}\begin{pmatrix}1&3&-2&5\\0&1&-1&1\\0&0&-4&8\end{pmatrix}.$$

最后一个行阶梯形矩阵对应的线性方程组就是方程组(3.3). 利用矩阵的初等行变换，把方程组(3.2)的回代过程表示如下：

$$\begin{pmatrix}1&3&-2&5\\0&1&-1&1\\0&0&-4&8\end{pmatrix}\xrightarrow{r_3\times\left(-\frac{1}{4}\right)}\begin{pmatrix}1&3&-2&5\\0&1&-1&1\\0&0&1&-2\end{pmatrix}$$

$$\xrightarrow[r_1+2r_3]{r_2+r_3}\begin{pmatrix}1&3&0&1\\0&1&0&-1\\0&0&1&-2\end{pmatrix}\xrightarrow{r_1-3r_2}\begin{pmatrix}1&0&0&4\\0&1&0&-1\\0&0&1&-2\end{pmatrix},$$

由上面的行最简形矩阵可直接得到方程组(3.2)的解为

$$x_1=4,\quad x_2=-1,\quad x_3=-2.$$

在求解未知量个数与方程个数不同的线性方程组时，也可以用方程组增广矩阵的初等行变换求解.

例 3.2 解线性方程组

$$\begin{cases}x_1+x_2-3x_3-x_4=1,\\3x_1-x_2-3x_3+4x_4=4,\\x_1+5x_2-9x_3-8x_4=0.\end{cases}$$

解 $\overline{\boldsymbol{A}}=\begin{pmatrix}1&1&-3&-1&1\\3&-1&-3&4&4\\1&5&-9&-8&0\end{pmatrix}$

$$\xrightarrow[r_3-r_1]{r_2-3r_1}\begin{pmatrix}1 & 1 & -3 & -1 & 1\\0 & -4 & 6 & 7 & 1\\0 & 4 & -6 & -7 & -1\end{pmatrix}$$

$$\xrightarrow[r_2\times\left(-\frac{1}{4}\right)]{r_3+r_2}\begin{pmatrix}1 & 1 & -3 & -1 & 1\\0 & 1 & -\frac{3}{2} & -\frac{7}{4} & -\frac{1}{4}\\0 & 0 & 0 & 0 & 0\end{pmatrix}$$

$$\xrightarrow{r_1-r_2}\begin{pmatrix}1 & 0 & -\frac{3}{2} & \frac{3}{4} & \frac{5}{4}\\0 & 1 & -\frac{3}{2} & -\frac{7}{4} & -\frac{1}{4}\\0 & 0 & 0 & 0 & 0\end{pmatrix}.$$

由上面的行阶梯形矩阵可得对应的原方程组同解的阶梯形方程组为

$$\begin{cases}x_1-\frac{3}{2}x_3+\frac{3}{4}x_4=\frac{5}{4},\\x_2-\frac{3}{2}x_3-\frac{7}{4}x_4=-\frac{1}{4},\end{cases}$$

即

$$\begin{cases}x_1=\frac{5}{4}+\frac{3}{2}x_3-\frac{3}{4}x_4,\\x_2=-\frac{1}{4}+\frac{3}{2}x_3+\frac{7}{4}x_4.\end{cases}$$

显然，只要任意给定x_3，x_4的值，就可以唯一确定出对应的x_1，x_2的值，从而得到原方程组的一个解，因此原方程组有无穷多个解. 这里把x_3，x_4称为**自由未知量**.

令自由未知量$x_3=c_1$，$x_4=c_2$，则原方程组的解为

$$\begin{cases}x_1=\frac{5}{4}+\frac{3}{2}c_1-\frac{3}{4}c_2,\\x_2=-\frac{1}{4}+\frac{3}{2}c_1+\frac{7}{4}c_2,\\x_3=c_1,\\x_4=c_2,\end{cases}\quad(c_1，c_2\text{为任意常数}).$$

例 3.3 解线性方程组

$$\begin{cases}x_1-2x_2+3x_3-x_4+2x_5=2,\\2x_1+x_2+2x_3-2x_4-x_5=8,\\3x_1-x_2+5x_3-3x_4+x_5=6.\end{cases}$$

解 $\overline{\mathbf{A}}=\begin{pmatrix}1&-2&3&-1&2&2\\2&1&2&-2&-1&8\\3&-1&5&-3&1&6\end{pmatrix}$

$$\xrightarrow[r_3-3r_1]{r_2-2r_1}\begin{pmatrix}1&-2&3&-1&2&2\\0&5&-4&0&-5&4\\0&5&-4&0&-5&0\end{pmatrix}$$

$$\xrightarrow{r_3-r_2}\begin{pmatrix}1&-2&3&-1&2&2\\0&5&-4&0&-5&4\\0&0&0&0&0&-4\end{pmatrix}.$$

由上述行阶梯形矩阵，可得对应的原方程组同解的阶梯形方程组为

$$\begin{cases}x_1-2x_2+3x_3-x_4+2x_5=2,\\5x_2-4x_3-5x_5=4,\\0=-4.\end{cases}$$

由于最后一个方程是矛盾方程，所以原方程组无解.

由上面的三个例子可以看出：线性方程组可能无解，也可能有解；在有解的情形下，可能有唯一解，也可能有无穷多个解. 在解线性方程组时，可先对方程组的增广矩阵施以初等行变换化为行阶梯形矩阵，便可直接判断方程组是否有解，若有解.再化为行最简形矩阵，就能直接写出方程组的解.

二、线性方程组有解的判定定理

在上面的三个例题中，利用增广矩阵的初等行变换表示用消元法求解线性方程组的过程，这种方法同样可用于讨论一般的线性方程组(3.1)解的存在性.

设线性方程组(3.1)的系数矩阵 $\mathbf{A}$ 满足 $r(\mathbf{A})=r$，为了方便起见，不妨设 $\mathbf{A}$ 的左上角的 r 阶子式不为零，所以对增广矩阵 $\overline{\mathbf{A}}$ 施以一系列的初等行变换，得到行阶梯形矩阵如下：

$$\begin{pmatrix} \bar{a}_{11} & \bar{a}_{12} & \cdots & \bar{a}_{1r} & \bar{a}_{1\,r+1} & \cdots & \bar{a}_{1n} & \bar{b}_1 \\ 0 & \bar{a}_{22} & \cdots & \bar{a}_{2r} & \bar{a}_{2\,r+1} & \cdots & \bar{a}_{2n} & \bar{b}_2 \\ \vdots & \vdots & & \vdots & \vdots & & \vdots & \vdots \\ 0 & 0 & \cdots & \bar{a}_{rr} & \bar{a}_{r\,r+1} & \cdots & \bar{a}_{rn} & \bar{b}_r \\ 0 & 0 & \cdots & 0 & 0 & \cdots & 0 & \bar{b}_{r+1} \\ 0 & 0 & \cdots & 0 & 0 & \cdots & 0 & 0 \\ \vdots & \vdots & & \vdots & \vdots & & \vdots & \vdots \\ 0 & 0 & \cdots & 0 & 0 & \cdots & 0 & 0 \end{pmatrix}, \tag{3.4}$$

其中 $\bar{a}_{ii} \neq 0(i=1,2,\cdots,r)$，它对应的阶梯形方程组为

$$\begin{cases} \bar{a}_{11}x_1+\bar{a}_{12}x_2+\cdots+\bar{a}_{1r}x_r+\bar{a}_{1\,r+1}x_{r+1}+\cdots+\bar{a}_{1n}x_n=\bar{b}_1, \\ \qquad \bar{a}_{22}x_2+\cdots+\bar{a}_{2r}x_r+\bar{a}_{2\,r+1}x_{r+1}+\cdots+\bar{a}_{2n}x_n=\bar{b}_2, \\ \qquad\qquad \vdots \\ \qquad\qquad \bar{a}_{rr}x_r+\bar{a}_{r\,r+1}x_{r+1}+\cdots+\bar{a}_{rn}x_n=\bar{b}_r, \\ \qquad\qquad\qquad 0=\bar{b}_{r+1}, \\ \qquad\qquad\qquad 0=0, \\ \qquad\qquad \vdots \\ \qquad\qquad\qquad 0=0. \end{cases} \tag{3.5}$$

不难看出，这相当于方程组(3.1)经过一系列的初等变换化为方程组(3.5)，所以，如果方程组(3.1)有解，则这些解也是方程组(3.5)的解. 反之，方程组(3.5)也可以化为方程组(3.1)，因此，方程组(3.5)的解也是方程组(3.1)的解，即方程组(3.5)与原方程组(3.1)同解.

因此，我们只需考察方程组(3.5)解的情况. 由矩阵(3.4)可以得出以下结论。

(1)如果 $\bar{b}_{r+1}\neq 0$，则有 $r(\mathbf{A})=r$，$r(\overline{\mathbf{A}})=r+1$，所以 $r(\mathbf{A})\neq r(\overline{\mathbf{A}})$，这时方程组(3.5)的第 $r+1$ 个方程为 $0=\bar{b}_{r+1}$，这是一个矛盾方程，因此方程组(3.5)无解，从而原方程组(3.1)也无解.

(2) 如果 $\bar{b}_{r+1}=0$，有 $r(\mathbf{A})=r(\overline{\mathbf{A}})=r$，则方程组(3.5)有解.这时可能有两种情况：

① 若 $r=n$，则方程组(3.5)相当于

$$\begin{cases} \bar{a}_{11}x_1+\bar{a}_{12}x_2+\cdots+\bar{a}_{1n}x_n=\bar{b}_1, \\ \qquad \bar{a}_{22}x_2+\cdots+\bar{a}_{2n}x_n=\bar{b}_2, \\ \qquad\qquad \vdots \\ \qquad\qquad \bar{a}_{nn}x_n=\bar{b}_n. \end{cases}$$

所以由下而上依次回代求出 $x_n,x_{n-1},\cdots,x_1$ 的值，就得到方程组(3.5)的唯一解，也是原方程组(3.1)的唯一解.

②若 $r<n$，则方程组(3.5)为

$$\begin{cases}\bar{a}_{11}x_1+\bar{a}_{12}x_2+\cdots+\bar{a}_{1r}x_r+\bar{a}_{1\,r+1}x_{r+1}+\cdots+\bar{a}_{1n}x_n=\bar{b}_1,\\ \qquad\bar{a}_{22}x_2+\cdots+\bar{a}_{2r}x_r+\bar{a}_{2\,r+1}x_{r+1}+\cdots+\bar{a}_{2n}x_n=\bar{b}_2,\\ \qquad\qquad\vdots\\ \qquad\qquad\bar{a}_{rr}x_r+\bar{a}_{r\,r+1}x_{r+1}+\cdots+\bar{a}_{rn}x_n=\bar{b}_r.\end{cases}$$

将含有 $x_{r+1},x_{r+2},\cdots,x_n$ 的各项移项后，得

$$\begin{cases}\bar{a}_{11}x_1+\bar{a}_{12}x_2+\cdots+\bar{a}_{1r}x_r=\bar{b}_1-\bar{a}_{1\,r+1}x_{r+1}-\cdots-\bar{a}_{1n}x_n,\\ \qquad\bar{a}_{22}x_2+\cdots+\bar{a}_{2r}x_r=\bar{b}_2-\bar{a}_{2\,r+1}x_{r+1}-\cdots-\bar{a}_{2n}x_n,\\ \qquad\qquad\vdots\\ \qquad\qquad\bar{a}_{rr}x_r=\bar{b}_r-\bar{a}_{r\,r+1}x_{r+1}-\cdots-\bar{a}_{rn}x_n,\end{cases}\tag{3.6}$$

其中 $x_{r+1},x_{r+2},\cdots,x_n$ 是 $n-r$ 个自由未知量.由于未知量 $x_1,x_2,\cdots,x_r$ 的系数构成的行列式不等于零，根据克拉默法则，任意给定自由未知量 $x_{r+1},x_{r+2},\cdots,x_n$ 的值，就可以唯一确定 $x_1,x_2,\cdots,x_r$ 的值，从而得方程组(3.6)的一个解. 由于自由未知量可以取任意值，因此原方程组(3.1)有无穷多个解.实际计算时，可以对行阶梯形矩阵(3.4)继续施加初等行变换，把它化为

$$\begin{pmatrix}1&0&\cdots&0&\hat{a}_{1\,r+1}&\cdots&\hat{a}_{1n}&\hat{b}_1\\0&1&\cdots&0&\hat{a}_{2\,r+1}&\cdots&\hat{a}_{2n}&\hat{b}_2\\\cdots&\cdots&&\cdots&\cdots&&\cdots&\cdots\\0&0&\cdots&1&\hat{a}_{r\,r+1}&\cdots&\hat{a}_{rn}&\hat{b}_r\\0&0&\cdots&0&0&\cdots&0&0\\0&0&\cdots&0&0&\cdots&0&0\\\cdots&\cdots&&\cdots&\cdots&&\cdots&\cdots\\0&0&\cdots&0&0&\cdots&0&0\end{pmatrix}.\tag{3.7}$$

如果令 $x_{r+1}=c_1$，$x_{r+2}=c_2$，$\cdots$，$x_n=c_{n-r}$，由上面的矩阵直接可得原方程组(3.1)的解为

$$\begin{cases}x_1=\hat{b}_1-\hat{a}_{1\,r+1}c_1-\cdots-\hat{a}_{1n}c_{n-r},\\x_2=\hat{b}_2-\hat{a}_{2\,r+1}c_1-\cdots-\hat{a}_{2n}c_{n-r},\\\qquad\cdots\\x_r=\hat{b}_r-\hat{a}_{r\,r+1}c_1-\cdots\cdots-\hat{a}_{rn}c_{n-r},\\x_{r+1}=c_1,\\\qquad\cdots\\x_n=c_{n-r}\end{cases}\quad(c_1,c_2,\cdots,c_{n-r}\text{为任意常数}).$$

这样的解称为方程组(3.1)的**全部解**.

综合上面的分析，可知求解线性方程组(3.1)的步骤如下.

(1)对方程组(3.1)的增广矩阵$\overline{\boldsymbol{A}}$施以初等行变换化为行阶梯形矩阵(3.4)，根据行阶梯形矩阵中$\overline{b}_{r+1}$是否等于零判断方程组(3.1)是否有解.

① 若$\overline{b}_{r+1} \neq 0$，即$r(\boldsymbol{A}) \neq r(\overline{\boldsymbol{A}})$，则方程组(3.1)无解.

② 若$\overline{b}_{r+1} = 0$，即$r(\boldsymbol{A}) = r(\overline{\boldsymbol{A}}) = r$，则方程组(3.1)有解，并且当$r = n$时，方程组(3.1)有唯一解；当$r < n$时，方程组(3.1)有无穷多个解.

(2)在方程组(3.1)有解的情况下，对行阶梯形矩阵继续施以初等行变换化为行最简形矩阵(3.7)，从而得到方程组(3.1)的全部解.

由于阶梯形方程组(3.5)与原方程组(3.1)同解，所以不难发现步骤1中的条件不仅是充分的，而且是必要的，由此可以得到线性方程组有解的判定定理.

定理 3.1 线性方程组(3.1)有解的充分必要条件是$r(\boldsymbol{A}) = r(\overline{\boldsymbol{A}})$.

推论 1 线性方程组(3.1)有唯一解的充分必要条件是$r(\boldsymbol{A}) = r(\overline{\boldsymbol{A}}) = n$.

推论 2 线性方程组(3.1)有无穷多个解的充分必要条件是$r(\boldsymbol{A}) = r(\overline{\boldsymbol{A}}) < n$.

将定理3.1应用到齐次线性方程组

$$\begin{cases} a_{11}x_1 + a_{12}x_2 + \cdots + a_{1n}x_n = 0, \\ a_{21}x_1 + a_{22}x_2 + \cdots + a_{2n}x_n = 0, \\ \quad\quad\vdots \\ a_{m1}x_1 + a_{m2}x_2 + \cdots + a_{mn}x_n = 0. \end{cases} \tag{3.8}$$

由于齐次线性方程组(3.8)的增广矩阵$\overline{\boldsymbol{A}}$的最后一列元素全为零，因此，必有$r(\boldsymbol{A}) = r(\overline{\boldsymbol{A}})$，所以齐次线性方程组(3.8)一定有解，并且有如下定理.

定理 3.2 (1)齐次线性方程组(3.8)仅有零解的充分必要条件是$r(\boldsymbol{A}) = n$；

(2)齐次线性方程组(3.8)有非零解的充分必要条件是$r(\boldsymbol{A}) < n$.

对$m \times n$矩阵$\boldsymbol{A}$，必有$r(\boldsymbol{A}) \leqslant \min\{m, n\}$，由此得到如下推论.

推论 若齐次线性方程组(3.8)中方程的个数小于未知量的个数，即$m < n$，则方程组(3.8)必有非零解.

特别地，对于含n个方程的n元齐次线性方程组

$$\begin{cases} a_{11}x_1 + a_{12}x_2 + \cdots + a_{1n}x_n = 0, \\ a_{21}x_1 + a_{22}x_2 + \cdots + a_{2n}x_n = 0, \\ \quad\quad\vdots \\ a_{n1}x_1 + a_{n2}x_2 + \cdots + a_{nn}x_n = 0, \end{cases} \tag{3.9}$$

由定理1.8的推论和定理3.1可得如下定理.

定理 3.3　齐次线性方程组(3.9)有非零解的充分必要条件是它的系数行列式

$$|\boldsymbol{A}|=\begin{vmatrix} a_{11} & a_{12} & \cdots & a_{1n} \\ a_{21} & a_{22} & \cdots & a_{2n} \\ \vdots & \vdots & & \vdots \\ a_{n1} & a_{n2} & \cdots & a_{nn} \end{vmatrix}=0.$$

证明　必要性　即为定理1.8的推论，不需再证.

充分性　如果方程组(3.9)的系数行列式

$$|\boldsymbol{A}|=\begin{vmatrix} a_{11} & a_{12} & \cdots & a_{1n} \\ a_{21} & a_{22} & \cdots & a_{2n} \\ \vdots & \vdots & & \vdots \\ a_{n1} & a_{n2} & \cdots & a_{nn} \end{vmatrix}=0,$$

由矩阵秩的性质(2)可知，$r(\boldsymbol{A})<n$，由定理3.2可得方程组(3.9)必有非零解.

例 3.4　当 k 取何值时，线性方程组

$$\begin{cases} x_1+x_2+kx_3=1, \\ x_1+kx_2+x_3=1, \\ kx_1+x_2+x_3=1 \end{cases}$$

无解？有唯一解？有无穷多个解？在有无穷多个解的情况下，求出方程组的全部解.

解　将方程组的增广矩阵施以初等行变换，化为行阶梯形矩阵

$$\overline{\boldsymbol{A}}=\begin{pmatrix} 1 & 1 & k & 1 \\ 1 & k & 1 & 1 \\ k & 1 & 1 & 1 \end{pmatrix} \xrightarrow[r_3-kr_1]{r_2-r_1} \begin{pmatrix} 1 & 1 & k & 1 \\ 0 & k-1 & 1-k & 0 \\ 0 & 1-k & 1-k^2 & 1-k \end{pmatrix}$$

$$\xrightarrow{r_3+r_2} \begin{pmatrix} 1 & 1 & k & 1 \\ 0 & k-1 & 1-k & 0 \\ 0 & 0 & (2+k)(1-k) & 1-k \end{pmatrix}.$$

当 $(2+k)(1-k)\neq 0$，即 $k\neq -2$ 且 $k\neq 1$ 时，$r(\boldsymbol{A})=r(\overline{\boldsymbol{A}})=3$，方程组有唯一解；

当 $(2+k)(1-k)=0$ 且 $1-k\neq 0$ 时，即 $k=-2$ 时，$r(\boldsymbol{A})<r(\overline{\boldsymbol{A}})=3$，方程组无解；

当 $(2+k)(1-k)=0$ 且 $1-k=0$ 时，即 $k=1$ 时，$r(\boldsymbol{A})=r(\overline{\boldsymbol{A}})<3$，方程组有无穷多个解.

当 $k=1$ 时，

$$\overline{\mathbf{A}}=\begin{pmatrix}1&1&1&1\\1&1&1&1\\1&1&1&1\end{pmatrix}\xrightarrow[r_3-r_1]{r_2-r_1}\begin{pmatrix}1&1&1&1\\0&0&0&0\\0&0&0&0\end{pmatrix},$$

则 $r(\mathbf{A})=r(\overline{\mathbf{A}})=1$，方程组有无穷多个解.从而有 $x_1+x_2+x_3=1$，取 x_2，x_3 为自由未知量，令 $x_2=c_1,x_3=c_2$，则原方程组的全部解为

$$\begin{cases}x_1=1-c_1-c_2,\\x_2=c_1,\\x_3=c_2,\end{cases}\quad(c_1,c_2\text{ 为任意常数}).$$

例 3.5 试确定 λ 的值，使齐次线性方程组

$$\begin{cases}3x_1+x_2-x_3=0,\\3x_1+2x_2+3x_3=0,\\x_2+\lambda x_3=0\end{cases}$$

有非零解，并求出方程组的全部解.

解 对方程组的增广矩阵 $\overline{\mathbf{A}}$ 施以初等行变换，把它化为行阶梯形矩阵

$$\overline{\mathbf{A}}=\begin{pmatrix}3&1&-1&0\\3&2&3&0\\0&1&\lambda&0\end{pmatrix}\xrightarrow{r_2-r_1}\begin{pmatrix}3&1&-1&0\\0&1&4&0\\0&1&\lambda&0\end{pmatrix}\xrightarrow{r_3-r_2}\begin{pmatrix}3&1&-1&0\\0&1&4&0\\0&0&\lambda-4&0\end{pmatrix}.\quad(3.10)$$

由上面的行阶梯形矩阵可以看出，当 $\lambda=4$ 时，$r(\mathbf{A})=2<3$，所以方程组有非零解.

当 $\lambda=4$ 时，继续对行阶梯形矩阵(3.10) 施以初等行变换[接(3.10)]：

$$\begin{pmatrix}3&1&-1&0\\0&1&4&0\\0&0&0&0\end{pmatrix}\xrightarrow{r_1-r_2}\begin{pmatrix}3&0&-5&0\\0&1&4&0\\0&0&0&0\end{pmatrix}\xrightarrow{r_1\times\frac{1}{3}}\begin{pmatrix}1&0&-\frac{5}{3}&0\\0&1&4&0\\0&0&0&0\end{pmatrix},$$

由此可得

$$\begin{cases}x_1=\dfrac{5}{3}x_3,\\x_2=-4x_3.\end{cases}$$

令自由未知量 $x_3=c$，得方程组的全部解为

$$\begin{cases}x_1=\dfrac{5}{3}c,\\x_2=-4c,\\x_3=c\end{cases}\quad(c\text{ 为任意常数}).$$

§3.2　n 维向量及其运算

在 3.1 中，利用消元法得到了线性方程组有解、无解的充分必要条件，及有解时解的求法.在方程组有无穷多个解的情况下，为了进一步研究解与解之间的关系及解的结构，从本节开始，将引入 n 维向量的概念，并研究向量间的线性关系，以解决线性方程组解的结构问题.

一、n 维向量的概念

定义 3.1　n 个数 $a_1, a_2, \cdots, a_n$ 所组成的有序数组 $(a_1, a_2, \cdots, a_n)$ 称为一个 **n 维向量**，其中数 $a_i (i=1,2,\cdots,n)$ 称为 n 维向量的**第 i 个分量**.常用小写希腊字母 $\boldsymbol{\alpha}, \boldsymbol{\beta}, \boldsymbol{\gamma}, \cdots$ 表示向量.称

$$\boldsymbol{\alpha}=(a_1, a_2, \cdots, a_n)$$

为 **n 维行向量**，称

$$\boldsymbol{\alpha}=\begin{pmatrix} a_1 \\ a_2 \\ \vdots \\ a_n \end{pmatrix}$$

为 **n 维列向量**，列向量也常表示为 $\boldsymbol{\alpha}=(a_1, a_2, \cdots, a_n)^{\mathrm{T}}$.

分量是实数的向量称为**实向量**，分量是复数的向量称为**复向量**.本书只讨论实向量.

定义 3.2　所有分量都是零的向量称为**零向量**，记作 $\boldsymbol{O}=(0,0,\cdots,0)$.

注意:维数不同的零向量是不相同的.

定义 3.3　n 维向量 $\boldsymbol{\alpha}=(a_1, a_2, \cdots, a_n)$ 的各分量的相反数组成的向量，称为向量 $\boldsymbol{\alpha}$ 的**负向量**，记作

$$-\boldsymbol{\alpha}=(-a_1, -a_2, \cdots, -a_n).$$

定义 3.4　设 n 维向量 $\boldsymbol{\alpha}=(a_1, a_2, \cdots, a_n)$，$\boldsymbol{\beta}=(b_1, b_2, \cdots, b_n)$，如果它们对应的分量都相等，即 $a_i=b_i (i=1,2,\cdots,n)$，称向量 $\boldsymbol{\alpha}$ 与 $\boldsymbol{\beta}$ **相等**，记作 $\boldsymbol{\alpha}=\boldsymbol{\beta}$.

显然，n 维行(列)向量可以看成 $1\times n$ 矩阵($n\times 1$ 矩阵)，反之亦然. 因此，向量即为特殊的矩阵，可以将矩阵的有关概念和运算用于向量上 .

二、n 维向量的线性运算

定义 3.5 设 n 维向量 $\boldsymbol{\alpha}=(a_1,a_2,\cdots,a_n)$，$\boldsymbol{\beta}=(b_1,b_2,\cdots,b_n)$，$\boldsymbol{\alpha}$ 与 $\boldsymbol{\beta}$ 的对应分量的和组成的向量称为**向量 $\boldsymbol{\alpha}$ 与 $\boldsymbol{\beta}$ 的和**，记作 $\boldsymbol{\alpha}+\boldsymbol{\beta}$，即

$$\boldsymbol{\alpha}+\boldsymbol{\beta}=(a_1+b_1,a_2+b_2,\cdots,a_n+b_n).$$

由向量的加法和负向量的定义，还可以定义向量的减法，即

$$\boldsymbol{\alpha}-\boldsymbol{\beta}=\boldsymbol{\alpha}+(-\boldsymbol{\beta})=(a_1-b_1,a_2-b_2,\cdots,a_n-b_n).$$

设 n 维向量 $\boldsymbol{\alpha}=(a_1,a_2,\cdots,a_n)$，数 k 与向量 $\boldsymbol{\alpha}$ 的各个分量的乘积所组成的向量称为**数 k 与向量 $\boldsymbol{\alpha}$ 的乘积**，简称**数乘**，记作 $k\boldsymbol{\alpha}$，即

$$k\boldsymbol{\alpha}=(ka_1,ka_2,\cdots,ka_n).$$

向量的加法及向量的数乘运算统称为**向量的线性运算**.利用上述定义，容易验证向量的线性运算满足下面八条运算律：

(1)$\boldsymbol{\alpha}+\boldsymbol{\beta}=\boldsymbol{\beta}+\boldsymbol{\alpha}$；

(2)$(\boldsymbol{\alpha}+\boldsymbol{\beta})+\boldsymbol{\gamma}=\boldsymbol{\alpha}+(\boldsymbol{\beta}+\boldsymbol{\gamma})$；

(3)$\boldsymbol{\alpha}+\boldsymbol{O}=\boldsymbol{\alpha}$；

(4)$\boldsymbol{\alpha}+(-\boldsymbol{\alpha})=\boldsymbol{O}$；

(5)$k(\boldsymbol{\alpha}+\boldsymbol{\beta})=k\boldsymbol{\alpha}+k\boldsymbol{\beta}$；

(6)$(k+l)\boldsymbol{\alpha}=k\boldsymbol{\alpha}+l\boldsymbol{\alpha}$；

(7)$k(l\boldsymbol{\alpha})=(kl)\boldsymbol{\alpha}$；

(8)$1\boldsymbol{\alpha}=\boldsymbol{\alpha}$，$(-1)\boldsymbol{\alpha}=-\boldsymbol{\alpha}$，$0\boldsymbol{\alpha}=\boldsymbol{O}$.

其中 $\boldsymbol{\alpha},\boldsymbol{\beta},\boldsymbol{\gamma}$ 都是 n 维向量，k,l 是常数.

例 3.6 设 $\boldsymbol{\alpha}_1=(2,0,-1,3)$，$\boldsymbol{\alpha}_2=(1,7,4,-2)$，且四维向量 $\boldsymbol{\beta}$ 满足 $4\boldsymbol{\alpha}_1-2(\boldsymbol{\beta}+\boldsymbol{\alpha}_2)=\boldsymbol{O}$，求向量 $\boldsymbol{\beta}$.

解 由题意得

$$4\boldsymbol{\alpha}_1-2\boldsymbol{\beta}-2\boldsymbol{\alpha}_2=\boldsymbol{O},$$

所以 $2\boldsymbol{\beta}=4\boldsymbol{\alpha}_1-2\boldsymbol{\alpha}_2$.于是

$$\begin{aligned}\boldsymbol{\beta}&=\frac{1}{2}(4\boldsymbol{\alpha}_1-2\boldsymbol{\alpha}_2)=2\boldsymbol{\alpha}_1-\boldsymbol{\alpha}_2\\&=(4,0,-2,6)-(1,7,4,-2)\\&=(3,-7,-6,8).\end{aligned}$$

§3.3 向量组的线性组合

一、向量组的线性组合

若干个同维数的行向量（或列向量）组成的集合称为**向量组**.例如，在线性方程组(3.1)中，系数矩阵

$$\boldsymbol{A}=\begin{pmatrix} a_{11} & a_{12} & \cdots & a_{1n} \\ a_{21} & a_{22} & \cdots & a_{2n} \\ \vdots & \vdots & & \vdots \\ a_{m1} & a_{m2} & \cdots & a_{mn} \end{pmatrix}$$

的每一行构成一个 n 维行向量，可记作

$$\boldsymbol{\beta}_i=(a_{i1},a_{i2},\cdots,a_{in}) \quad (i=1,2,\cdots,m),$$

把向量组 $\boldsymbol{\beta}_1,\boldsymbol{\beta}_2,\cdots,\boldsymbol{\beta}_m$ 称为矩阵 $\boldsymbol{A}$ 的**行向量组**.而由 $\boldsymbol{A}$ 的每一列构成一个 m 维列向量，可记作

$$\boldsymbol{\alpha}_j=\begin{pmatrix} a_{1j} \\ a_{2j} \\ \vdots \\ a_{mj} \end{pmatrix} \quad (j=1,2,\cdots,n),$$

把向量组 $\boldsymbol{\alpha}_1,\boldsymbol{\alpha}_2,\cdots,\boldsymbol{\alpha}_n$ 称为矩阵 $\boldsymbol{A}$ 的**列向量组**.利用矩阵分块形式，矩阵 $\boldsymbol{A}$ 可记为

$$\boldsymbol{A}=\begin{pmatrix} \boldsymbol{\beta}_1 \\ \boldsymbol{\beta}_2 \\ \vdots \\ \boldsymbol{\beta}_m \end{pmatrix} \text{或} \boldsymbol{A}=(\boldsymbol{\alpha}_1,\boldsymbol{\alpha}_2,\cdots,\boldsymbol{\alpha}_n).$$

这样，矩阵 $\boldsymbol{A}$ 与其行向量组或列向量组之间建立了一一对应关系，因此，我们可以用向量来研究线性方程组.在线性方程组(3.1)中，令

$$\boldsymbol{\alpha}_j=\begin{pmatrix} a_{1j} \\ a_{2j} \\ \vdots \\ a_{mj} \end{pmatrix} (j=1,2,\cdots,n), \quad \boldsymbol{\beta}=\begin{pmatrix} b_1 \\ b_2 \\ \vdots \\ b_m \end{pmatrix},$$

则线性方程组(3.1)可表示为如下的向量形式：

$$x_1\boldsymbol{\alpha}_1+x_2\boldsymbol{\alpha}_2+\cdots+x_n\boldsymbol{\alpha}_n=\boldsymbol{\beta}.$$

于是，研究线性方程组(3.1)是否有解，就相当于研究是否存在一组数 $x_1=k_1,x_2=k_2,\cdots,x_n=k_n$，使得

$$\boldsymbol{\beta}=k_1\boldsymbol{\alpha}_1+k_2\boldsymbol{\alpha}_2+\cdots+k_n\boldsymbol{\alpha}_n$$

成立，即常数项组成的列向量 $\boldsymbol{\beta}$ 是否可以表示成方程组系数矩阵的列向量组 $\boldsymbol{\alpha}_1,\boldsymbol{\alpha}_2,\cdots,\boldsymbol{\alpha}_n$ 的线性表达式.如果可以，则方程组有解.否则，方程组无解.基于此，定义如下.

定义 3.6　给定向量组 $\boldsymbol{\alpha}_1,\boldsymbol{\alpha}_2,\cdots,\boldsymbol{\alpha}_s$ 和向量 $\boldsymbol{\beta}$，如果存在一组数 $k_1,k_2,\cdots,k_s$，使得

$$\boldsymbol{\beta}=k_1\boldsymbol{\alpha}_1+k_2\boldsymbol{\alpha}_2+\cdots+k_s\boldsymbol{\alpha}_s,\tag{3.11}$$

则称向量 $\boldsymbol{\beta}$ 是向量组 $\boldsymbol{\alpha}_1,\boldsymbol{\alpha}_2,\cdots,\boldsymbol{\alpha}_s$ **的线性组合**，或称向量 $\boldsymbol{\beta}$ 可由向量组 $\boldsymbol{\alpha}_1,\boldsymbol{\alpha}_2,\cdots,\boldsymbol{\alpha}_s$ **线性表示**.

例如，设 n 维向量组 $\boldsymbol{\varepsilon}_1=(1,0,\cdots,0),\boldsymbol{\varepsilon}_2=(0,1,\cdots,0),\cdots,\boldsymbol{\varepsilon}_n=(0,0,\cdots,1)$，则任一 n 维向量 $\boldsymbol{\alpha}=(a_1,a_2,\cdots,a_n)$ 都是向量组 $\boldsymbol{\varepsilon}_1,\boldsymbol{\varepsilon}_2,\cdots,\boldsymbol{\varepsilon}_n$ 的线性组合，即

$$\boldsymbol{\alpha}=a_1\boldsymbol{\varepsilon}_1+a_2\boldsymbol{\varepsilon}_2+\cdots+a_n\boldsymbol{\varepsilon}_n.$$

这组向量的特点是:第 i 个向量 $\boldsymbol{\varepsilon}_i$ 的第 i 个分量为 1，其余分量都为 $0(i=1,2,\cdots,n)$，该向量组称为 n **维基本单位向量组**.

显然，零向量可由任意同维向量组线性表示;一个向量组 $\boldsymbol{\alpha}_1,\boldsymbol{\alpha}_2,\cdots,\boldsymbol{\alpha}_s$ 中的每个向量都可由该向量组线性表示.

如何判断向量 $\boldsymbol{\beta}$ 由向量组 $\boldsymbol{\alpha}_1,\boldsymbol{\alpha}_2,\cdots,\boldsymbol{\alpha}_s$ 线性表示呢？由定义 3.6 不难得到下列结果.

定理 3.4　设向量

$$\boldsymbol{\beta}=\begin{pmatrix}b_1\\b_2\\\vdots\\b_m\end{pmatrix},\quad \boldsymbol{\alpha}_j=\begin{pmatrix}a_{1j}\\a_{2j}\\\vdots\\a_{mj}\end{pmatrix}\quad (j=1,2,\cdots,s),$$

则向量 $\boldsymbol{\beta}$ 可由向量组 $\boldsymbol{\alpha}_1,\boldsymbol{\alpha}_2,\cdots,\boldsymbol{\alpha}_s$ 线性表示的充分必要条件是矩阵 $\boldsymbol{A}=(\boldsymbol{\alpha}_1,\boldsymbol{\alpha}_2,\cdots,\boldsymbol{\alpha}_s)$ 与矩阵 $\boldsymbol{B}=(\boldsymbol{\alpha}_1,\boldsymbol{\alpha}_2,\cdots,\boldsymbol{\alpha}_s,\boldsymbol{\beta})$ 的秩相等.

证明　线性方程组

$$x_1\boldsymbol{\alpha}_1+x_2\boldsymbol{\alpha}_2+\cdots+x_s\boldsymbol{\alpha}_s=\boldsymbol{\beta}$$

有解的充分必要条件是其系数矩阵 $\boldsymbol{A}=(\boldsymbol{\alpha}_1,\boldsymbol{\alpha}_2,\cdots,\boldsymbol{\alpha}_s)$ 的秩与增广矩阵 $\boldsymbol{B}=(\boldsymbol{\alpha}_1,\boldsymbol{\alpha}_2,\cdots,\boldsymbol{\alpha}_s,\boldsymbol{\beta})$ 的秩相等.这就是说 $\boldsymbol{\beta}$ 可由向量组 $\boldsymbol{\alpha}_1,\boldsymbol{\alpha}_2,\cdots,\boldsymbol{\alpha}_s$ 线性表示的充分必要条件是矩阵 $\boldsymbol{A}=(\boldsymbol{\alpha}_1,\boldsymbol{\alpha}_2,\cdots,\boldsymbol{\alpha}_s)$ 与矩阵 $\boldsymbol{B}=(\boldsymbol{\alpha}_1,\boldsymbol{\alpha}_2,\cdots,\boldsymbol{\alpha}_s,\boldsymbol{\beta})$ 的秩相等.

为了求得向量 $\boldsymbol{\beta}$ 由向量组 $\boldsymbol{\alpha}_1,\boldsymbol{\alpha}_2,\cdots,\boldsymbol{\alpha}_s$ 线性表示的表达式，只需求解线性方程组

$$k_1\boldsymbol{\alpha}_1+k_2\boldsymbol{\alpha}_2+\cdots+k_s\boldsymbol{\alpha}_s=\boldsymbol{\beta}.$$

如果方程组有唯一解，说明向量 $\boldsymbol{\beta}$ 可由 $\boldsymbol{\alpha}_1,\boldsymbol{\alpha}_2,\cdots,\boldsymbol{\alpha}_s$ 线性表示，并且表示法唯一;如果方程组有无穷多个解，则说明向量 $\boldsymbol{\beta}$ 可由 $\boldsymbol{\alpha}_1,\boldsymbol{\alpha}_2,\cdots,\boldsymbol{\alpha}_s$ 线性表示，并且表示法不唯一.

例 3.7 设 $\boldsymbol{\beta}=(4,3,-1,11)$，$\boldsymbol{\alpha}_1=(1,2,-1,5)$，$\boldsymbol{\alpha}_2=(2,-1,1,1)$，试判断向量 $\boldsymbol{\beta}$ 是否为向量组 $\boldsymbol{\alpha}_1,\boldsymbol{\alpha}_2$ 的线性组合，若是，写出表达式.

解 设 $\boldsymbol{\beta}=k_1\boldsymbol{\alpha}_1+k_2\boldsymbol{\alpha}_2$.对 $\boldsymbol{B}=(\boldsymbol{\alpha}_1^{\mathrm{T}},\boldsymbol{\alpha}_2^{\mathrm{T}},\boldsymbol{\beta}^{\mathrm{T}})$ 施以初等行变换，化为行阶梯形矩阵

$$\boldsymbol{B}=\begin{pmatrix}1&2&4\\2&-1&3\\-1&1&-1\\5&1&11\end{pmatrix}\xrightarrow[\substack{r_3+r_1\\r_4-5r_1}]{r_2-2r_1}\begin{pmatrix}1&2&4\\0&-5&-5\\0&3&3\\0&-9&-9\end{pmatrix}\xrightarrow[\substack{r_3-3r_2\\r_4+9r_2}]{r_2\times\left(-\frac{1}{5}\right)}\begin{pmatrix}1&2&4\\0&1&1\\0&0&0\\0&0&0\end{pmatrix},$$

显然矩阵 $\boldsymbol{A}=(\boldsymbol{\alpha}_1^{\mathrm{T}},\boldsymbol{\alpha}_2^{\mathrm{T}})$ 与矩阵 $\boldsymbol{B}=(\boldsymbol{\alpha}_1^{\mathrm{T}},\boldsymbol{\alpha}_2^{\mathrm{T}},\boldsymbol{\beta}^{\mathrm{T}})$ 的秩都为 2，由定理 3.4 得向量 $\boldsymbol{\beta}$ 可以由向量组 $\boldsymbol{\alpha}_1,\boldsymbol{\alpha}_2$ 线性表示.

为求出表达式，继续对上面的矩阵施以初等行变换化为行最简形矩阵

$$\begin{pmatrix}1&2&4\\0&1&1\\0&0&0\\0&0&0\end{pmatrix}\xrightarrow{r_1-2r_2}\begin{pmatrix}1&0&2\\0&1&1\\0&0&0\\0&0&0\end{pmatrix},$$

因此以 $\boldsymbol{B}$ 为增广矩阵的线性方程组有唯一解 $k_1=2,k_2=1$，于是向量 $\boldsymbol{\beta}$ 可以表示为向量组 $\boldsymbol{\alpha}_1,\boldsymbol{\alpha}_2$ 的线性组合，且表达式唯一为

$$\boldsymbol{\beta}=2\boldsymbol{\alpha}_1+\boldsymbol{\alpha}_2.$$

二、向量组等价

定义 3.7 设有两个 n 维向量组

$$(\text{Ⅰ})\boldsymbol{\alpha}_1,\boldsymbol{\alpha}_2,\cdots,\boldsymbol{\alpha}_s,$$
$$(\text{Ⅱ})\boldsymbol{\beta}_1,\boldsymbol{\beta}_2,\cdots,\boldsymbol{\beta}_t.$$

如果向量组（Ⅰ）中的每一个向量 $\boldsymbol{\alpha}_i(i=1,2,\cdots,s)$ 都可由向量组（Ⅱ）线性表示，则称向量组（Ⅰ）可由向量组（Ⅱ）**线性表示**.如果向量组（Ⅱ）可由向量组（Ⅰ）线性表示，且向量组（Ⅰ）也能由向量组（Ⅱ）线性表示，则称向量组（Ⅰ）与向量组（Ⅱ）**等价**，记作

$$\{\boldsymbol{\alpha}_1,\boldsymbol{\alpha}_2,\cdots,\boldsymbol{\alpha}_s\}\cong\{\boldsymbol{\beta}_1,\boldsymbol{\beta}_2,\cdots,\boldsymbol{\beta}_t\}.$$

例 3.8 设向量组（Ⅰ）：$\boldsymbol{\varepsilon}_1=(1,0,0)$，$\boldsymbol{\varepsilon}_2=(0,1,0)$，$\boldsymbol{\varepsilon}_3=(0,0,1)$；（Ⅱ）：$\boldsymbol{\alpha}_1=(1,1,1)$，$\boldsymbol{\alpha}_2=(1,1,0)$，$\boldsymbol{\alpha}_3=(1,0,0)$. 证明：向量组（Ⅰ）与向量组（Ⅱ）等价.

证明 显然，$\boldsymbol{\alpha}_1=\boldsymbol{\varepsilon}_1+\boldsymbol{\varepsilon}_2+\boldsymbol{\varepsilon}_3$，$\boldsymbol{\alpha}_2=\boldsymbol{\varepsilon}_1+\boldsymbol{\varepsilon}_2$，$\boldsymbol{\alpha}_3=\boldsymbol{\varepsilon}_1$，即向量组（Ⅱ）可以由向量组（Ⅰ）线性表示. 并且 $\boldsymbol{\varepsilon}_1=\boldsymbol{\alpha}_3$，$\boldsymbol{\varepsilon}_2=\boldsymbol{\alpha}_2-\boldsymbol{\alpha}_3$，$\boldsymbol{\varepsilon}_3=\boldsymbol{\alpha}_1-\boldsymbol{\alpha}_2$，即向量组（Ⅰ）可以由向量组（Ⅱ）线性表示. 因此向量组（Ⅰ）和（Ⅱ）等价.

向量组等价是向量组与向量组之间的一种关系. 不难证明这种等价关系满足：

(1) **反身性**：任一向量组和它自身等价，即

$$\{\boldsymbol{\alpha}_1,\boldsymbol{\alpha}_2,\cdots,\boldsymbol{\alpha}_s\}\cong\{\boldsymbol{\alpha}_1,\boldsymbol{\alpha}_2,\cdots,\boldsymbol{\alpha}_s\}.$$

(2) **对称性**:如果$\{\boldsymbol{\alpha}_1,\boldsymbol{\alpha}_2,\cdots,\boldsymbol{\alpha}_s\}\cong\{\boldsymbol{\beta}_1,\boldsymbol{\beta}_2,\cdots,\boldsymbol{\beta}_t\}$，则

$$\{\boldsymbol{\beta}_1,\boldsymbol{\beta}_2,\cdots,\boldsymbol{\beta}_t\}\cong\{\boldsymbol{\alpha}_1,\boldsymbol{\alpha}_2,\cdots,\boldsymbol{\alpha}_s\}.$$

(3) **传递性**:如果$\{\boldsymbol{\alpha}_1,\boldsymbol{\alpha}_2,\cdots,\boldsymbol{\alpha}_s\}\cong\{\boldsymbol{\beta}_1,\boldsymbol{\beta}_2,\cdots,\boldsymbol{\beta}_t\}$，且$\{\boldsymbol{\beta}_1,\boldsymbol{\beta}_2,\cdots,\boldsymbol{\beta}_t\}\cong\{\boldsymbol{\gamma}_1,\boldsymbol{\gamma}_2,\cdots,\boldsymbol{\gamma}_p\}$，则

$$\{\boldsymbol{\alpha}_1,\boldsymbol{\alpha}_2,\cdots,\boldsymbol{\alpha}_s\}\cong\{\boldsymbol{\gamma}_1,\boldsymbol{\gamma}_2,\cdots,\boldsymbol{\gamma}_p\}.$$

§3.4 向量组的线性相关性

一、线性相关性的概念

定义 3.8 对于向量组 $\boldsymbol{\alpha}_1,\boldsymbol{\alpha}_2,\cdots,\boldsymbol{\alpha}_s$，如果存在一组不全为零的数 $k_1,k_2,\cdots,k_s$，使得

$$k_1\boldsymbol{\alpha}_1+k_2\boldsymbol{\alpha}_2+\cdots+k_s\boldsymbol{\alpha}_s=\boldsymbol{O},\tag{3.12}$$

则称向量组 $\boldsymbol{\alpha}_1,\boldsymbol{\alpha}_2,\cdots,\boldsymbol{\alpha}_s$ **线性相关**.如果只有当 $k_1=k_2=\cdots=k_s=0$ 时，才能使(3.12)式成立，则称向量组 $\boldsymbol{\alpha}_1,\boldsymbol{\alpha}_2,\cdots,\boldsymbol{\alpha}_s$ **线性无关**.

由上述定义可知：

(1) 单个非零向量线性无关，单个零向量线性相关；

(2) 两个非零向量线性相关(线性无关) 当且仅当它们的对应分量成比例(不成比例)；

(3) 含有零向量的任一向量组必线性相关；

(4) n 维基本单位向量组 $\boldsymbol{\varepsilon}_1=(1,0,\cdots,0),\boldsymbol{\varepsilon}_2=(0,1,\cdots,0),\cdots,\boldsymbol{\varepsilon}_n=(0,0,\cdots,1)$ 是线性无关的.

二、线性相关性的判定

由定义 3.8 可以看出，如果向量组 $\boldsymbol{\alpha}_1,\boldsymbol{\alpha}_2,\cdots,\boldsymbol{\alpha}_s$ 线性相关，则以 $x_1,x_2,\cdots,x_s$ 为未知量的齐次线性方程组

$$x_1\boldsymbol{\alpha}_1+x_2\boldsymbol{\alpha}_2+\cdots+x_s\boldsymbol{\alpha}_s=\boldsymbol{O}\tag{3.13}$$

必有非零解 $x_1=k_1,x_2=k_2,\cdots,x_s=k_s$.反之，如果齐次线性方程组(3.13) 有非零解 $x_1=k_1$，$x_2=k_2,\cdots,x_s=k_s$，则向量组 $\boldsymbol{\alpha}_1,\boldsymbol{\alpha}_2,\cdots,\boldsymbol{\alpha}_s$ 必线性相关.于是，我们得出定理 3.5.

定理 3.5 向量组 $\boldsymbol{\alpha}_1,\boldsymbol{\alpha}_2,\cdots,\boldsymbol{\alpha}_s$ 线性相关(线性无关) 的充分必要条件是齐次线性方程组(3.13) 有非零解(只有零解).

推论 1 设向量组

$$\boldsymbol{\alpha}_j=\begin{pmatrix}a_{1j}\\a_{2j}\\\vdots\\a_{mj}\end{pmatrix}\quad(j=1,2,\cdots,s),$$

则向量组 $\boldsymbol{\alpha}_1,\boldsymbol{\alpha}_2,\cdots,\boldsymbol{\alpha}_s$ 线性相关(线性无关)的充分必要条件是矩阵 $\boldsymbol{A}=(\boldsymbol{\alpha}_1,\boldsymbol{\alpha}_2,\cdots,\boldsymbol{\alpha}_s)$ 的秩小于(等于)向量的个数 s.

推论 2　n 个 n 维向量 $\boldsymbol{\alpha}_1=(a_{11},a_{12},\cdots,a_{1n}),\boldsymbol{\alpha}_2=(a_{21},a_{22},\cdots,a_{2n}),\cdots,\boldsymbol{\alpha}_n=(a_{n1},a_{n2},\cdots,a_{nn})$ 线性相关(线性无关)的充分必要条件是行列式

$$\begin{vmatrix} a_{11} & a_{12} & \cdots & a_{1n} \\ a_{21} & a_{22} & \cdots & a_{2n} \\ \vdots & \vdots & & \vdots \\ a_{n1} & a_{n2} & \cdots & a_{nn} \end{vmatrix}=0 \quad \left(\text{或} \begin{vmatrix} a_{11} & a_{12} & \cdots & a_{1n} \\ a_{21} & a_{22} & \cdots & a_{2n} \\ \vdots & \vdots & & \vdots \\ a_{n1} & a_{n2} & \cdots & a_{nn} \end{vmatrix} \neq 0\right).$$

推论 3　当向量组中向量的个数大于向量的维数时，此向量组线性相关.

例 3.9　判断向量组

$$\boldsymbol{\alpha}_1=(1,0,-1,2),\quad \boldsymbol{\alpha}_2=(-1,-1,2,-4),\quad \boldsymbol{\alpha}_3=(2,3,-5,10)$$

的线性相关性.

解　$\boldsymbol{A}=(\boldsymbol{\alpha}_1^{\mathrm{T}},\boldsymbol{\alpha}_2^{\mathrm{T}},\boldsymbol{\alpha}_3^{\mathrm{T}})$

$$=\begin{pmatrix} 1 & -1 & 2 \\ 0 & -1 & 3 \\ -1 & 2 & -5 \\ 2 & -4 & 10 \end{pmatrix} \xrightarrow[r_4-2r_1]{r_3+r_1} \begin{pmatrix} 1 & -1 & 2 \\ 0 & -1 & 3 \\ 0 & 1 & -3 \\ 0 & -2 & 6 \end{pmatrix} \xrightarrow[r_4-2r_2]{r_3+r_2} \begin{pmatrix} 1 & -1 & 2 \\ 0 & -1 & 3 \\ 0 & 0 & 0 \\ 0 & 0 & 0 \end{pmatrix}.$$

由于 $r(\boldsymbol{A})=2<3$，从而向量组 $\boldsymbol{\alpha}_1,\boldsymbol{\alpha}_2,\boldsymbol{\alpha}_3$ 线性相关.

例 3.10　如果向量组 $\boldsymbol{\alpha}_1,\boldsymbol{\alpha}_2,\boldsymbol{\alpha}_3$ 线性无关，则向量组 $\boldsymbol{\beta}_1=\boldsymbol{\alpha}_1+2\boldsymbol{\alpha}_2$，$\boldsymbol{\beta}_2=2\boldsymbol{\alpha}_2+3\boldsymbol{\alpha}_3$，$\boldsymbol{\beta}_3=3\boldsymbol{\alpha}_3+\boldsymbol{\alpha}_1$ 也线性无关.

证明　设存在数 k_1,k_2,k_3，使得

$$k_1\boldsymbol{\beta}_1+k_2\boldsymbol{\beta}_2+k_3\boldsymbol{\beta}_3=\boldsymbol{O},$$

即

$$(k_1+k_3)\boldsymbol{\alpha}_1+(2k_1+2k_2)\boldsymbol{\alpha}_2+(3k_2+3k_3)\boldsymbol{\alpha}_3=\boldsymbol{O}.$$

由于向量组 $\boldsymbol{\alpha}_1,\boldsymbol{\alpha}_2,\boldsymbol{\alpha}_3$ 线性无关，所以有

$$\begin{cases} k_1+k_3=0, \\ 2k_1+2k_2=0, \\ 3k_2+3k_3=0. \end{cases}$$

由于此齐次线性方程组的系数行列式

$$\begin{vmatrix} 1 & 0 & 1 \\ 2 & 2 & 0 \\ 0 & 3 & 3 \end{vmatrix}=12\neq 0,$$

因此，方程组仅有零解 $k_1=k_2=k_3=0$，即向量组 $\boldsymbol{\beta}_1$，$\boldsymbol{\beta}_2$，$\boldsymbol{\beta}_3$ 线性无关.

在一个向量组中取其中的一部分向量(也可取全部向量)，我们称它们为该向量组的一个

部分组.

定理 3.6 如果向量组中有一个部分组线性相关，则整个向量组也线性相关.

证明 设向量组 $\boldsymbol{\alpha}_1,\boldsymbol{\alpha}_2,\cdots,\boldsymbol{\alpha}_s$ 中的部分组 $\boldsymbol{\alpha}_1,\boldsymbol{\alpha}_2,\cdots,\boldsymbol{\alpha}_r$ 线性相关，则存在一组不全为零的数 $k_1,k_2,\cdots,k_r$，使得

$$k_1\boldsymbol{\alpha}_1+k_2\boldsymbol{\alpha}_2+\cdots+k_r\boldsymbol{\alpha}_r=\boldsymbol{O}.$$

因而存在一组不全为零的数 $k_1,k_2,\cdots,k_r,0,\cdots,0$，使得

$$k_1\boldsymbol{\alpha}_1+k_2\boldsymbol{\alpha}_2+\cdots+k_r\boldsymbol{\alpha}_r+0\boldsymbol{\alpha}_{r+1}+\cdots+0\boldsymbol{\alpha}_s=\boldsymbol{O}.$$

所以整个向量组 $\boldsymbol{\alpha}_1,\boldsymbol{\alpha}_2,\cdots,\boldsymbol{\alpha}_s$ 也线性相关.

推论 如果一个向量组线性无关，则它的任意一个部分组也线性无关.

上述两个结论给出了向量组中向量个数的增加与减少对向量组的线性相关性的影响.

定理 3.7 设向量组

$$\boldsymbol{\alpha}_i=(a_{i1},a_{i2},\cdots,a_{ir})\quad(i=1,2,\cdots,s)$$

线性无关，则在每个向量上再添加 $n-r$ 个分量所得到的 n 维向量组

$$\boldsymbol{\beta}_i=(a_{i1},a_{i2},\cdots,a_{ir},a_{i\,r+1},\cdots,a_{in})\quad(i=1,2,\cdots,s)$$

也线性无关.

证明 设存在数 $k_1,k_2,\cdots,k_s$，使得

$$k_1\boldsymbol{\beta}_1+k_2\boldsymbol{\beta}_2+\cdots+k_s\boldsymbol{\beta}_s=\boldsymbol{O}.$$

由此可得以 $k_1,k_2,\cdots,k_s$ 为未知量的齐次线性方程组

$$\begin{cases}a_{11}k_1+a_{21}k_2+\cdots+a_{s1}k_s=0,\\ a_{12}k_1+a_{22}k_2+\cdots+a_{s2}k_s=0,\\ \qquad\vdots\\ a_{1r}k_1+a_{2r}k_2+\cdots+a_{sr}k_s=0,\\ a_{1\,r+1}k_1+a_{2\,r+1}k_2+\cdots+a_{s\,r+1}k_s=0,\\ \qquad\vdots\\ a_{1n}k_1+a_{2n}k_2+\cdots+a_{sn}k_s=0.\end{cases}$$

因为 $\boldsymbol{\alpha}_1,\boldsymbol{\alpha}_2,\cdots,\boldsymbol{\alpha}_s$ 线性无关，所以上面方程组中前 r 个方程构成的方程组仅有零解 $k_1=k_2=\cdots=k_s=0$，于是整个方程组也仅有零解.因此，向量组 $\boldsymbol{\beta}_1,\boldsymbol{\beta}_2,\cdots,\boldsymbol{\beta}_s$ 线性无关.

推论 若 n 维向量组

$$\boldsymbol{\beta}_i=(a_{i1},a_{i2},\cdots,a_{ir},a_{i\,r+1},\cdots,a_{in})\quad(i=1,2,\cdots,s)$$

线性相关，则在每个向量上都去掉相同的 $n-r$ 个分量所得到的 r 维向量组

$$\boldsymbol{\alpha}_i=(a_{i1},a_{i2},\cdots,a_{ir})\quad(i=1,2,\cdots,s)$$

也线性相关.

上述两个结论给出了向量组中向量维数的增加与减少对向量组的线性相关性的影响.

三、关于线性组合与线性相关的定理

定理 3.8　向量组 $\boldsymbol{\alpha}_1,\boldsymbol{\alpha}_2,\cdots,\boldsymbol{\alpha}_s(s\geqslant 2)$ 线性相关的充分必要条件是其中至少有一个向量可由其余 $s-1$ 个向量线性表示.

证明　必要性　设 $\boldsymbol{\alpha}_1,\boldsymbol{\alpha}_2,\cdots,\boldsymbol{\alpha}_s$ 线性相关，则存在一组不全为零的数 $k_1,k_2,\cdots,k_s$，使得

$$k_1\boldsymbol{\alpha}_1+k_2\boldsymbol{\alpha}_2+\cdots+k_s\boldsymbol{\alpha}_s=\boldsymbol{O}.$$

因为 $k_1,k_2,\cdots,k_s$ 中至少有一个不为零，不妨设 $k_1\neq 0$，则有

$$\boldsymbol{\alpha}_1=\left(-\frac{k_2}{k_1}\right)\boldsymbol{\alpha}_2+\left(-\frac{k_3}{k_1}\right)\boldsymbol{\alpha}_3+\cdots+\left(-\frac{k_s}{k_1}\right)\boldsymbol{\alpha}_s.$$

即 $\boldsymbol{\alpha}_1$ 可由其余 $s-1$ 个向量线性表示.

充分性　如果 $\boldsymbol{\alpha}_1,\boldsymbol{\alpha}_2,\cdots,\boldsymbol{\alpha}_s(s\geqslant 2)$ 中至少有一个向量可由其余 $s-1$ 个向量线性表示，不妨设

$$\boldsymbol{\alpha}_s=k_1\boldsymbol{\alpha}_1+k_2\boldsymbol{\alpha}_2+\cdots+k_{s-1}\boldsymbol{\alpha}_{s-1},$$

因此有

$$k_1\boldsymbol{\alpha}_1+k_2\boldsymbol{\alpha}_2+\cdots+k_{s-1}\boldsymbol{\alpha}_{s-1}+(-1)\boldsymbol{\alpha}_s=\boldsymbol{O}.$$

其中 $k_1,k_2,\cdots,k_{s-1},-1$ 不全为零，故 $\boldsymbol{\alpha}_1,\boldsymbol{\alpha}_2,\cdots,\boldsymbol{\alpha}_s$ 线性相关.

推论　向量组 $\boldsymbol{\alpha}_1,\boldsymbol{\alpha}_2,\cdots,\boldsymbol{\alpha}_s(s\geqslant 2)$ 线性无关的充分必要条件是向量组中的任何一个向量都不能由其余向量线性表示.

定理 3.9　如果向量组 $\boldsymbol{\alpha}_1,\boldsymbol{\alpha}_2,\cdots,\boldsymbol{\alpha}_s$ 线性无关，而向量组 $\boldsymbol{\alpha}_1,\boldsymbol{\alpha}_2,\cdots,\boldsymbol{\alpha}_s,\boldsymbol{\beta}$ 线性相关，则向量 $\boldsymbol{\beta}$ 能由向量组 $\boldsymbol{\alpha}_1,\boldsymbol{\alpha}_2,\cdots,\boldsymbol{\alpha}_s$ 线性表示，并且表示法唯一.

证明　先证 $\boldsymbol{\beta}$ 能由 $\boldsymbol{\alpha}_1,\boldsymbol{\alpha}_2,\cdots,\boldsymbol{\alpha}_s$ 线性表示.

由于向量组 $\boldsymbol{\alpha}_1,\boldsymbol{\alpha}_2,\cdots,\boldsymbol{\alpha}_s,\boldsymbol{\beta}$ 线性相关，所以存在一组不全为零的数 $k_1,k_2,\cdots,k_s$ 及 k，使得

$$k_1\boldsymbol{\alpha}_1+k_2\boldsymbol{\alpha}_2+\cdots+k_s\boldsymbol{\alpha}_s+k\boldsymbol{\beta}=\boldsymbol{O}.$$

则必有 $k\neq 0$.事实上，如果 $k=0$，上式为

$$k_1\boldsymbol{\alpha}_1+k_2\boldsymbol{\alpha}_2+\cdots+k_s\boldsymbol{\alpha}_s=\boldsymbol{O}.$$

且 $k_1,k_2,\cdots,k_s$ 不全为零，这与 $\boldsymbol{\alpha}_1,\boldsymbol{\alpha}_2,\cdots,\boldsymbol{\alpha}_s$ 线性无关矛盾，因此 $k\neq 0$.
从而

$$\boldsymbol{\beta}=-\frac{k_1}{k}\boldsymbol{\alpha}_1-\frac{k_2}{k}\boldsymbol{\alpha}_2-\cdots-\frac{k_s}{k}\boldsymbol{\alpha}_s.$$

再证表示法唯一.

不妨设 $\boldsymbol{\beta}$ 有以下两种表示形式：

$$\boldsymbol{\beta}=h_1\boldsymbol{\alpha}_1+h_2\boldsymbol{\alpha}_2+\cdots+h_s\boldsymbol{\alpha}_s,$$

且

$$\boldsymbol{\beta}=l_1\boldsymbol{\alpha}_1+l_2\boldsymbol{\alpha}_2+\cdots+l_s\boldsymbol{\alpha}_s,$$

则有

$$(h_1-l_1)\boldsymbol{\alpha}_1+(h_2-l_2)\boldsymbol{\alpha}_2+\cdots+(h_s-l_s)\boldsymbol{\alpha}_s=\boldsymbol{O}.$$

由于 $\boldsymbol{\alpha}_1,\boldsymbol{\alpha}_2,\cdots,\boldsymbol{\alpha}_s$ 线性无关，必有

$$h_i-l_i=0\quad(i=1,2,\cdots,s),$$

即 $h_i=l_i(i=1,2,\cdots,s)$.所以 $\boldsymbol{\beta}$ 能由向量组$\boldsymbol{\alpha}_1,\boldsymbol{\alpha}_2,\cdots,\boldsymbol{\alpha}_s$ 线性表示，并且表示法唯一.

定理 3.10　如果向量组 $\boldsymbol{\alpha}_1,\boldsymbol{\alpha}_2,\cdots,\boldsymbol{\alpha}_s$ 可由向量组$\boldsymbol{\beta}_1,\boldsymbol{\beta}_2,\cdots,\boldsymbol{\beta}_t$ 线性表示，并且 $s>t$，则向量组 $\boldsymbol{\alpha}_1,\boldsymbol{\alpha}_2,\cdots,\boldsymbol{\alpha}_s$ 线性相关.

* **证明**　由于向量组 $\boldsymbol{\alpha}_1,\boldsymbol{\alpha}_2,\cdots,\boldsymbol{\alpha}_s$ 可由向量组 $\boldsymbol{\beta}_1,\boldsymbol{\beta}_2,\cdots,\boldsymbol{\beta}_t$ 线性表示，不妨设

$$\begin{aligned}\boldsymbol{\alpha}_j&=k_{1j}\boldsymbol{\beta}_1+k_{2j}\boldsymbol{\beta}_2+\cdots+k_{tj}\boldsymbol{\beta}_t\\&=(\boldsymbol{\beta}_1,\boldsymbol{\beta}_2,\cdots,\boldsymbol{\beta}_t)\begin{pmatrix}k_{1j}\\k_{2j}\\\vdots\\k_{tj}\end{pmatrix}\quad(j=1,2,\cdots,s).\end{aligned}$$

将上面 s 个等式用矩阵的形式表示出来，即

$$(\boldsymbol{\alpha}_1,\boldsymbol{\alpha}_2,\cdots,\boldsymbol{\alpha}_s)=(\boldsymbol{\beta}_1,\boldsymbol{\beta}_2,\cdots,\boldsymbol{\beta}_t)\begin{pmatrix}k_{11}&k_{12}&\cdots&k_{1s}\\k_{21}&k_{22}&\cdots&k_{2s}\\\vdots&\vdots&&\vdots\\k_{t1}&k_{t2}&\cdots&k_{ts}\end{pmatrix}.\tag{3.14}$$

只需证明存在一组不全为零的数 $x_1,x_2,\cdots,x_s$，使得

$$x_1\boldsymbol{\alpha}_1+x_2\boldsymbol{\alpha}_2+\cdots+x_s\boldsymbol{\alpha}_s=(\boldsymbol{\alpha}_1,\boldsymbol{\alpha}_2,\cdots,\boldsymbol{\alpha}_s)\begin{pmatrix}x_1\\x_2\\\vdots\\x_s\end{pmatrix}=\boldsymbol{O}.\tag{3.15}$$

将式(3.14)代入式(3.15)，由 $t<s$ 可知齐次线性方程组

$$\begin{pmatrix}k_{11}&k_{12}&\cdots&k_{1s}\\k_{21}&k_{22}&\cdots&k_{2s}\\\vdots&\vdots&&\vdots\\k_{t1}&k_{t2}&\cdots&k_{ts}\end{pmatrix}\begin{pmatrix}x_1\\x_2\\\vdots\\x_s\end{pmatrix}=\boldsymbol{O}$$

有非零解，所以向量组 $\boldsymbol{\alpha}_1,\boldsymbol{\alpha}_2,\cdots,\boldsymbol{\alpha}_s$ 线性相关.

推论 1　如果向量组 $\boldsymbol{\alpha}_1,\boldsymbol{\alpha}_2,\cdots,\boldsymbol{\alpha}_s$ 线性无关，并且可以由向量组 $\boldsymbol{\beta}_1,\boldsymbol{\beta}_2,\cdots,\boldsymbol{\beta}_t$ 线性表示，则 $s\leqslant t$.

推论 2　两个等价的线性无关的向量组所含向量的个数相同.

证明　设 $\boldsymbol{\alpha}_1,\boldsymbol{\alpha}_2,\cdots,\boldsymbol{\alpha}_s$ 和 $\boldsymbol{\beta}_1,\boldsymbol{\beta}_2,\cdots,\boldsymbol{\beta}_t$ 都是线性无关的向量组，且

$$\{\boldsymbol{\alpha}_1,\boldsymbol{\alpha}_2,\cdots,\boldsymbol{\alpha}_s\}\cong\{\boldsymbol{\beta}_1,\boldsymbol{\beta}_2,\cdots,\boldsymbol{\beta}_t\}.$$

由推论 1 得 $s\leqslant t$ 且 $t\leqslant s$，于是 $s=t$，即两个等价的线性无关的向量组所含向量的个数相同.

例 3.11　设向量组 $\boldsymbol{\alpha}_1,\boldsymbol{\alpha}_2,\boldsymbol{\alpha}_3$ 线性相关，向量组 $\boldsymbol{\alpha}_2,\boldsymbol{\alpha}_3,\boldsymbol{\alpha}_4$ 线性无关，证明：(1)$\boldsymbol{\alpha}_1$ 能由 $\boldsymbol{\alpha}_2,\boldsymbol{\alpha}_3$ 线性表示；(2)$\boldsymbol{\alpha}_4$ 不能由 $\boldsymbol{\alpha}_1,\boldsymbol{\alpha}_2,\boldsymbol{\alpha}_3$ 线性表示.

证明(1) 因为向量组 $\boldsymbol{\alpha}_2,\boldsymbol{\alpha}_3,\boldsymbol{\alpha}_4$ 线性无关，由定理 3.6 的推论知，$\boldsymbol{\alpha}_2,\boldsymbol{\alpha}_3$ 线性无关.而 $\boldsymbol{\alpha}_1,\boldsymbol{\alpha}_2,\boldsymbol{\alpha}_3$ 线性相关，由定理 3.9 知，$\boldsymbol{\alpha}_1$ 能由 $\boldsymbol{\alpha}_2,\boldsymbol{\alpha}_3$ 线性表示.

(2) 反证法.假设 $\boldsymbol{\alpha}_4$ 能由 $\boldsymbol{\alpha}_1,\boldsymbol{\alpha}_2,\boldsymbol{\alpha}_3$ 线性表示，而由(1) 知 $\boldsymbol{\alpha}_1$ 能由 $\boldsymbol{\alpha}_2,\boldsymbol{\alpha}_3$ 线性表示，因此 $\boldsymbol{\alpha}_4$ 能由 $\boldsymbol{\alpha}_2,\boldsymbol{\alpha}_3$ 线性表示，这与 $\boldsymbol{\alpha}_2,\boldsymbol{\alpha}_3,\boldsymbol{\alpha}_4$ 线性无关矛盾，所以 $\boldsymbol{\alpha}_4$ 不能由 $\boldsymbol{\alpha}_1,\boldsymbol{\alpha}_2,\boldsymbol{\alpha}_3$ 线性表示.

§3.5　向量组的秩

一、向量组的极大线性无关组

在讨论向量组的线性相关性时，矩阵的秩起了十分重要的作用.下面把秩的概念引进向量组.先来介绍向量组的极大线性无关组的概念.

定义 3.9　设 $\boldsymbol{\alpha}_{j_1},\boldsymbol{\alpha}_{j_2},\cdots,\boldsymbol{\alpha}_{j_r}$ 是向量组 $\boldsymbol{\alpha}_1,\boldsymbol{\alpha}_2,\cdots,\boldsymbol{\alpha}_s$ 的一个部分组，如果满足如下条件：

(1)$\boldsymbol{\alpha}_{j_1},\boldsymbol{\alpha}_{j_2},\cdots,\boldsymbol{\alpha}_{j_r}$ 线性无关，(2) 向量组中的任意一个向量 $\boldsymbol{\alpha}_j$ 都可由 $\boldsymbol{\alpha}_{j_1},\boldsymbol{\alpha}_{j_2},\cdots,\boldsymbol{\alpha}_{j_r}$ 线性表示，则称 $\boldsymbol{\alpha}_{j_1},\boldsymbol{\alpha}_{j_2},\cdots,\boldsymbol{\alpha}_{j_r}$ 为向量组 $\boldsymbol{\alpha}_1,\boldsymbol{\alpha}_2,\cdots,\boldsymbol{\alpha}_s$ 的一个**极大线性无关组**，简称为**极大无关组**.

由定义 3.9 可以看出，一个向量组的极大无关组是指它的线性无关部分组中含有向量个数最多的一个. 显然，线性无关组的极大无关组就是它本身，只含有零向量的向量组不存在极大无关组.

设向量组 $\boldsymbol{\alpha}_1=(1,0,0)$，$\boldsymbol{\alpha}_2=(0,1,0)$，$\boldsymbol{\alpha}_3=(1,1,0)$，因为

$$\boldsymbol{\alpha}_1=\boldsymbol{\alpha}_1+0\cdot\boldsymbol{\alpha}_2,\quad \boldsymbol{\alpha}_2=0\cdot\boldsymbol{\alpha}_1+\boldsymbol{\alpha}_2,\quad \boldsymbol{\alpha}_3=\boldsymbol{\alpha}_1+\boldsymbol{\alpha}_2,$$

且 $\boldsymbol{\alpha}_1,\boldsymbol{\alpha}_2$ 线性无关，所以部分组 $\boldsymbol{\alpha}_1,\boldsymbol{\alpha}_2$ 是向量组 $\boldsymbol{\alpha}_1,\boldsymbol{\alpha}_2,\boldsymbol{\alpha}_3$ 的一个极大无关组.类似可以验证，$\boldsymbol{\alpha}_1,\boldsymbol{\alpha}_3$ 和 $\boldsymbol{\alpha}_2,\boldsymbol{\alpha}_3$ 也是此向量组的极大无关组.可见，一个向量组的极大无关组一般是不唯一的.

定义 3.9 的条件(2) 可以改为(2′) 任取向量组中的一个向量 $\boldsymbol{\alpha}_j$，向量组 $\boldsymbol{\alpha}_j,\boldsymbol{\alpha}_{j_1},\boldsymbol{\alpha}_{j_2},\cdots,\boldsymbol{\alpha}_{j_r}$ 必线性相关.

事实上，任取向量组中的一个向量 $\boldsymbol{\alpha}_j$，若 $\boldsymbol{\alpha}_j$ 可由 $\boldsymbol{\alpha}_{j_1},\boldsymbol{\alpha}_{j_2},\cdots,\boldsymbol{\alpha}_{j_r}$ 线性表示，则向量组 $\boldsymbol{\alpha}_j,\boldsymbol{\alpha}_{j_1},\boldsymbol{\alpha}_{j_2},\cdots,\boldsymbol{\alpha}_{j_r}$ 必线性相关.另外，若 $\boldsymbol{\alpha}_j,\boldsymbol{\alpha}_{j_1},\boldsymbol{\alpha}_{j_2},\cdots,\boldsymbol{\alpha}_{j_r}$ 线性相关，而 $\boldsymbol{\alpha}_{j_1},\boldsymbol{\alpha}_{j_2},\cdots,\boldsymbol{\alpha}_{j_r}$ 线性无关，则 $\boldsymbol{\alpha}_j$ 可由 $\boldsymbol{\alpha}_{j_1},\boldsymbol{\alpha}_{j_2},\cdots,\boldsymbol{\alpha}_{j_r}$ 线性表示.因此，定义 3.9 的条件(2) 与(2′) 是等价的.

由定义 3.7 和定义 3.9 可得以下定理.

定理 3.11 一个向量组与它的极大无关组等价.

上述定理表明，在研究向量组之间的某些关系时，一个向量组可以用它的一个极大无关组来代替，从而使问题简化.

推论 1 向量组的任意两个极大无关组等价.

推论 2 向量组 $\boldsymbol{\alpha}_1,\boldsymbol{\alpha}_2,\cdots,\boldsymbol{\alpha}_s$ 中的任意两个极大无关组所含的向量个数相同.

证明 设向量组 $\boldsymbol{\alpha}_1,\boldsymbol{\alpha}_2,\cdots,\boldsymbol{\alpha}_s$ 的两个极大无关组为

$$\boldsymbol{\alpha}_{i1},\boldsymbol{\alpha}_{i2},\cdots,\boldsymbol{\alpha}_{ir} \text{ 和 } \boldsymbol{\alpha}_{j1},\boldsymbol{\alpha}_{j2},\cdots,\boldsymbol{\alpha}_{jp},$$

由定理 3.11 的推论 1，有

$$\{\boldsymbol{\alpha}_{i1},\boldsymbol{\alpha}_{i2},\cdots,\boldsymbol{\alpha}_{ir}\}\cong\{\boldsymbol{\alpha}_{j1},\boldsymbol{\alpha}_{j2},\cdots,\boldsymbol{\alpha}_{jp}\},$$

由定理 3.10 的推论 2，有 $r=p$.

二、向量组的秩

由定理 3.11 的推论 2 知，虽然一个向量组的极大无关组可能不唯一，但它的任意两个极大无关组所含向量的个数是一个不变量，这个不变量直接反映向量组自身的特征，由此给出向量组的秩的概念.

定义 3.10 向量组 $\boldsymbol{\alpha}_1,\boldsymbol{\alpha}_2,\cdots,\boldsymbol{\alpha}_s$ 的极大无关组所含向量的个数称为此**向量组的秩**，记作 $r(\boldsymbol{\alpha}_1,\boldsymbol{\alpha}_2,\cdots,\boldsymbol{\alpha}_s)$.

由于仅含零向量的向量组没有极大无关组，因而规定其秩是零.

显然，一个向量组 $\boldsymbol{\alpha}_1,\boldsymbol{\alpha}_2,\cdots,\boldsymbol{\alpha}_s$ 线性无关，则 $r(\boldsymbol{\alpha}_1,\boldsymbol{\alpha}_2,\cdots,\boldsymbol{\alpha}_s)=s$，反之也成立.因此，向量组 $\boldsymbol{\alpha}_1,\boldsymbol{\alpha}_2,\cdots,\boldsymbol{\alpha}_s$ 线性无关的充分必要条件是

$$r(\boldsymbol{\alpha}_1,\boldsymbol{\alpha}_2,\cdots,\boldsymbol{\alpha}_s)=s.$$

定理 3.12 向量组 $\boldsymbol{\alpha}_1,\boldsymbol{\alpha}_2,\cdots,\boldsymbol{\alpha}_s$ 能由向量组 $\boldsymbol{\beta}_1,\boldsymbol{\beta}_2,\cdots,\boldsymbol{\beta}_t$ 线性表示，则

$$r(\boldsymbol{\alpha}_1,\boldsymbol{\alpha}_2,\cdots,\boldsymbol{\alpha}_s)\leqslant r(\boldsymbol{\beta}_1,\boldsymbol{\beta}_2,\cdots,\boldsymbol{\beta}_t).$$

证明 设向量组 $\boldsymbol{\alpha}_1,\boldsymbol{\alpha}_2,\cdots,\boldsymbol{\alpha}_s$ 的一个极大无关组是 $\boldsymbol{\alpha}_{i1},\boldsymbol{\alpha}_{i2},\cdots,\boldsymbol{\alpha}_{ir}$，向量组 $\boldsymbol{\beta}_1,\boldsymbol{\beta}_2,\cdots,\boldsymbol{\beta}_t$ 的一个极大无关组是 $\boldsymbol{\beta}_{j1},\boldsymbol{\beta}_{j2},\cdots,\boldsymbol{\beta}_{jp}$，则

$$\{\boldsymbol{\alpha}_1,\boldsymbol{\alpha}_2,\cdots,\boldsymbol{\alpha}_s\}\cong\{\boldsymbol{\alpha}_{i1},\boldsymbol{\alpha}_{i2},\cdots,\boldsymbol{\alpha}_{ir}\},$$

$$\{\boldsymbol{\beta}_1,\boldsymbol{\beta}_2,\cdots,\boldsymbol{\beta}_t\}\cong\{\boldsymbol{\beta}_{j1},\boldsymbol{\beta}_{j2},\cdots,\boldsymbol{\beta}_{jp}\}.$$

因为向量组 $\boldsymbol{\alpha}_1,\boldsymbol{\alpha}_2,\cdots,\boldsymbol{\alpha}_s$ 能由向量组 $\boldsymbol{\beta}_1,\boldsymbol{\beta}_2,\cdots,\boldsymbol{\beta}_t$ 线性表示，故向量组 $\boldsymbol{\alpha}_{i1},\boldsymbol{\alpha}_{i2},\cdots,\boldsymbol{\alpha}_{ir}$ 能由 $\boldsymbol{\beta}_1,\boldsymbol{\beta}_2,\cdots,\boldsymbol{\beta}_t$ 线性表示，也可由 $\boldsymbol{\beta}_{j1},\boldsymbol{\beta}_{j2},\cdots,\boldsymbol{\beta}_{jp}$ 线性表示，由定理 3.10 的推论 1 有 $r\leqslant p$，即

$$r(\boldsymbol{\alpha}_1,\boldsymbol{\alpha}_2,\cdots,\boldsymbol{\alpha}_s)\leqslant r(\boldsymbol{\beta}_1,\boldsymbol{\beta}_2,\cdots,\boldsymbol{\beta}_t).$$

推论 等价的向量组有相同的秩.

三、矩阵的秩与向量组的秩的关系

我们把矩阵 $\boldsymbol{A}$ 的行向量组的秩称为矩阵 $\boldsymbol{A}$ 的**行秩**，把矩阵 $\boldsymbol{A}$ 的列向量组的秩称为矩阵 $\boldsymbol{A}$ 的**列秩**，那么矩阵 $\boldsymbol{A}$ 的秩与其行秩或列秩有怎样的联系呢？下面就来回答这一问题.

定理 3.13 设 $\boldsymbol{A}$ 为 $m\times n$ 矩阵，则矩阵 $\boldsymbol{A}$ 的秩等于其列秩，也等于其行秩.

* **证明** 先考察列向量组的情形.

将矩阵 $\boldsymbol{A}$ 按列分块 $\boldsymbol{A}=(\boldsymbol{\beta}_1,\boldsymbol{\beta}_2,\cdots,\boldsymbol{\beta}_n)$，其中

$$\boldsymbol{\beta}_j=(a_{1j},a_{2j},\cdots,a_{mj})^{\mathrm{T}}(j=1,2,\cdots,n).$$

设 $r(\boldsymbol{A})=r$，则在 $\boldsymbol{A}$ 中有一个 r 阶子式不等于零，而所有的 $r+1$ 阶子式都等于零.不妨设 $\boldsymbol{A}$ 的左上角的 r 阶子式 $D_r\neq 0$，即

$$\boldsymbol{D}_r=\begin{vmatrix} a_{11} & a_{12} & \cdots & a_{1r} \\ a_{21} & a_{22} & \cdots & a_{2r} \\ \vdots & \vdots & & \vdots \\ a_{r1} & a_{r2} & \cdots & a_{rr} \end{vmatrix}\neq 0,$$

根据定理 3.5 的推论 2，向量组

$$\hat{\boldsymbol{\beta}}_1=\begin{pmatrix} a_{11} \\ a_{21} \\ \vdots \\ a_{r1} \end{pmatrix},\quad \hat{\boldsymbol{\beta}}_2=\begin{pmatrix} a_{12} \\ a_{22} \\ \vdots \\ a_{r2} \end{pmatrix},\quad \cdots,\quad \hat{\boldsymbol{\beta}}_r=\begin{pmatrix} a_{1r} \\ a_{2r} \\ \vdots \\ a_{rr} \end{pmatrix}$$

线性无关. 由定理3.7知，在每个向量上添加 $m-r$ 个分量后得到的向量 $\boldsymbol{\beta}_1,\boldsymbol{\beta}_2,\cdots,\boldsymbol{\beta}_r$ 线性无关，即矩阵 $\boldsymbol{A}$ 中前 r 个列向量线性无关.

又因为 $\boldsymbol{A}$ 的 $r+1$ 阶子式均为零，所以 $\boldsymbol{\beta}_1,\boldsymbol{\beta}_2,\cdots,\boldsymbol{\beta}_n$ 中任何 $r+1$ 个向量都线性相关.否则，若矩阵 $\boldsymbol{A}$ 中存在 $r+1$ 个列向量线性无关，由定理 3.5 的推论 1 可知，这 $r+1$ 个列向量所构成的矩阵的秩为 $r+1$，从而有 $r(\boldsymbol{A})\geqslant r+1$.于是矩阵 $\boldsymbol{A}$ 中必存在 $r+1$ 阶子式不等于零，与已知条件矛盾.从而对于 $\boldsymbol{\beta}_1,\boldsymbol{\beta}_2,\cdots,\boldsymbol{\beta}_n$ 中的任一向量 $\boldsymbol{\beta}_j(j=1,2,\cdots,n)$，向量组 $\boldsymbol{\beta}_1,\boldsymbol{\beta}_2,\cdots,\boldsymbol{\beta}_r,\boldsymbol{\beta}_j$ 必线性相关，即 $\boldsymbol{\beta}_1,\boldsymbol{\beta}_2,\cdots,\boldsymbol{\beta}_r$ 是 $\boldsymbol{A}$ 的列向量组 $\boldsymbol{\beta}_1,\boldsymbol{\beta}_2,\cdots,\boldsymbol{\beta}_n$ 的极大线性无关组，这就说明，$\boldsymbol{A}$ 的列向量组 $\boldsymbol{\beta}_1,\boldsymbol{\beta}_2,\cdots,\boldsymbol{\beta}_n$ 的秩为 r，故矩阵 $\boldsymbol{A}$ 的秩等于其列秩 r.

由于矩阵 $r(\boldsymbol{A})=r(\boldsymbol{A}^{\mathrm{T}})$，而 $\boldsymbol{A}$ 的行秩即为 $\boldsymbol{A}^{\mathrm{T}}$ 的列秩，所以矩阵 $\boldsymbol{A}$ 的秩 r 也等于其行秩.

推论 矩阵 $\boldsymbol{A}$ 的行秩与列秩相等.

可以证明，对矩阵 $\boldsymbol{A}$ 仅施以初等行(列) 变换化成矩阵 $\boldsymbol{B}$ 时，有如下结论。

(1) 若矩阵 $\boldsymbol{A}$ 的列(行) 向量组 $\boldsymbol{\beta}_1,\boldsymbol{\beta}_2,\cdots,\boldsymbol{\beta}_n$ 中，部分组 $\boldsymbol{\beta}_{j1},\boldsymbol{\beta}_{j2},\cdots,\boldsymbol{\beta}_{js}$ 线性无关，则矩阵 $\boldsymbol{B}$ 的列(行) 向量组 $\boldsymbol{\beta}'_1,\boldsymbol{\beta}'_2,\cdots,\boldsymbol{\beta}'_n$ 中，对应的部分组 $\boldsymbol{\beta}'_{j1},\boldsymbol{\beta}'_{j2},\cdots,\boldsymbol{\beta}'_{js}$ 也线性无关，反之亦然.

(2) 若矩阵 $\boldsymbol{A}$ 的列(行) 向量组 $\boldsymbol{\beta}_1,\boldsymbol{\beta}_2,\cdots,\boldsymbol{\beta}_n$ 中，某个向量 $\boldsymbol{\beta}_j$ 可由其中的 $\boldsymbol{\beta}_{j1},\boldsymbol{\beta}_{j2},\cdots,\boldsymbol{\beta}_{js}$

线性表示，即

$$\boldsymbol{\beta}_j = k_1\boldsymbol{\beta}_{j1} + k_2\boldsymbol{\beta}_{j2} + \cdots + k_s\boldsymbol{\beta}_{js},$$

则 $\boldsymbol{B}$ 的列(行) 向量组 $\boldsymbol{\beta}'_1, \boldsymbol{\beta}'_2, \cdots, \boldsymbol{\beta}'_n$ 中，对应的向量 $\boldsymbol{\beta}'_j$ 也可由对应的 $\boldsymbol{\beta}'_{j1}, \boldsymbol{\beta}'_{j2}, \cdots, \boldsymbol{\beta}'_{js}$ 以同样方式线性表示为

$$\boldsymbol{\beta}'_j = k_1\boldsymbol{\beta}'_{j1} + k_2\boldsymbol{\beta}'_{j2} + \cdots + k_s\boldsymbol{\beta}'_{js},$$

反之亦然.

因此有如下定理.

定理 3.14　对矩阵施以初等行(列) 变换,不改变矩阵的列(行) 向量间的线性关系.

这样，可以得出求向量组的秩、向量组的极大线性无关组以及把其余向量用极大无关组线性表示的方法:以向量组为列向量组构成矩阵 $\boldsymbol{A}$，仅通过初等行变换将其先化为行阶梯形矩阵，然后再化为行最简形矩阵，则向量组的秩等于行阶梯形矩阵的非零行的行数;行阶梯形矩阵(或行最简形矩阵)中每行第一个非零元素所在列对应的原矩阵 $\boldsymbol{A}$ 的相应列向量，就构成它的一个极大线性无关组;用行最简形矩阵可以直接写出其余向量用极大线性无关组表示的表达式.同理，也可以将向量组作为行向量组构成矩阵后，通过初等列变换求向量组的极大无关组.

例 3.12　已知向量组 $\boldsymbol{\alpha}_1=(2,1,3,-1)$, $\boldsymbol{\alpha}_2=(3,-1,2,0)$, $\boldsymbol{\alpha}_3=(1,3,4,-2)$, $\boldsymbol{\alpha}_4=(4,-3,1,1)$.试求向量组 $\boldsymbol{\alpha}_1, \boldsymbol{\alpha}_2, \boldsymbol{\alpha}_3, \boldsymbol{\alpha}_4$ 的一个极大无关组，并把其余向量用此极大无关组线性表示.

解　把向量 $\boldsymbol{\alpha}_1, \boldsymbol{\alpha}_2, \boldsymbol{\alpha}_3, \boldsymbol{\alpha}_4$ 看作一个矩阵的列向量组构造矩阵 $\boldsymbol{A}$，对 $\boldsymbol{A}$ 仅施以初等行变换化为行最简形矩阵.

$$\boldsymbol{A}=\begin{pmatrix} 2 & 3 & 1 & 4 \\ 1 & -1 & 3 & -3 \\ 3 & 2 & 4 & 1 \\ -1 & 0 & -2 & 1 \end{pmatrix} \xrightarrow{r_2 \leftrightarrow r_1} \begin{pmatrix} 1 & -1 & 3 & -3 \\ 2 & 3 & 1 & 4 \\ 3 & 2 & 4 & 1 \\ -1 & 0 & -2 & 1 \end{pmatrix}$$

$$\xrightarrow[r_4+r_1]{\substack{r_2-2r_1 \\ r_3-3r_1}} \begin{pmatrix} 1 & -1 & 3 & -3 \\ 0 & 5 & -5 & 10 \\ 0 & 5 & -5 & 10 \\ 0 & -1 & 1 & -2 \end{pmatrix} \xrightarrow[r_3 \times \frac{1}{5}]{r_2 \times \frac{1}{5}} \begin{pmatrix} 1 & -1 & 3 & -3 \\ 0 & 1 & -1 & 2 \\ 0 & 1 & -1 & 2 \\ 0 & -1 & 1 & -2 \end{pmatrix}$$

$$\xrightarrow[r_4+r_2]{r_3-r_2} \begin{pmatrix} 1 & -1 & 3 & -3 \\ 0 & 1 & -1 & 2 \\ 0 & 0 & 0 & 0 \\ 0 & 0 & 0 & 0 \end{pmatrix} \xrightarrow{r_1+r_2} \begin{pmatrix} 1 & 0 & 2 & -1 \\ 0 & 1 & -1 & 2 \\ 0 & 0 & 0 & 0 \\ 0 & 0 & 0 & 0 \end{pmatrix}.$$

由此可得，$r(\boldsymbol{A})=2$，所以向量组 $\boldsymbol{\alpha}_1,\boldsymbol{\alpha}_2,\boldsymbol{\alpha}_3,\boldsymbol{\alpha}_4$ 的秩为 2，则该向量组的极大无关组含有两个向量. 而在行最简形矩阵中两个非零行的第一个非零元素在第 1，2 列，所以该向量组的一个极大无关组是 $\boldsymbol{\alpha}_1,\boldsymbol{\alpha}_2$.由 $\boldsymbol{A}$ 的行最简形矩阵可知

$$\boldsymbol{\alpha}_3=2\boldsymbol{\alpha}_1-\boldsymbol{\alpha}_2,$$
$$\boldsymbol{\alpha}_4=-\boldsymbol{\alpha}_1+2\boldsymbol{\alpha}_2.$$

例 3.13　证明：$\boldsymbol{AB}$ 的秩不大于 $\boldsymbol{A}$ 的秩和 $\boldsymbol{B}$ 的秩，即

$$r(\boldsymbol{AB})\leqslant\min\{r(\boldsymbol{A}),r(\boldsymbol{B})\}.$$

证明　设

$$\boldsymbol{A}=\begin{pmatrix}a_{11}&a_{12}&\cdots&a_{1s}\\a_{21}&a_{22}&\cdots&a_{2s}\\\vdots&\vdots&&\vdots\\a_{m1}&a_{m2}&\cdots&a_{ms}\end{pmatrix},\quad \boldsymbol{B}=\begin{pmatrix}b_{11}&b_{12}&\cdots&b_{1n}\\b_{21}&b_{22}&\cdots&b_{2n}\\\vdots&\vdots&&\vdots\\b_{s1}&b_{s2}&\cdots&b_{sn}\end{pmatrix},$$

$\boldsymbol{C}=\boldsymbol{AB}$.

把矩阵 $\boldsymbol{A}$ 和 $\boldsymbol{C}$ 按列分块为

$$\boldsymbol{A}=(\boldsymbol{\alpha}_1,\boldsymbol{\alpha}_2,\cdots,\boldsymbol{\alpha}_s),\quad \boldsymbol{C}=(\boldsymbol{\gamma}_1,\boldsymbol{\gamma}_2,\cdots,\boldsymbol{\gamma}_n),$$

其中 $\boldsymbol{\alpha}_j(j=1,2,\cdots,s)$ 是矩阵 $\boldsymbol{A}$ 的第 j 列，$\boldsymbol{\gamma}_j(j=1,2,\cdots,n)$ 是矩阵 $\boldsymbol{C}$ 的第 j 列，则 $\boldsymbol{C}=\boldsymbol{AB}$ 可以写成

$$(\boldsymbol{\gamma}_1,\boldsymbol{\gamma}_2,\cdots,\boldsymbol{\gamma}_n)=(\boldsymbol{\alpha}_1,\boldsymbol{\alpha}_2,\cdots,\boldsymbol{\alpha}_s)\begin{pmatrix}b_{11}&b_{12}&\cdots&b_{1n}\\b_{21}&b_{22}&\cdots&b_{2n}\\\vdots&\vdots&&\vdots\\b_{s1}&b_{s2}&\cdots&b_{sn}\end{pmatrix}$$
$$=\left(\sum_{i=1}^{s}b_{i1}\boldsymbol{\alpha}_i,\sum_{i=1}^{s}b_{i2}\boldsymbol{\alpha}_i,\cdots,\sum_{i=1}^{s}b_{in}\boldsymbol{\alpha}_i\right),$$

所以 $\boldsymbol{\gamma}_j=\sum\limits_{i=1}^{s}b_{ij}\boldsymbol{\alpha}_i(j=1,2,\cdots,n)$，即矩阵 $\boldsymbol{C}$ 的列向量组 $\boldsymbol{\gamma}_1,\boldsymbol{\gamma}_2,\cdots,\boldsymbol{\gamma}_n$ 可以由 $\boldsymbol{A}$ 的列向量组 $\boldsymbol{\alpha}_1,\boldsymbol{\alpha}_2,\cdots,\boldsymbol{\alpha}_s$ 线性表示.由定理 3.12 可得

$$r(\boldsymbol{\gamma}_1,\boldsymbol{\gamma}_2,\cdots,\boldsymbol{\gamma}_n)\leqslant r(\boldsymbol{\alpha}_1,\boldsymbol{\alpha}_2,\cdots,\boldsymbol{\alpha}_s),$$

即

$$r(\boldsymbol{C})=r(\boldsymbol{AB})\leqslant r(\boldsymbol{A}).$$

由于 $r(\boldsymbol{AB})=r[(\boldsymbol{AB})^{\mathrm{T}}]=r(\boldsymbol{B}^{\mathrm{T}}\boldsymbol{A}^{\mathrm{T}})$，由上述已证得的结论有

$$r(\boldsymbol{AB})\leqslant r(\boldsymbol{B}^{\mathrm{T}})=r(\boldsymbol{B}),$$

所以

$$r(\boldsymbol{AB})\leqslant\min\{r(\boldsymbol{A}),r(\boldsymbol{B})\}.$$

§3.6 线性方程组解的一般理论

前面已经介绍了线性方程组有解的判定定理和向量的线性相关性理论，在此基础上来讨论线性方程组有无穷多个解时，解与解之间的关系及线性方程组解的结构问题.

线性方程组(3.1)的矩阵形式为

$$\boldsymbol{AX}=\boldsymbol{B}, \tag{3.16}$$

其中 $\boldsymbol{A}=(a_{ij})_{m\times n}$， $\boldsymbol{X}=(x_1,x_2,\cdots,x_n)^{\mathrm{T}}$， $\boldsymbol{B}=(b_1,b_2,\cdots,b_m)^{\mathrm{T}}$.

如果线性方程组 $\boldsymbol{AX}=\boldsymbol{B}$ 的解为 $x_1=k_1,x_2=k_2,\cdots,x_n=k_n$，记 $\boldsymbol{\xi}=(k_1,k_2,\cdots,k_n)^{\mathrm{T}}$，则 $\boldsymbol{\xi}=(k_1,k_2,\cdots,k_n)^{\mathrm{T}}$ 就是方程组(3.16)的一个解，它也称为方程组(3.16)的一个**解向量**.

一、齐次线性方程组解的结构

齐次线性方程组的矩阵形式为

$$\boldsymbol{AX}=\boldsymbol{O},$$

其中 $\boldsymbol{A}=(a_{ij})_{m\times n}$， $\boldsymbol{X}=(x_1,x_2,\cdots,x_n)^{\mathrm{T}}$， $\boldsymbol{O}=(0,0,\cdots,0)^{\mathrm{T}}$.

为了研究齐次线性方程组解的结构，下面先讨论解的性质，并给出基础解系的概念.

性质1 如果 $\boldsymbol{\eta}_1,\boldsymbol{\eta}_2$ 是齐次线性方程组 $\boldsymbol{AX}=\boldsymbol{O}$ 的两个解，则 $\boldsymbol{\eta}_1+\boldsymbol{\eta}_2$ 也是该方程组的解.

证明 设 $\boldsymbol{\eta}_1,\boldsymbol{\eta}_2$ 是齐次线性方程组 $\boldsymbol{AX}=\boldsymbol{O}$ 的解，则

$$\boldsymbol{A\eta}_1=\boldsymbol{O},\quad \boldsymbol{A\eta}_2=\boldsymbol{O},$$

从而有

$$\boldsymbol{A}(\boldsymbol{\eta}_1+\boldsymbol{\eta}_2)=\boldsymbol{A\eta}_1+\boldsymbol{A\eta}_2=\boldsymbol{O},$$

所以 $\boldsymbol{\eta}_1+\boldsymbol{\eta}_2$ 也是该方程组的解.

性质2 如果 $\boldsymbol{\eta}$ 是齐次线性方程组 $\boldsymbol{AX}=\boldsymbol{O}$ 的解，c 是任意常数，则 $c\boldsymbol{\eta}$ 也是该方程组的解.

证明 由于 $\boldsymbol{\eta}$ 是齐次线性方程组 $\boldsymbol{AX}=\boldsymbol{O}$ 的解，所以

$$\boldsymbol{A\eta}=\boldsymbol{O},$$

从而有

$$\boldsymbol{A}(c\boldsymbol{\eta})=c\boldsymbol{A\eta}=c\cdot\boldsymbol{O}=\boldsymbol{O},$$

所以 $c\boldsymbol{\eta}$ 也是该方程组的解.

这两个性质说明，齐次线性方程组解的线性组合仍是该方程组的解，即若 $\boldsymbol{\eta}_1,\boldsymbol{\eta}_2,\cdots,\boldsymbol{\eta}_s$ 是齐次线性方程组 $\boldsymbol{AX}=\boldsymbol{O}$ 的解，则

$$\boldsymbol{\eta}=c_1\boldsymbol{\eta}_1+c_2\boldsymbol{\eta}_2+\cdots+c_s\boldsymbol{\eta}_s \quad (c_1,c_2,\cdots,c_s\text{ 为任意常数})$$

也是该方程组的解.

上述性质提示我们：当齐次线性方程组 $\boldsymbol{AX}=\boldsymbol{O}$ 有无穷多个解时，从这无穷多个解中是否可以求出有限个解 $\boldsymbol{\eta}_1,\boldsymbol{\eta}_2,\cdots,\boldsymbol{\eta}_s$，使齐次线性方程组的任意一个解都可以用 $\boldsymbol{\eta}_1,\boldsymbol{\eta}_2,\cdots,\boldsymbol{\eta}_s$ 线性表示. 为解决这个问题，先引入如下定义.

定义 3.11　设 $\boldsymbol{\eta}_1,\boldsymbol{\eta}_2,\cdots,\boldsymbol{\eta}_s$ 是齐次线性方程组 $\boldsymbol{AX}=\boldsymbol{O}$ 的一组解向量，如果存在以下条件：

(1) $\boldsymbol{\eta}_1,\boldsymbol{\eta}_2,\cdots,\boldsymbol{\eta}_s$ 线性无关，(2) 齐次线性方程组 $\boldsymbol{AX}=\boldsymbol{O}$ 的任意一个解向量都可以由 $\boldsymbol{\eta}_1,\boldsymbol{\eta}_2,\cdots,\boldsymbol{\eta}_s$ 线性表示，则称向量组 $\boldsymbol{\eta}_1,\boldsymbol{\eta}_2,\cdots,\boldsymbol{\eta}_s$ 为齐次线性方程组 $\boldsymbol{AX}=\boldsymbol{O}$ 的一个**基础解系**.

由定义 3.11 可以看出，齐次线性方程组 $\boldsymbol{AX}=\boldsymbol{O}$ 的一个基础解系 $\boldsymbol{\eta}_1,\boldsymbol{\eta}_2,\cdots,\boldsymbol{\eta}_s$ 就是其解向量组的一个极大线性无关组，并且齐次线性方程组 $\boldsymbol{AX}=\boldsymbol{O}$ 的所有解可表示为

$$c_1\boldsymbol{\eta}_1+c_2\boldsymbol{\eta}_2+\cdots+c_s\boldsymbol{\eta}_s, \tag{3.17}$$

其中 $c_1,c_2,\cdots,c_s$ 为任意常数，而表达式(3.17) 称为齐次线性方程组 $\boldsymbol{AX}=\boldsymbol{O}$ 的**通解**.

当一个齐次线性方程组只有零解时，该方程组没有基础解系，而当一个齐次线性方程组有非零解时，是否一定存在基础解系？如果存在的话，如何求解它的基础解系？下面来解决这两个问题.

定理 3.15　设 $\boldsymbol{A}$ 是 $m\times n$ 矩阵. 如果 $r(\boldsymbol{A})=r<n$，则齐次线性方程组 $\boldsymbol{AX}=\boldsymbol{O}$ 存在基础解系，并且它的任一基础解系中所含解向量的个数为 $n-r$.

证明　因 $r(\boldsymbol{A})=r<n$，所以对方程组 $\boldsymbol{AX}=\boldsymbol{O}$ 的增广矩阵 $\overline{\boldsymbol{A}}$ 施以初等行变换(必要时，重新排列未知量的顺序) 可得

$$\overline{\boldsymbol{A}}\to\cdots\to\begin{pmatrix}1&0&\cdots&0&a'_{1\,r+1}&\cdots&a'_{1n}&0\\0&1&\cdots&0&a'_{2\,r+1}&\cdots&a'_{2n}&0\\\vdots&\vdots&&\vdots&\vdots&&\vdots&\vdots\\0&0&\cdots&1&a'_{r\,r+1}&\cdots&a'_{rn}&0\\0&0&\cdots&0&0&\cdots&0&0\\\vdots&\vdots&&\vdots&\vdots&&\vdots&\vdots\\0&0&\cdots&0&0&\cdots&0&0\end{pmatrix},$$

对应的齐次线性方程组

$$\begin{cases}x_1+a'_{1\,r+1}x_{r+1}+\cdots+a'_{1n}x_n=0,\\x_2+a'_{2\,r+1}x_{r+1}+\cdots+a'_{2n}x_n=0,\\\qquad\vdots\\x_r+a'_{r\,r+1}x_{r+1}+\cdots+a'_{rn}x_n=0\end{cases}\tag{3.18}$$

与原方程组 $\boldsymbol{AX}=\boldsymbol{O}$ 同解，其中 $x_{r+1},x_{r+2},\cdots,x_n$ 为 $n-r$ 个自由未知量.分别取

$$\begin{pmatrix}x_{r+1}\\x_{r+2}\\\vdots\\x_n\end{pmatrix}=\begin{pmatrix}1\\0\\\vdots\\0\end{pmatrix},\begin{pmatrix}0\\1\\\vdots\\0\end{pmatrix},\cdots,\begin{pmatrix}0\\0\\\vdots\\1\end{pmatrix}\quad(\text{共 } n-r \text{ 个}),$$

将其代入(3.18)，就得到原方程组 $\boldsymbol{AX}=\boldsymbol{O}$ 的 $n-r$ 个解向量

$$\boldsymbol{\eta}_1=\begin{pmatrix}-a'_{1\,r+1}\\-a'_{2\,r+1}\\\vdots\\-a'_{r\,r+1}\\1\\0\\\vdots\\0\end{pmatrix},\quad \boldsymbol{\eta}_2=\begin{pmatrix}-a'_{1\,r+2}\\-a'_{2\,r+2}\\\vdots\\-a'_{r\,r+2}\\0\\1\\\vdots\\0\end{pmatrix},\quad\cdots,\quad \boldsymbol{\eta}_{n-r}=\begin{pmatrix}-a'_{1n}\\-a'_{2n}\\\vdots\\-a'_{rn}\\0\\0\\\vdots\\1\end{pmatrix}.$$

下面我们证明解向量组 $\boldsymbol{\eta}_1,\boldsymbol{\eta}_2,\cdots,\boldsymbol{\eta}_{n-r}$ 就是方程组 $\boldsymbol{AX}=\boldsymbol{O}$ 的一个基础解系.

(1) 证 $\boldsymbol{\eta}_1,\boldsymbol{\eta}_2,\cdots,\boldsymbol{\eta}_{n-r}$ 线性无关.事实上，$\boldsymbol{\eta}_1,\boldsymbol{\eta}_2,\cdots,\boldsymbol{\eta}_{n-r}$ 的后 $n-r$ 个分量组成的 $n-r$ 维向量

$$\begin{pmatrix}1\\0\\\vdots\\0\end{pmatrix},\begin{pmatrix}0\\1\\\vdots\\0\end{pmatrix},\cdots,\begin{pmatrix}0\\0\\\vdots\\1\end{pmatrix}$$

线性无关，根据定理 3.7,向量组 $\boldsymbol{\eta}_1,\boldsymbol{\eta}_2,\cdots,\boldsymbol{\eta}_{n-r}$ 也线性无关.

(2)证方程组 $\boldsymbol{AX}=\boldsymbol{O}$ 的任意一个解都可以由 $\boldsymbol{\eta}_1,\boldsymbol{\eta}_2,\cdots,\boldsymbol{\eta}_{n-r}$ 线性表示.

设 $\boldsymbol{\eta}=\begin{pmatrix}k_1\\k_2\\\vdots\\k_n\end{pmatrix}$ 是方程组 $\boldsymbol{AX}=\boldsymbol{O}$ 的任意一个解，则 $\boldsymbol{\eta}$ 也是方程组(3.18)的解，因此，把 $x_1=k_1,x_2=k_2,\cdots,x_n=k_n$ 代入(3.18)，一定有

$$\begin{cases} k_1 = -a'_{1\,r+1}k_{r+1} - a'_{1\,r+2}k_{r+2} - \cdots - a'_{1n}k_n, \\ k_2 = -a'_{2\,r+1}k_{r+1} - a'_{2\,r+2}k_{r+2} - \cdots - a'_{2n}k_n, \\ \qquad\qquad \vdots \\ k_r = -a'_{r\,r+1}k_{r+1} - a'_{r\,r+2}k_{r+2} - \cdots - a'_{rn}k_n, \\ k_{r+1} = k_{r+1}, \\ k_{r+2} = k_{r+2}, \\ \vdots \\ k_n = k_n. \end{cases}$$

把这一结果写成向量形式为

$$\begin{pmatrix} k_1 \\ k_2 \\ \vdots \\ k_r \\ k_{r+1} \\ k_{r+2} \\ \vdots \\ k_n \end{pmatrix} = k_{r+1}\begin{pmatrix} -a'_{1\,r+1} \\ -a'_{2\,r+1} \\ \vdots \\ -a'_{r\,r+1} \\ 1 \\ 0 \\ \vdots \\ 0 \end{pmatrix} + k_{r+2}\begin{pmatrix} -a'_{1\,r+2} \\ -a'_{2\,r+2} \\ \vdots \\ -a'_{r\,r+2} \\ 0 \\ 1 \\ \vdots \\ 0 \end{pmatrix} + \cdots + k_n\begin{pmatrix} -a'_{1n} \\ -a'_{2n} \\ \vdots \\ -a'_{rn} \\ 0 \\ 0 \\ \vdots \\ 1 \end{pmatrix}.$$

即 $\boldsymbol{\eta} = k_{r+1}\boldsymbol{\eta}_1 + k_{r+2}\boldsymbol{\eta}_2 + \cdots + k_n\boldsymbol{\eta}_{n-r}$，也就是说，方程组 $\boldsymbol{AX} = \boldsymbol{O}$ 的任意一个解都可以由 $\boldsymbol{\eta}_1, \boldsymbol{\eta}_2, \cdots, \boldsymbol{\eta}_{n-r}$ 线性表示.

由(1)(2)得知，$\boldsymbol{\eta}_1, \boldsymbol{\eta}_2, \cdots, \boldsymbol{\eta}_{n-r}$ 是方程组 $\boldsymbol{AX} = \boldsymbol{O}$ 的一个基础解系.

综上所述，当齐次线性方程组有非零解时，我们只需找到方程组的基础解系，则方程组的任意解都可由其基础解系线性表示.定理 3.15 的证明过程同时给出了一个具体求基础解系的方法.

例 3.14　求齐次线性方程组

$$\begin{cases} x_1 + x_2 + x_3 + 4x_4 - 3x_5 = 0, \\ 2x_1 + x_2 + 3x_3 + 5x_4 - 5x_5 = 0, \\ 3x_1 + 2x_2 + 4x_3 + 9x_4 - 8x_5 = 0, \\ 3x_1 + x_2 + 5x_3 + 6x_4 - 7x_5 = 0 \end{cases}$$

的一个基础解系，并求方程组的通解.

解　方程组中方程个数小于未知量的个数，所以方程组有无穷多个解.对方程组的增广矩阵施以初等行变换，化为行最简形矩阵

$$\overline{A}=\begin{pmatrix}1&1&1&4&-3&0\\2&1&3&5&-5&0\\3&2&4&9&-8&0\\3&1&5&6&-7&0\end{pmatrix}\xrightarrow[r_4-3r_1]{\substack{r_2-2r_1\\r_3-3r_1}}\begin{pmatrix}1&1&1&4&-3&0\\0&-1&1&-3&1&0\\0&-1&1&-3&1&0\\0&-2&2&-6&2&0\end{pmatrix}$$

$$\xrightarrow[r_4-2r_2]{r_3-r_2}\begin{pmatrix}1&1&1&4&-3&0\\0&-1&1&-3&1&0\\0&0&0&0&0&0\\0&0&0&0&0&0\end{pmatrix}\xrightarrow[r_2\times(-1)]{r_1+r_2}\begin{pmatrix}1&0&2&1&-2&0\\0&1&-1&3&-1&0\\0&0&0&0&0&0\\0&0&0&0&0&0\end{pmatrix}.$$

由于$r(\boldsymbol{A})=2$，所以方程组的基础解系有三个解向量，原方程组的同解方程组为

$$\begin{cases}x_1=-2x_3-x_4+2x_5,\\x_2=\quad x_3-3x_4+x_5,\end{cases}$$

其中x_3,x_4,x_5为自由未知量.

令$\begin{pmatrix}x_3\\x_4\\x_5\end{pmatrix}$分别取$\begin{pmatrix}1\\0\\0\end{pmatrix}$，$\begin{pmatrix}0\\1\\0\end{pmatrix}$，$\begin{pmatrix}0\\0\\1\end{pmatrix}$，可得原方程组的一个基础解系为

$$\boldsymbol{\eta}_1=\begin{pmatrix}-2\\1\\1\\0\\0\end{pmatrix},\quad\boldsymbol{\eta}_2=\begin{pmatrix}-1\\-3\\0\\1\\0\end{pmatrix},\quad\boldsymbol{\eta}_3=\begin{pmatrix}2\\1\\0\\0\\1\end{pmatrix},$$

因此，原方程组的通解为

$$\boldsymbol{\eta}=c_1\boldsymbol{\eta}_1+c_2\boldsymbol{\eta}_2+c_3\boldsymbol{\eta}_3\quad(c_1,c_2,c_3\text{为任意常数}),$$

即

$$\begin{pmatrix}x_1\\x_2\\x_3\\x_4\\x_5\end{pmatrix}=c_1\begin{pmatrix}-2\\1\\1\\0\\0\end{pmatrix}+c_2\begin{pmatrix}-1\\-3\\0\\1\\0\end{pmatrix}+c_3\begin{pmatrix}2\\1\\0\\0\\1\end{pmatrix}\quad(c_1,c_2,c_3\text{为任意常数}).$$

例 3.15 设矩阵$\boldsymbol{A}=(a_{ij})_{m\times n}$，$\boldsymbol{B}=(b_{ij})_{n\times t}$，且满足$\boldsymbol{AB}=\boldsymbol{O}$，证明:$r(\boldsymbol{A})+r(\boldsymbol{B})\leqslant n$.

证明 设$r(\boldsymbol{A})=r<n$，则n元齐次线性方程组$\boldsymbol{AX}=\boldsymbol{O}$存在基础解系，且基础解系中含有$n-r$个解向量，即该方程组解向量组的秩为$n-r$.

由$\boldsymbol{AB}=\boldsymbol{O}$，把矩阵$\boldsymbol{B}$按列分块为

$$\boldsymbol{B}=(\boldsymbol{\beta}_1,\boldsymbol{\beta}_2,\cdots,\boldsymbol{\beta}_t),$$

其中 $\boldsymbol{\beta}_j$ 是 $\boldsymbol{B}$ 的第 $j(j=1,2,\cdots,t)$ 个列向量.由分块矩阵的乘法有

$$\boldsymbol{AB}=\boldsymbol{A}(\boldsymbol{\beta}_1,\boldsymbol{\beta}_2,\cdots,\boldsymbol{\beta}_t)=(\boldsymbol{A\beta}_1,\boldsymbol{A\beta}_2,\cdots,\boldsymbol{A\beta}_t)=(\boldsymbol{O},\boldsymbol{O},\cdots,\boldsymbol{O}),$$

可得

$$\boldsymbol{A\beta}_j=\boldsymbol{O}\quad(j=1,2,\cdots,t),$$

这表明 $\boldsymbol{B}$ 的每一个列向量都是齐次线性方程组 $\boldsymbol{AX}=\boldsymbol{O}$ 的解，由此得

$$r(\boldsymbol{B})=r(\boldsymbol{\beta}_1,\boldsymbol{\beta}_2,\cdots,\boldsymbol{\beta}_t)\leqslant n-r,$$

于是

$$r(\boldsymbol{A})+r(\boldsymbol{B})\leqslant n .$$

二、非齐次线性方程组解的结构

非齐次线性方程组(3.1)的矩阵形式为

$$\boldsymbol{AX}=\boldsymbol{B},\tag{3.19}$$

其中矩阵 $\boldsymbol{A}=(a_{ij})_{m\times n}$，$\boldsymbol{X}=(x_1,x_2,\cdots,x_n)^{\mathrm{T}}$，$\boldsymbol{B}=(b_1,b_2,\cdots,b_m)^{\mathrm{T}}\neq\boldsymbol{O}$.

方程组(3.19)对应的齐次线性方程组

$$\boldsymbol{AX}=\boldsymbol{O}$$

称为非齐次线性方程组(3.19)的**导出组**.

非齐次线性方程组 $\boldsymbol{AX}=\boldsymbol{B}$ 与其导出组 $\boldsymbol{AX}=\boldsymbol{O}$ 的解具有以下性质.

性质1 若 $\boldsymbol{\gamma}$ 是非齐次线性方程组 $\boldsymbol{AX}=\boldsymbol{B}$ 的一个解，而 $\boldsymbol{\eta}$ 是其导出组 $\boldsymbol{AX}=\boldsymbol{O}$ 的一个解，则 $\boldsymbol{\gamma}+\boldsymbol{\eta}$ 是方程组 $\boldsymbol{AX}=\boldsymbol{B}$ 的解.

证明 $\boldsymbol{\gamma}$ 是方程组 $\boldsymbol{AX}=\boldsymbol{B}$ 的一个解，所以 $\boldsymbol{A\gamma}=\boldsymbol{B}$.而 $\boldsymbol{\eta}$ 是它的导出组 $\boldsymbol{AX}=\boldsymbol{O}$ 的一个解，则 $\boldsymbol{A\eta}=\boldsymbol{O}$，从而有

$$\boldsymbol{A}(\boldsymbol{\gamma}+\boldsymbol{\eta})=\boldsymbol{A\gamma}+\boldsymbol{A\eta}=\boldsymbol{B}+\boldsymbol{O}=\boldsymbol{B},$$

即 $\boldsymbol{\gamma}+\boldsymbol{\eta}$ 是非齐次线性方程组 $\boldsymbol{AX}=\boldsymbol{B}$ 的解.

性质2 如果 $\boldsymbol{\gamma}_1$，$\boldsymbol{\gamma}_2$ 是非齐次线性方程组 $\boldsymbol{AX}=\boldsymbol{B}$ 的两个解，则 $\boldsymbol{\gamma}_1-\boldsymbol{\gamma}_2$ 是其导出组 $\boldsymbol{AX}=\boldsymbol{O}$ 的解.

证明 因为 $\boldsymbol{\gamma}_1$，$\boldsymbol{\gamma}_2$ 是非齐次线性方程组 $\boldsymbol{AX}=\boldsymbol{B}$ 的两个解，所以

$$\boldsymbol{A\gamma}_1=\boldsymbol{B},\quad \boldsymbol{A\gamma}_2=\boldsymbol{B},$$

从而

$$\boldsymbol{A}(\boldsymbol{\gamma}_1-\boldsymbol{\gamma}_2)=\boldsymbol{A\gamma}_1-\boldsymbol{A\gamma}_2=\boldsymbol{B}-\boldsymbol{B}=\boldsymbol{O},$$

即 $\boldsymbol{\gamma}_1-\boldsymbol{\gamma}_2$ 是齐次线性方程组 $\boldsymbol{AX}=\boldsymbol{O}$ 的解.

定理3.16 如果 $\boldsymbol{\gamma}_0$ 是非齐次线性方程组 $\boldsymbol{AX}=\boldsymbol{B}$ 的一个解，$\boldsymbol{\eta}$ 是其导出组 $\boldsymbol{AX}=\boldsymbol{O}$ 的通解，即

$$\boldsymbol{\eta}=c_1\boldsymbol{\eta}_1+c_2\boldsymbol{\eta}_2+\cdots+c_{n-r}\boldsymbol{\eta}_{n-r},$$

其中 $\boldsymbol{\eta}_1,\boldsymbol{\eta}_2,\cdots,\boldsymbol{\eta}_{n-r}$ 是导出组 $\boldsymbol{AX}=\boldsymbol{O}$ 的一个基础解系，则非齐次线性方程组 $\boldsymbol{AX}=\boldsymbol{B}$ 的通

解可表示为

$$\boldsymbol{\gamma}=\boldsymbol{\gamma}_0+\boldsymbol{\eta}=\boldsymbol{\gamma}_0+c_1\boldsymbol{\eta}_1+c_2\boldsymbol{\eta}_2+\cdots+c_{n-r}\boldsymbol{\eta}_{n-r},\qquad(3.20)$$

其中 $c_1,c_2,\cdots,c_{n-r}$ 为任意常数.

证明 根据性质1，$\boldsymbol{\gamma}=\boldsymbol{\gamma}_0+\boldsymbol{\eta}$ 一定是方程组$\boldsymbol{AX}=\boldsymbol{B}$ 的解.下面证明方程组$\boldsymbol{AX}=\boldsymbol{B}$ 的任意一个解 $\boldsymbol{\gamma}_1$ 一定具有(3.20) 的形式.

由于$\boldsymbol{\gamma}_0,\boldsymbol{\gamma}_1$ 均为$\boldsymbol{AX}=\boldsymbol{B}$ 的解，根据性质2知，$\boldsymbol{\gamma}_1-\boldsymbol{\gamma}_0$ 一定是导出组$\boldsymbol{AX}=\boldsymbol{O}$ 的解，因而$\boldsymbol{\gamma}_1-\boldsymbol{\gamma}_0$ 必定可由导出组$\boldsymbol{AX}=\boldsymbol{O}$ 的基础解系 $\boldsymbol{\eta}_1,\boldsymbol{\eta}_2,\cdots,\boldsymbol{\eta}_{n-r}$ 线性表示，即存在常数$k_1,k_2,\cdots,k_{n-r}$，使得

$$\boldsymbol{\gamma}_1-\boldsymbol{\gamma}_0=k_1\boldsymbol{\eta}_1+k_2\boldsymbol{\eta}_2+\cdots+k_{n-r}\boldsymbol{\eta}_{n-r},$$

即

$$\boldsymbol{\gamma}_1=\boldsymbol{\gamma}_0+k_1\boldsymbol{\eta}_1+k_2\boldsymbol{\eta}_2+\cdots+k_{n-r}\boldsymbol{\eta}_{n-r}.$$

这表明方程组 $\boldsymbol{AX}=\boldsymbol{B}$ 的任意一个解都可表示为(3.20) 的形式.

定理3.16 中给出的 $\boldsymbol{\gamma}_0$ 称为方程组$\boldsymbol{AX}=\boldsymbol{B}$ 的**一个特解**，而表达式(3.20)称为非齐次线性方程组(3.19)的**通解**.

综上所述，当方程组有无穷多个解时，我们只需分别求出非齐次线性方程组(3.19)的一个特解和其导出组的通解，则非齐次线性方程组(3.19)的一个特解与其导出组的通解的和即为非齐次线性方程组(3.19)的通解.

例 3.16 求非齐次线性方程组

$$\begin{cases}x_1+3x_2+3x_3-2x_4+x_5=3,\\-x_1-3x_2-2x_3+3x_4-3x_5=-7,\\x_1+3x_2+4x_3-x_4-x_5=-1,\\3x_1+9x_2+10x_3-5x_4+x_5=5\end{cases}$$

的通解.

解 对方程组的增广矩阵施以初等行变换，化为行阶梯形矩阵

$$\overline{\boldsymbol{A}}=\begin{pmatrix}1&3&3&-2&1&3\\-1&-3&-2&3&-3&-7\\1&3&4&-1&-1&-1\\3&9&10&-5&1&5\end{pmatrix}\xrightarrow[r_4-3r_1]{\substack{r_2+r_1\\r_3-r_1}}\begin{pmatrix}1&3&3&-2&1&3\\0&0&1&1&-2&-4\\0&0&1&1&-2&-4\\0&0&1&1&-2&-4\end{pmatrix}$$

$$\xrightarrow[r_4-r_2]{r_3-r_2}\begin{pmatrix}1&3&3&-2&1&3\\0&0&1&1&-2&-4\\0&0&0&0&0&0\\0&0&0&0&0&0\end{pmatrix}\xrightarrow{r_1-3r_2}\begin{pmatrix}1&3&0&-5&7&15\\0&0&1&1&-2&-4\\0&0&0&0&0&0\\0&0&0&0&0&0\end{pmatrix}.$$

由于$r(\boldsymbol{A})=r(\overline{\boldsymbol{A}})=2<5$，所以方程组有无穷多个解.原方程组的同解方程组为

$$\begin{cases}x_1=15-3x_2+5x_4-7x_5,\\x_3=-4\qquad\qquad -x_4+2x_5.\end{cases}$$

令自由未知量 $x_2=x_4=x_5=0$，可得原方程组的一个特解

$$\boldsymbol{\gamma}_0=\begin{pmatrix}15\\0\\-4\\0\\0\end{pmatrix}.$$

原方程组的导出组的同解方程组为

$$\begin{cases}x_1=-3x_2+5x_4-7x_5,\\x_3=\qquad\qquad -x_4+2x_5.\end{cases}$$

令自由未知量$\begin{pmatrix}x_2\\x_4\\x_5\end{pmatrix}$分别取$\begin{pmatrix}1\\0\\0\end{pmatrix}$，$\begin{pmatrix}0\\1\\0\end{pmatrix}$，$\begin{pmatrix}0\\0\\1\end{pmatrix}$，得导出组的一个基础解系为

$$\boldsymbol{\eta}_1=\begin{pmatrix}-3\\1\\0\\0\\0\end{pmatrix},\quad \boldsymbol{\eta}_2=\begin{pmatrix}5\\0\\-1\\1\\0\end{pmatrix},\quad \boldsymbol{\eta}_3=\begin{pmatrix}-7\\0\\2\\0\\1\end{pmatrix},$$

所以原方程组的通解为

$$\boldsymbol{\gamma}=\boldsymbol{\gamma}_0+c_1\boldsymbol{\eta}_1+c_2\boldsymbol{\eta}_2+c_3\boldsymbol{\eta}_3\quad (c_1,c_2,c_3\text{ 为任意常数}),$$

即

$$\begin{pmatrix}x_1\\x_2\\x_3\\x_4\\x_5\end{pmatrix}=\begin{pmatrix}15\\0\\-4\\0\\0\end{pmatrix}+c_1\begin{pmatrix}-3\\1\\0\\0\\0\end{pmatrix}+c_2\begin{pmatrix}5\\0\\-1\\1\\0\end{pmatrix}+c_3\begin{pmatrix}-7\\0\\2\\0\\1\end{pmatrix}\quad (c_1,c_2,c_3\text{ 为任意常数}).$$

例 3.17　设 $\boldsymbol{AX}=\boldsymbol{B}$ 是四元非齐次线性方程组，$r(\boldsymbol{A})=3$，已知 $\boldsymbol{\eta}_1,\boldsymbol{\eta}_2,\boldsymbol{\eta}_3$ 是方程组的三个解向量，且满足

$$\boldsymbol{\eta}_1=\begin{pmatrix}2\\0\\0\\9\end{pmatrix},\quad \boldsymbol{\eta}_2+\boldsymbol{\eta}_3=\begin{pmatrix}2\\0\\0\\8\end{pmatrix},$$

求 $\boldsymbol{AX}=\boldsymbol{B}$ 的通解.

解 由题意知，方程组 $\boldsymbol{AX}=\boldsymbol{B}$ 的导出组的基础解系含有 $4-3=1$ 个解向量.

已知非齐次线性方程组的一个解 $\boldsymbol{\eta}_1$，故只需求得其导出组的一个基础解系. 由齐次及非齐次线性方程组解的性质，可取

$$\boldsymbol{\eta}_1-\frac{1}{2}(\boldsymbol{\eta}_2+\boldsymbol{\eta}_3)=\begin{pmatrix}1\\0\\0\\5\end{pmatrix}\neq\boldsymbol{O}$$

作为其导出组的基础解系，故方程组 $\boldsymbol{AX}=\boldsymbol{B}$ 的通解为

$$\boldsymbol{\gamma}=\boldsymbol{\eta}_1+c\left[\boldsymbol{\eta}_1-\frac{1}{2}(\boldsymbol{\eta}_2+\boldsymbol{\eta}_3)\right]$$

$$=\begin{pmatrix}2\\0\\0\\9\end{pmatrix}+c\begin{pmatrix}1\\0\\0\\5\end{pmatrix}\quad(c\text{ 为任意常数}).$$

习　题　三

（A）

1.用消元法解下列线性方程组.

(1) $\begin{cases} x_1 - x_2 + 2x_3 = 1, \\ x_1 - 2x_2 - x_3 = 2, \\ 3x_1 - x_2 + 5x_3 = 3, \\ -x_1 + 2x_3 = -2. \end{cases}$

(2) $\begin{cases} x_1 - x_2 + 3x_3 - x_4 = 1, \\ 2x_1 - x_2 - x_3 + 4x_4 = 2, \\ 3x_1 - 2x_2 + 2x_3 + 3x_4 = 3, \\ x_1 - 4x_3 + 5x_4 = -1. \end{cases}$

(3) $\begin{cases} 2x_1 + 3x_2 + x_3 = 4, \\ x_1 - 2x_2 + 4x_3 = -5, \\ 3x_1 + 8x_2 - 2x_3 = 13, \\ 4x_1 - x_2 + 9x_3 = -6. \end{cases}$

(4) $\begin{cases} x_1 + x_2 - 3x_3 - x_4 = 1, \\ 3x_1 - x_2 - 3x_3 + 4x_4 = 1, \\ x_1 + 5x_2 - 9x_3 - 8x_4 = 1. \end{cases}$

(5) $\begin{cases} 2x_1 - 2x_2 + x_3 - x_4 + x_5 = 2, \\ x_1 - 3x_2 + 2x_3 - 2x_4 + 4x_5 = 3, \\ 3x_1 - 6x_2 + 4x_3 - 2x_4 + 8x_5 = 7, \\ x_1 + x_2 - x_3 + x_4 - 3x_5 = -1. \end{cases}$

(6) $\begin{cases} 2x_1 - 4x_2 + 5x_3 + 3x_4 = 0, \\ 3x_1 - 6x_2 + 4x_3 + 2x_4 = 0, \\ 4x_1 - 8x_2 + 17x_3 + 11x_4 = 0. \end{cases}$

2.若齐次线性方程组

$$\begin{cases}\lambda x_1+x_2+\lambda^2 x_3=0,\\ x_1+\lambda x_2+x_3=0,\\ x_1+x_2+\lambda x_3=0\end{cases}$$

有非零解，求 λ 的值.

3.当 a 为何值时，线性方程组

$$\begin{cases}x_1+x_2-x_3=1,\\ 2x_1+3x_2+ax_3=3,\\ x_1+ax_2+3x_3=2\end{cases}$$

无解？有唯一解？有无穷多个解？在方程组有无穷多个解的情况下，求出它的全部解.

4.设 $\boldsymbol{\alpha}=(2,0,-1,3)$，$\boldsymbol{\beta}=(1,7,4,-2)$，$\boldsymbol{\gamma}=(0,1,0,1)$.

(1) 求 $2\boldsymbol{\alpha}+\boldsymbol{\beta}-3\boldsymbol{\gamma}$；

(2) 若有 $\boldsymbol{X}$，满足 $3\boldsymbol{\alpha}-\boldsymbol{\beta}+5\boldsymbol{\gamma}+2\boldsymbol{X}=\boldsymbol{O}$，求 $\boldsymbol{X}$.

5.设向量 $\boldsymbol{\alpha}_1=(-1,4)$，$\boldsymbol{\alpha}_2=(1,2)$，$\boldsymbol{\alpha}_3=(4,11)$，且满足 $a\boldsymbol{\alpha}_1-b\boldsymbol{\alpha}_2-\boldsymbol{\alpha}_3=\boldsymbol{O}$.求 a，b 的值.

6.将向量 $\boldsymbol{\beta}$ 用向量组 $\boldsymbol{\alpha}_1,\boldsymbol{\alpha}_2,\boldsymbol{\alpha}_3$ 线性表示.

(1) $\boldsymbol{\beta}=(3,5,-6)$，$\boldsymbol{\alpha}_1=(1,0,1)$，$\boldsymbol{\alpha}_2=(1,1,1)$，$\boldsymbol{\alpha}_3=(0,-1,-1)$；

(2) $\boldsymbol{\beta}=(-1,1,3,1)$，$\boldsymbol{\alpha}_1=(1,2,1,1)$，$\boldsymbol{\alpha}_2=(1,1,1,2)$，$\boldsymbol{\alpha}_3=(-3,-2,1,-3)$；

(3) $\boldsymbol{\beta}=(1,0,-\frac{1}{2})$，$\boldsymbol{\alpha}_1=(1,1,1)$，$\boldsymbol{\alpha}_2=(1,-1,-2)$，$\boldsymbol{\alpha}_3=(-1,1,2)$.

7.设有向量

$$\boldsymbol{\alpha}_1=\begin{pmatrix}a\\2\\10\end{pmatrix},\quad \boldsymbol{\alpha}_2=\begin{pmatrix}-2\\1\\5\end{pmatrix},\quad \boldsymbol{\alpha}_3=\begin{pmatrix}-1\\1\\4\end{pmatrix},\quad \boldsymbol{\beta}=\begin{pmatrix}1\\b\\c\end{pmatrix}.$$

试问当 a，b，c 为何值时，有如下结果？

(1) $\boldsymbol{\beta}$ 可以表示为 $\boldsymbol{\alpha}_1,\boldsymbol{\alpha}_2,\boldsymbol{\alpha}_3$ 的线性组合，且表示法唯一；

(2) $\boldsymbol{\beta}$ 可以表示为 $\boldsymbol{\alpha}_1,\boldsymbol{\alpha}_2,\boldsymbol{\alpha}_3$ 的线性组合，但表示法不唯一，并求出一般表达式；

(3) $\boldsymbol{\beta}$ 不能表示为 $\boldsymbol{\alpha}_1,\boldsymbol{\alpha}_2,\boldsymbol{\alpha}_3$ 的线性组合.

8.设向量 $\boldsymbol{\beta}$ 可由向量组 $\boldsymbol{\alpha}_1,\boldsymbol{\alpha}_2,\cdots,\boldsymbol{\alpha}_m$ 线性表示，但不能由向量组(Ⅰ)：$\boldsymbol{\alpha}_1,\boldsymbol{\alpha}_2,\cdots,\boldsymbol{\alpha}_{m-1}$ 线性表示.记向量组(Ⅱ)：$\boldsymbol{\alpha}_1,\boldsymbol{\alpha}_2,\cdots,\boldsymbol{\alpha}_{m-1},\boldsymbol{\beta}$.证明：$\boldsymbol{\alpha}_m$ 不能由向量组(Ⅰ)线性表示，但可由向量组(Ⅱ)线性表示.

9.设 n 维向量组 $\boldsymbol{\alpha}_1=(1,0,0,\cdots,0)$，$\boldsymbol{\alpha}_2=(1,1,0,\cdots,0)$，$\cdots$，$\boldsymbol{\alpha}_n=(1,1,1,\cdots,1)$，证明：$\boldsymbol{\alpha}_1,\boldsymbol{\alpha}_2,\cdots,\boldsymbol{\alpha}_n$ 与 n 维基本单位向量组 $\boldsymbol{\varepsilon}_1,\boldsymbol{\varepsilon}_2,\cdots,\boldsymbol{\varepsilon}_n$ 等价.

10.判断下列向量组是线性相关，还是线性无关。

(1)$\boldsymbol{\alpha}_1=(1,0,-1)$，$\boldsymbol{\alpha}_2=(-2,2,0)$，$\boldsymbol{\alpha}_3=(3,-5,2)$；

(2)$\boldsymbol{\alpha}_1=(1,1,3,1)$，$\boldsymbol{\alpha}_2=(3,-1,2,4)$，$\boldsymbol{\alpha}_3=(2,2,7,-1)$.

11.已知向量组 $\boldsymbol{\alpha}_1=(-2,3,1)$，$\boldsymbol{\alpha}_2=(3,1,2)$，$\boldsymbol{\alpha}_3=(2,t,-1)$，问 t 为何值时，向量组 $\boldsymbol{\alpha}_1,\boldsymbol{\alpha}_2,\boldsymbol{\alpha}_3$ 线性相关？线性无关？

12.已知向量组 $\boldsymbol{\alpha}_1,\boldsymbol{\alpha}_2,\boldsymbol{\alpha}_3$ 线性无关，试证：向量组 $\boldsymbol{\alpha}_1+\boldsymbol{\alpha}_2,\boldsymbol{\alpha}_2+\boldsymbol{\alpha}_3,\boldsymbol{\alpha}_3+\boldsymbol{\alpha}_1$ 也线性无关.

13.设 $\boldsymbol{\alpha}_1,\boldsymbol{\alpha}_2,\boldsymbol{\alpha}_3$ 是一个 n 维向量组，且向量组 $\boldsymbol{\beta}_1=\boldsymbol{\alpha}_2+\boldsymbol{\alpha}_3$，$\boldsymbol{\beta}_2=\boldsymbol{\alpha}_1+\boldsymbol{\alpha}_3$，$\boldsymbol{\beta}_3=\boldsymbol{\alpha}_1+\boldsymbol{\alpha}_2$.证明：向量组 $\boldsymbol{\alpha}_1,\boldsymbol{\alpha}_2,\boldsymbol{\alpha}_3$ 线性无关的充分必要条件是 $\boldsymbol{\beta}_1,\boldsymbol{\beta}_2,\boldsymbol{\beta}_3$ 线性无关.

14.设向量组 $\boldsymbol{\alpha}_1,\boldsymbol{\alpha}_2,\cdots,\boldsymbol{\alpha}_m$ 线性无关，向量 $\boldsymbol{\beta}_1$ 可由该向量组线性表示，而向量 $\boldsymbol{\beta}_2$ 不能由该向量组线性表示.证明：向量组 $\boldsymbol{\alpha}_1,\boldsymbol{\alpha}_2,\cdots,\boldsymbol{\alpha}_m,k\boldsymbol{\beta}_1+\boldsymbol{\beta}_2$ 线性无关(其中 k 为任意常数).

15.设 $\boldsymbol{\alpha}_1,\boldsymbol{\alpha}_2,\boldsymbol{\alpha}_3$ 是某个向量组的一个极大无关组，而 $\boldsymbol{\beta}_1,\boldsymbol{\beta}_2,\boldsymbol{\beta}_3$ 也是该向量组中的三个向量，且已知 $\boldsymbol{\beta}_1=\boldsymbol{\alpha}_1+\boldsymbol{\alpha}_2+\boldsymbol{\alpha}_3$，$\boldsymbol{\beta}_2=\boldsymbol{\alpha}_1+\boldsymbol{\alpha}_2+2\boldsymbol{\alpha}_3$，$\boldsymbol{\beta}_3=\boldsymbol{\alpha}_1+2\boldsymbol{\alpha}_2+3\boldsymbol{\alpha}_3$.证明：$\boldsymbol{\beta}_1,\boldsymbol{\beta}_2,\boldsymbol{\beta}_3$ 也是该向量组的一个极大无关组.

16.设向量组 $\boldsymbol{\alpha}_1,\boldsymbol{\alpha}_2,\cdots,\boldsymbol{\alpha}_s$ 的秩为 $r(r<s)$，若已知 $\boldsymbol{\alpha}_{r+1},\boldsymbol{\alpha}_{r+2},\cdots,\boldsymbol{\alpha}_s$ 可由 $\boldsymbol{\alpha}_1,\boldsymbol{\alpha}_2,\cdots,\boldsymbol{\alpha}_r$ 线性表示.证明：$\boldsymbol{\alpha}_1,\boldsymbol{\alpha}_2,\cdots,\boldsymbol{\alpha}_r$ 必为向量组 $\boldsymbol{\alpha}_1,\boldsymbol{\alpha}_2,\cdots,\boldsymbol{\alpha}_s$ 的一个极大无关组.

17.已知向量组 $\boldsymbol{\alpha}_1=(1,3,0,5)$，$\boldsymbol{\alpha}_2=(1,2,1,4)$，$\boldsymbol{\alpha}_3=(1,1,2,3)$，$\boldsymbol{\alpha}_4=(1,x,3,y)$，求 x,y 的值，使该向量组的秩等于 2.

18.设向量组 $\boldsymbol{\alpha}_1,\boldsymbol{\alpha}_2,\cdots,\boldsymbol{\alpha}_s$ 的秩为 r_1，向量组 $\boldsymbol{\beta}_1,\boldsymbol{\beta}_2,\cdots,\boldsymbol{\beta}_t$ 的秩为 r_2，向量组 $\boldsymbol{\alpha}_1,\boldsymbol{\alpha}_2,\cdots,\boldsymbol{\alpha}_s,\boldsymbol{\beta}_1,\boldsymbol{\beta}_2,\cdots,\boldsymbol{\beta}_t$ 的秩为 r_3，证明：$\max\{r_1,r_2\}\leqslant r_3\leqslant r_1+r_2$.

19.已知向量组(Ⅰ)：$\boldsymbol{\alpha}_1,\boldsymbol{\alpha}_2,\boldsymbol{\alpha}_3$；(Ⅱ)：$\boldsymbol{\alpha}_1,\boldsymbol{\alpha}_2,\boldsymbol{\alpha}_3,\boldsymbol{\alpha}_4$ 和(Ⅲ)：$\boldsymbol{\alpha}_1,\boldsymbol{\alpha}_2,\boldsymbol{\alpha}_3,\boldsymbol{\alpha}_5$.如果各向量组的秩分别为 r(Ⅰ)$=r$(Ⅱ)$=3$，r(Ⅲ)$=4$.证明：向量组 $\boldsymbol{\alpha}_1,\boldsymbol{\alpha}_2,\boldsymbol{\alpha}_3,\boldsymbol{\alpha}_4+\boldsymbol{\alpha}_5$ 的秩为 4.

20.设 $\boldsymbol{A}$、$\boldsymbol{B}$ 均为 $m\times n$ 矩阵，证明：$r(\boldsymbol{A}+\boldsymbol{B})\leqslant r(\boldsymbol{A})+r(\boldsymbol{B})$.

21.求下列向量组的一个极大无关组，并把其余向量用此极大无关组线性表示.

(1)$\boldsymbol{\alpha}_1=(1,2,1)$，$\boldsymbol{\alpha}_2=(2,3,-1)$，$\boldsymbol{\alpha}_3=(-2,-2,4)$；

(2)$\boldsymbol{\alpha}_1=(1,-1,2,3)$，$\boldsymbol{\alpha}_2=(0,2,5,8)$，$\boldsymbol{\alpha}_3=(2,2,0,-1)$，$\boldsymbol{\alpha}_4=(-1,7,-1,-2)$；

(3)$\boldsymbol{\alpha}_1=(1,0,2,1)$，$\boldsymbol{\alpha}_2=(1,2,0,1)$，$\boldsymbol{\alpha}_3=(2,1,3,0)$，$\boldsymbol{\alpha}_4=(2,5,-1,4)$，$\boldsymbol{\alpha}_5=(1,-1,3,-1)$.

22.设 $\boldsymbol{\eta}_1,\boldsymbol{\eta}_2,\boldsymbol{\eta}_3$ 是齐次线性方程组 $\boldsymbol{AX}=\boldsymbol{O}$ 的一个基础解系，$\boldsymbol{\beta}_1=\boldsymbol{\eta}_1+\boldsymbol{\eta}_2+\boldsymbol{\eta}_3$，$\boldsymbol{\beta}_2=\boldsymbol{\eta}_1+\boldsymbol{\eta}_2$，$\boldsymbol{\beta}_3=\boldsymbol{\eta}_2+\boldsymbol{\eta}_3$，证明：$\boldsymbol{\beta}_1,\boldsymbol{\beta}_2,\boldsymbol{\beta}_3$ 也是该齐次线性方程组的一个基础解系.

23.设 $\boldsymbol{\eta}^*$ 是非齐次线性方程组 $\boldsymbol{AX}=\boldsymbol{B}$ 的一个解，$\xi_1,\xi_2,\cdots,\xi_{n-r}$ 是对应的齐次线性方程组的一个基础解系.证明：

(1)$\boldsymbol{\eta}^*,\xi_1,\xi_2,\cdots,\xi_{n-r}$ 线性无关；

(2)$\boldsymbol{\eta}^*,\boldsymbol{\eta}^*+\xi_1,\boldsymbol{\eta}^*+\xi_2,\cdots,\boldsymbol{\eta}^*+\xi_{n-r}$ 线性无关.

24.设齐次线性方程组 $\boldsymbol{AX}=\boldsymbol{O}$ 的基础解系中含有两个线性无关的解向量,其中

$$\boldsymbol{A}=\begin{pmatrix}1&2&1&2\\0&1&t&t\\1&t&0&1\end{pmatrix},$$

求该方程组的通解.

25.求下列齐次线性方程组的一个基础解系，并求方程组的通解.

(1) $\begin{cases}x_1+x_2-x_3=0,\\-2x_1-x_2+2x_3=0,\\-x_1+x_3=0.\end{cases}$

(2) $\begin{cases}x_1+2x_2+4x_3-3x_4=0,\\2x_1+3x_2+2x_3-x_4=0,\\4x_1+5x_2-2x_3+3x_4=0,\\-x_1+3x_2+26x_3-22x_4=0.\end{cases}$

(3) $\begin{cases}x_1+x_2+x_3+4x_4-3x_5=0,\\x_1-x_2+3x_3-2x_4-x_5=0,\\2x_1+x_2+3x_3+5x_4-5x_5=0,\\3x_1+x_2+5x_3+6x_4-7x_5=0.\end{cases}$

26.判断下列线性方程组是否有解，若方程组有解，试求其解(在有无穷多个解时，求方程组的通解).

(1) $\begin{cases}3x_1-5x_2+5x_3=0,\\2x_1-3x_2+2x_3=1,\\x_2-4x_3=8.\end{cases}$

(2) $\begin{cases}9x_1+12x_2+3x_3+7x_4=10,\\6x_1+8x_2+2x_3+5x_4=7,\\3x_1+4x_2+x_3+5x_4=6.\end{cases}$

(3) $\begin{cases}x_1+3x_2+3x_3-2x_4+x_5=3,\\2x_1+6x_2+x_3-3x_4=2,\\x_1+3x_2-2x_3-x_4-x_5=-1,\\3x_1+9x_2+x_3-5x_4+x_5=5.\end{cases}$

27.设四元非齐次线性方程组 $\boldsymbol{AX}=\boldsymbol{B}$ 的系数矩阵的秩为3，已知 $\boldsymbol{\eta}_1,\boldsymbol{\eta}_2,\boldsymbol{\eta}_3$ 是它的三个解向量，其中

$$\boldsymbol{\eta}_1=\begin{pmatrix}2\\3\\4\\5\end{pmatrix},\quad \boldsymbol{\eta}_2+\boldsymbol{\eta}_3=\begin{pmatrix}1\\2\\3\\4\end{pmatrix},$$

求该方程组的通解.

28.当 t 为何值时，线性方程组

$$\begin{cases}x_1+x_2+tx_3=4,\\x_1-x_2+2x_3=-4,\\-x_1+tx_2+x_3=t^2\end{cases}$$

有无穷多个解？并求出此时方程组的通解，用其导出组的基础解系表示.

(B)

1.设向量组 $\boldsymbol{\alpha}_1,\boldsymbol{\alpha}_2,\cdots,\boldsymbol{\alpha}_t$ 是齐次线性方程组 $\boldsymbol{AX}=\boldsymbol{O}$ 的一个基础解系，向量 $\boldsymbol{\beta}$ 不是方程组 $\boldsymbol{AX}=\boldsymbol{O}$ 的解，即 $\boldsymbol{A\beta}\neq\boldsymbol{O}$.证明：向量组 $\boldsymbol{\beta},\boldsymbol{\beta}+\boldsymbol{\alpha}_1,\boldsymbol{\beta}+\boldsymbol{\alpha}_2,\cdots,\boldsymbol{\beta}+\boldsymbol{\alpha}_t$ 线性无关.

2.证明：n 维列向量组 $\boldsymbol{\alpha}_1,\boldsymbol{\alpha}_2,\cdots,\boldsymbol{\alpha}_n$ 线性无关的充分必要条件是行列式

$$\boldsymbol{D}=\begin{vmatrix}\boldsymbol{\alpha}_1^{\mathrm{T}}\boldsymbol{\alpha}_1 & \boldsymbol{\alpha}_1^{\mathrm{T}}\boldsymbol{\alpha}_2 & \cdots & \boldsymbol{\alpha}_1^{\mathrm{T}}\boldsymbol{\alpha}_n\\ \boldsymbol{\alpha}_2^{\mathrm{T}}\boldsymbol{\alpha}_1 & \boldsymbol{\alpha}_2^{\mathrm{T}}\boldsymbol{\alpha}_2 & \cdots & \boldsymbol{\alpha}_2^{\mathrm{T}}\boldsymbol{\alpha}_n\\ \vdots & \vdots & & \vdots\\ \boldsymbol{\alpha}_n^{\mathrm{T}}\boldsymbol{\alpha}_1 & \boldsymbol{\alpha}_n^{\mathrm{T}}\boldsymbol{\alpha}_2 & \cdots & \boldsymbol{\alpha}_n^{\mathrm{T}}\boldsymbol{\alpha}_n\end{vmatrix}\neq 0.$$

3.设线性方程组 $\begin{cases}x_1+2x_2-2x_3=0,\\2x_1-x_2+kx_3=0,\\3x_1+x_2-x_3=0\end{cases}$ 的系数矩阵为 $\boldsymbol{A}$，三阶矩阵 $\boldsymbol{B}\neq\boldsymbol{O}$ 且 $\boldsymbol{AB}=\boldsymbol{O}$：

(1) 求 k 的值；(2) 证明：$|\boldsymbol{B}|=0$.

4.设 $\boldsymbol{A}^*$ 是 $n(n\geqslant 2)$ 阶矩阵 $\boldsymbol{A}$ 的伴随矩阵，证明：

$$r(\boldsymbol{A}^*)=\begin{cases}n, & 若\ r(\boldsymbol{A})=n,\\1, & 若\ r(\boldsymbol{A})=n-1,\\0, & 若\ r(\boldsymbol{A})<n-1.\end{cases}$$

5.已知非齐次线性方程组

$$\begin{cases}x_1+x_2+x_3+x_4=-1,\\4x_1+3x_2+5x_3-x_4=-1,\\ax_1+x_2+3x_3+bx_4=1\end{cases}$$

有三个线性无关的解.

(1) 证明:方程组系数矩阵的秩等于2.

(2) 求 a,b 的值及方程组的解.

6.已知线性方程组

$$\begin{cases}x_1+x_2+2x_3+3x_4=1,\\ x_1+3x_2+6x_3+x_4=3,\\ 3x_1-x_2-ax_3+15x_4=3,\\ x_1-5x_2-10x_3+12x_4=b.\end{cases}$$

当 a,b 为何值时,方程组无解?有唯一解?有无穷多个解?在方程组有无穷多个解的情况下,求其通解.

7.设齐次线性方程组 $\begin{cases}a_{11}x_1+a_{12}x_2+\cdots+a_{1n}x_n=0,\\ a_{21}x_1+a_{22}x_2+\cdots+a_{2n}x_n=0,\\ \quad\vdots\\ a_{n1}x_1+a_{n2}x_2+\cdots+a_{nn}x_n=0\end{cases}$ 的系数矩阵 $\boldsymbol{A}=(a_{ij})_{n\times n}$ 的秩为 $n-1$,求证:此方程组的通解为

$$\boldsymbol{\eta}=c\begin{pmatrix}\boldsymbol{A}_{i1}\\ \boldsymbol{A}_{i2}\\ \vdots\\ \boldsymbol{A}_{in}\end{pmatrix}\quad(c\text{ 为任意常数}),$$

其中 $\boldsymbol{A}_{ij}(1\leqslant j\leqslant n)$ 是 a_{ij} 的代数余子式,且至少有一个 $\boldsymbol{A}_{ij}\neq 0$.

8.设 $\boldsymbol{A}$ 是 n 阶不可逆矩阵,$|\boldsymbol{A}|$ 关于 a_{11} 的代数余子式 $\boldsymbol{A}_{11}\neq 0$,求齐次线性方程组 $\boldsymbol{A}^*\boldsymbol{X}=\boldsymbol{O}$ 的通解.

9.设线性方程组 $\begin{cases}x_1+a_1x_2+a_1^2x_3=a_1^3,\\ x_1+a_2x_2+a_2^2x_3=a_2^3,\\ x_1+a_3x_2+a_3^2x_3=a_3^3,\\ x_1+a_4x_2+a_4^2x_3=a_4^3.\end{cases}$

(1) 证明:若 a_1,a_2,a_3,a_4 两两不等,则此线性方程组无解;

(2) 设 $a_1=a_3=k$,$a_2=a_4=-k(k\neq 0)$,且 $\boldsymbol{\eta}_1,\boldsymbol{\eta}_2$ 是该方程组的两个解,其中 $\boldsymbol{\eta}_1=(-1,1,1)^{\mathrm{T}}$,$\boldsymbol{\eta}_2=(1,1,-1)^{\mathrm{T}}$,求该方程组的通解.

第4章 矩阵的特征值与特征向量

在矩阵理论中，为了研究矩阵的性质经常需要把矩阵化简，同时又保持原矩阵的尽可能多的性质，而最简单的矩阵之一就是对角矩阵，这就需要讨论矩阵相似于对角矩阵的条件.本章主要介绍矩阵的特征值与特征向量，利用特征值与特征向量研究矩阵相似对角化问题，特别是实对称矩阵的对角化.

§4.1 矩阵的特征值与特征向量

一、矩阵的特征值和特征向量的概念

定义 4.1 设 $\boldsymbol{A}$ 是 n 阶矩阵，如果存在数 λ 和 n 维非零列向量 $\boldsymbol{\alpha}$，使得

$$\boldsymbol{A\alpha}=\lambda\boldsymbol{\alpha}, \tag{4.1}$$

则称 λ 为矩阵 $\boldsymbol{A}$ 的一个**特征值**，$\boldsymbol{\alpha}$ 称为矩阵 $\boldsymbol{A}$ 的对应于特征值 λ 的一个**特征向量**.

注意：矩阵的特征向量一定是非零向量，即 $\boldsymbol{\alpha}\neq\boldsymbol{O}$.

例 4.1 对于 n 阶单位矩阵 $\boldsymbol{E}$ 及任意非零的 n 维列向量 $\boldsymbol{\alpha}$，有

$$\boldsymbol{E\alpha}=\boldsymbol{\alpha},$$

所以 $\lambda=1$ 是 $\boldsymbol{E}$ 的一个特征值，$\boldsymbol{\alpha}$ 是 $\boldsymbol{E}$ 的对应于特征值 $\lambda=1$ 的特征向量.

由定义 4.1 可知，如果 $\boldsymbol{\alpha}$ 是 $\boldsymbol{A}$ 的对应于特征值 λ 的特征向量，即有 $\boldsymbol{A\alpha}=\lambda\boldsymbol{\alpha}$，则对任意非零常数 k，有

$$\boldsymbol{A}(k\boldsymbol{\alpha})=k(\boldsymbol{A\alpha})=k(\lambda\boldsymbol{\alpha})=\lambda(k\boldsymbol{\alpha}),$$

即 $k\boldsymbol{\alpha}$ 也是 $\boldsymbol{A}$ 的对应于特征值 λ 的特征向量，因此 $\boldsymbol{A}$ 的对应于特征值 λ 的特征向量有无穷多个.

如果 $\boldsymbol{\alpha}_1,\boldsymbol{\alpha}_2$ 都是 $\boldsymbol{A}$ 的对应于特征值 λ 的特征向量，则当 $\boldsymbol{\alpha}_1+\boldsymbol{\alpha}_2\neq\boldsymbol{O}$ 时，有

$$\boldsymbol{A}(\boldsymbol{\alpha}_1+\boldsymbol{\alpha}_2)=\boldsymbol{A}\boldsymbol{\alpha}_1+\boldsymbol{A}\boldsymbol{\alpha}_2=\lambda\boldsymbol{\alpha}_1+\lambda\boldsymbol{\alpha}_2=\lambda(\boldsymbol{\alpha}_1+\boldsymbol{\alpha}_2),$$

由此可得，$\boldsymbol{\alpha}_1+\boldsymbol{\alpha}_2$ 也是 $\boldsymbol{A}$ 的对应于特征值 λ 的特征向量.

综上可知，如果 $\boldsymbol{\alpha}_1,\boldsymbol{\alpha}_2,\cdots,\boldsymbol{\alpha}_s$ 都是 $\boldsymbol{A}$ 的对应于特征值 λ 的特征向量，则 $\boldsymbol{\alpha}_1,\boldsymbol{\alpha}_2,\cdots,\boldsymbol{\alpha}_s$ 的任意非零线性组合

$$k_1\boldsymbol{\alpha}_1+k_2\boldsymbol{\alpha}_2+\cdots+k_s\boldsymbol{\alpha}_s(\neq\boldsymbol{O})$$

也是 $\boldsymbol{A}$ 的对应于特征值 λ 的特征向量.

二、矩阵的特征值和特征向量的计算方法

一般地，为求得 n 阶矩阵 $\boldsymbol{A}$ 的特征值和特征向量，可将式(4.1)改写为

$$(\lambda\boldsymbol{E}-\boldsymbol{A})\boldsymbol{\alpha}=\boldsymbol{O}\quad(\boldsymbol{\alpha}\neq\boldsymbol{O}).$$

上式说明 $\boldsymbol{\alpha}$ 是齐次线性方程组

$$(\lambda\boldsymbol{E}-\boldsymbol{A})\boldsymbol{X}=\boldsymbol{O}$$

的非零解.而该齐次线性方程组有非零解的充分必要条件是其系数行列式

$$|\lambda\boldsymbol{E}-\boldsymbol{A}|=0,$$

即

$$|\lambda\boldsymbol{E}-\boldsymbol{A}|=\begin{vmatrix}\lambda-a_{11} & -a_{12} & \cdots & -a_{1n}\\ -a_{21} & \lambda-a_{22} & \cdots & -a_{2n}\\ \vdots & \vdots & & \vdots\\ -a_{n1} & -a_{n2} & \cdots & \lambda-a_{nn}\end{vmatrix}=0. \tag{4.2}$$

显然，式(4.2)是一个以 λ 为未知量的一元 n 次方程，这说明 n 阶矩阵 $\boldsymbol{A}$ 的特征值是式(4.2)的根，因此，矩阵 $\boldsymbol{A}$ 的特征值也称为特征根.

定义 4.2　设 n 阶矩阵 $\boldsymbol{A}=(a_{ij})$，λ 是未知量，则

$$|\lambda\boldsymbol{E}-\boldsymbol{A}|=\begin{vmatrix}\lambda-a_{11} & -a_{12} & \cdots & -a_{1n}\\ -a_{21} & \lambda-a_{22} & \cdots & -a_{2n}\\ \vdots & \vdots & & \vdots\\ -a_{n1} & -a_{n2} & \cdots & \lambda-a_{nn}\end{vmatrix}$$

称为矩阵 $\boldsymbol{A}$ 的**特征多项式**，$\lambda\boldsymbol{E}-\boldsymbol{A}$ 称为矩阵 $\boldsymbol{A}$ 的**特征矩阵**，$|\lambda\boldsymbol{E}-\boldsymbol{A}|=0$ 称为矩阵 $\boldsymbol{A}$ 的**特征方程**.

根据上面的分析，可得如下定理.

定理 4.1　设 $\boldsymbol{A}=(a_{ij})$ 为 n 阶矩阵，则 λ 是 $\boldsymbol{A}$ 的特征值，$\boldsymbol{\alpha}$ 是 $\boldsymbol{A}$ 的对应于特征值 λ 的特征向量的充分必要条件为 λ 是特征方程 $|\lambda\boldsymbol{E}-\boldsymbol{A}|=0$ 的根，$\boldsymbol{\alpha}$ 是齐次线性方程

组$(\lambda\boldsymbol{E}-\boldsymbol{A})\boldsymbol{X}=\boldsymbol{O}$的非零解.

由此可将n阶矩阵$\boldsymbol{A}$的特征值和特征向量的求解步骤总结如下：

(1) 计算特征多项式$|\lambda\boldsymbol{E}-\boldsymbol{A}|$；

(2) 求出特征方程$|\lambda\boldsymbol{E}-\boldsymbol{A}|=0$的全部根，即求得$\boldsymbol{A}$的全部特征值$\lambda_1,\lambda_2,\cdots,\lambda_n$(其中可能有重根)；

(3) 对于每一个特征值$\lambda_i(1\leqslant i\leqslant n)$，求出齐次线性方程组$(\lambda_i\boldsymbol{E}-\boldsymbol{A})\boldsymbol{X}=\boldsymbol{O}$的一个基础解系$\boldsymbol{\alpha}_1,\boldsymbol{\alpha}_2,\cdots,\boldsymbol{\alpha}_{n-r}$，就得到矩阵$\boldsymbol{A}$的对应于特征值$\lambda_i$的线性无关的特征向量，其中$r$为矩阵$\lambda_i\boldsymbol{E}-\boldsymbol{A}$的秩，则矩阵$\boldsymbol{A}$的对应于$\lambda_i$的全部特征向量为$k_1\boldsymbol{\alpha}_1+k_2\boldsymbol{\alpha}_2+\cdots+k_{n-r}\boldsymbol{\alpha}_{n-r}$，其中$k_1$，$k_2,\cdots,k_{n-r}$是不全为零的任意常数.

例 4.2　求矩阵

$$\boldsymbol{A}=\begin{pmatrix}5&0&4\\3&1&6\\0&2&3\end{pmatrix}$$

的特征值和特征向量.

解　矩阵$\boldsymbol{A}$的特征多项式为

$$|\lambda\boldsymbol{E}-\boldsymbol{A}|=\begin{vmatrix}\lambda-5&0&-4\\-3&\lambda-1&-6\\0&-2&\lambda-3\end{vmatrix}=(\lambda+1)(\lambda-3)(\lambda-7),$$

所以矩阵$\boldsymbol{A}$的特征值为$\lambda_1=-1,\lambda_2=3,\lambda_3=7$.

当$\lambda_1=-1$，解齐次线性方程组$(-\boldsymbol{E}-\boldsymbol{A})\boldsymbol{X}=\boldsymbol{O}$，可得它的一个基础解系为$\boldsymbol{\alpha}_1=(2,6,-3)^{\mathrm{T}}$，所以矩阵$\boldsymbol{A}$的对应于特征值$-1$的全部特征向量为$k_1\boldsymbol{\alpha}_1=k_1(2,6,-3)^{\mathrm{T}}$($k_1$为任意非零常数).

当$\lambda_2=3$，解齐次线性方程组$(3\boldsymbol{E}-\boldsymbol{A})\boldsymbol{X}=\boldsymbol{O}$，可得它的一个基础解系为$\boldsymbol{\alpha}_2=(2,0,-1)^{\mathrm{T}}$，所以$\boldsymbol{A}$的对应于特征值3的全部特征向量为$k_2\boldsymbol{\alpha}_2=k_2(2,0,-1)^{\mathrm{T}}$($k_2$为任意非零常数).

当$\lambda_3=7$，解齐次线性方程组$(7\boldsymbol{E}-\boldsymbol{A})\boldsymbol{X}=\boldsymbol{O}$，可得它的一个基础解系为$\boldsymbol{\alpha}_3=(2,2,1)^{\mathrm{T}}$，所以$\boldsymbol{A}$的对应于特征值7的全部特征向量为$k_3\boldsymbol{\alpha}_3=k_3(2,2,1)^{\mathrm{T}}$($k_3$为任意非零常数).

例 4.3　求矩阵

$$\boldsymbol{A}=\begin{pmatrix}2&2&-2\\2&5&-4\\-2&-4&5\end{pmatrix}$$

的特征值和特征向量.

解　矩阵$\boldsymbol{A}$的特征多项式为

$$|\lambda\boldsymbol{E}-\boldsymbol{A}|=\begin{vmatrix}\lambda-2&-2&2\\-2&\lambda-5&4\\2&4&\lambda-5\end{vmatrix}=(\lambda-10)(\lambda-1)^2,$$

所以 $\boldsymbol{A}$ 的特征值为 $\lambda_1=10,\lambda_2=\lambda_3=1$.

当 $\lambda_1=10$，解齐次线性方程组 $(10\boldsymbol{E}-\boldsymbol{A})\boldsymbol{X}=\boldsymbol{O}$，得它的一个基础解系为 $\boldsymbol{\alpha}_1=(1,2,-2)^{\mathrm{T}}$，所以矩阵 $\boldsymbol{A}$ 的对应于特征值 10 的全部特征向量为 $k_1\boldsymbol{\alpha}_1=k_1(1,2,-2)^{\mathrm{T}}$($k_1$ 为任意非零常数).

当 $\lambda_2=\lambda_3=1$，解齐次线性方程组 $(\boldsymbol{E}-\boldsymbol{A})\boldsymbol{X}=\boldsymbol{O}$，得它的一个基础解系为 $\boldsymbol{\alpha}_2=(-2,1,0)^{\mathrm{T}}$，$\boldsymbol{\alpha}_3=(2,0,1)^{\mathrm{T}}$，所以矩阵 $\boldsymbol{A}$ 的对应于特征值 1 的全部特征向量为 $k_2\boldsymbol{\alpha}_2+k_3\boldsymbol{\alpha}_3=k_2(-2,1,0)^{\mathrm{T}}+k_3(2,0,1)^{\mathrm{T}}$($k_2,k_3$ 为不全为零的任意常数).

例 4.4 求矩阵

$$\boldsymbol{A}=\begin{pmatrix}-1&1&0\\-4&3&0\\1&0&2\end{pmatrix}$$

的特征值和特征向量.

解 矩阵 $\boldsymbol{A}$ 的特征多项式为

$$|\lambda\boldsymbol{E}-\boldsymbol{A}|=\begin{vmatrix}\lambda+1&-1&0\\4&\lambda-3&0\\-1&0&\lambda-2\end{vmatrix}=(\lambda-1)^2(\lambda-2),$$

所以 $\boldsymbol{A}$ 的特征值为 $\lambda_1=\lambda_2=1$，$\lambda_3=2$.

当 $\lambda_1=\lambda_2=1$，解齐次线性方程组 $(\boldsymbol{E}-\boldsymbol{A})\boldsymbol{X}=\boldsymbol{O}$，可得它的一个基础解系为 $\boldsymbol{\alpha}_1=(1,2,-1)^{\mathrm{T}}$，所以 $\boldsymbol{A}$ 的对应于特征值 1 的全部特征向量为 $k_1\boldsymbol{\alpha}_1=k_1(1,2,-1)^{\mathrm{T}}$($k_1$ 为任意非零常数).

当 $\lambda_3=2$，解齐次线性方程组 $(2\boldsymbol{E}-\boldsymbol{A})\boldsymbol{X}=\boldsymbol{O}$，可得它的一个基础解系为 $\boldsymbol{\alpha}_2=(0,0,1)^{\mathrm{T}}$，所以 $\boldsymbol{A}$ 的对应于特征值 2 的全部特征向量为 $k_2\boldsymbol{\alpha}_2=k_2(0,0,1)^{\mathrm{T}}$($k_2$ 为任意非零常数).

例 4.5 求矩阵

$$\boldsymbol{A}=\begin{pmatrix}0&-1\\1&0\end{pmatrix}$$

的特征值和特征向量.

解 矩阵 $\boldsymbol{A}$ 的特征多项式为

$$|\lambda\boldsymbol{E}-\boldsymbol{A}|=\begin{vmatrix}\lambda&1\\-1&\lambda\end{vmatrix}=\lambda^2+1,$$

显然，矩阵 $\boldsymbol{A}$ 在实数域中没有特征值，在复数域中 $\boldsymbol{A}$ 的特征值为 $\lambda_1=i,\lambda_2=-i$.

当 $\lambda_1=i$，解齐次线性方程组 $(i\boldsymbol{E}-\boldsymbol{A})\boldsymbol{X}=\boldsymbol{O}$，可得它的一个基础解系为 $\boldsymbol{\alpha}_1=(i,1)^{\mathrm{T}}$，所以 $\boldsymbol{A}$ 的对应于特征值 i 的全部特征向量为 $k_1\boldsymbol{\alpha}_1=k_1(i,1)^{\mathrm{T}}$($k_1$ 为任意非零常数).

当 $\lambda_2=-i$，解齐次线性方程组 $(-i\boldsymbol{E}-\boldsymbol{A})\boldsymbol{X}=0$，可得它的一个基础解系为 $\boldsymbol{\alpha}_2=(-i,1)^{\mathrm{T}}$，所以 $\boldsymbol{A}$ 的对应于特征值 $-i$ 的全部特征向量为 $k_2\boldsymbol{\alpha}_2=k_2(-i,1)^{\mathrm{T}}$($k_2$ 为任意非零常数).

例 4.5 表明，即使矩阵 $\boldsymbol{A}$ 是实矩阵，其特征值、特征向量仍可能是复数、复向量.复数情形下的计算方法是完全类似的，但在本教材中不讨论复特征值和复特征向量的情况.

三、矩阵的特征值和特征向量的性质

矩阵的特征值与特征向量具有许多重要的性质.

定理 4.2　n 阶矩阵 $\boldsymbol{A}$ 与其转置矩阵 $\boldsymbol{A}^{\mathrm{T}}$ 有相同的特征值.

证明　因为

$$|\lambda\boldsymbol{E}-\boldsymbol{A}^{\mathrm{T}}|=|(\lambda\boldsymbol{E}-\boldsymbol{A})^{\mathrm{T}}|=|\lambda\boldsymbol{E}-\boldsymbol{A}|,$$

即 $\boldsymbol{A}$ 与 $\boldsymbol{A}^{\mathrm{T}}$ 有相同的特征多项式，所以 $\boldsymbol{A}$ 与 $\boldsymbol{A}^{\mathrm{T}}$ 有相同的特征值.

定理 4.3　设 n 阶矩阵 $\boldsymbol{A}=(a_{ij})$ 的全部特征值为 $\lambda_1,\lambda_2,\cdots,\lambda_n$（其中可能有重根），则有：

(1) $\lambda_1+\lambda_2+\cdots+\lambda_n=a_{11}+a_{22}+\cdots+a_{nn}$；

(2) $\lambda_1\lambda_2\cdots\lambda_n=|\boldsymbol{A}|$.

证明　(1) n 阶矩阵 $\boldsymbol{A}$ 的特征多项式

$$|\lambda\boldsymbol{E}-\boldsymbol{A}|=\begin{vmatrix}\lambda-a_{11} & -a_{12} & \cdots & -a_{1n}\\ -a_{21} & \lambda-a_{22} & \cdots & -a_{2n}\\ \vdots & \vdots & & \vdots\\ -a_{n1} & -a_{n2} & \cdots & \lambda-a_{nn}\end{vmatrix}$$

是一个关于 λ 的 n 次多项式.根据 n 阶行列式的定义，其展开式共有 $n!$ 项，其中主对角线上 n 个元素乘积为

$$(\lambda-a_{11})(\lambda-a_{22})\cdots(\lambda-a_{nn})=\lambda^n-(a_{11}+a_{22}+\cdots+a_{nn})\lambda^{n-1}+\cdots,\tag{4.3}$$

故该项中 λ^{n-1} 的系数为 $-(a_{11}+a_{22}+\cdots+a_{nn})$；而在展开式其余的 $n!-1$ 项中每一项至少含有一个非主对角线元素 $-a_{ij}(i\neq j)$，所以就不能含有主对角线元素 $\lambda-a_{ii}$ 和 $\lambda-a_{jj}$，因此其余 $n!-1$ 项中每一项至少含有 $n-2$ 个主对角线元素，故这些项中不会含有 λ^{n-1} 项.由此可知 A 的特征多项式的 λ^{n-1} 项的系数为 $-(a_{11}+a_{22}+\cdots+a_{nn})$.

因为矩阵 $\boldsymbol{A}$ 的全部特征值为 $\lambda_1,\lambda_2,\cdots,\lambda_n$，由多项式因式分解定理和方程根的关系可知，$A$ 的特征多项式又可写为

$$\begin{aligned}|\lambda\boldsymbol{E}-\boldsymbol{A}|&=(\lambda-\lambda_1)(\lambda-\lambda_2)\cdots(\lambda-\lambda_n)\\&=\lambda^n-(\lambda_1+\lambda_2+\cdots+\lambda_n)\lambda^{n-1}+\cdots+(-1)^n\lambda_1\lambda_2\cdots\lambda_n\end{aligned}\tag{4.4}$$

由(4.3)和(4.4)可得

$$\lambda_1+\lambda_2+\cdots+\lambda_n=a_{11}+a_{22}+\cdots+a_{nn}.$$

(2)在式(4.4)中，令 $\lambda=0$，得

$$|-\boldsymbol{A}|=(-\lambda_1)(-\lambda_2)\cdots(-\lambda_n)=(-1)^n\lambda_1\lambda_2\cdots\lambda_n,$$

即

$$|A|=\lambda_1\lambda_2\cdots\lambda_n .$$

定义 4.3　n 阶矩阵 A 的主对角线元素之和称为矩阵 A 的迹，记为 tr$A$，即

$$\mathrm{tr}A=a_{11}+a_{22}+\cdots+a_{nn} .$$

由上述定义，可知定理 4.3(1)又可表示为

$$\mathrm{tr}A=\lambda_1+\lambda_2+\cdots+\lambda_n .$$

容易验证，矩阵的迹具有下述性质：

(1) $\mathrm{tr}(A+B)=\mathrm{tr}A+\mathrm{tr}B$；

(2) $\mathrm{tr}(kA)=k\,\mathrm{tr}(A)$；

(3) $\mathrm{tr}(A^{\mathrm{T}})=\mathrm{tr}(A)$；

(4) $\mathrm{tr}(AB)=\mathrm{tr}(BA)$.

定理 4.4　n 阶矩阵 A 可逆的充分必要条件是其任一特征值都不等于零.

证明　n 阶矩阵 A 可逆的充分必要条件是 $|A|\neq 0$.又

$$|A|=\lambda_1\lambda_2\cdots\lambda_n ,$$

所以矩阵 A 可逆的充分必要条件是其任一特征值都不等于零.

定理 4.5　若 λ 是 n 阶矩阵 A 的特征值，则有：

(1) 设 $f(x)=a_0+a_1x+\cdots+a_mx^m$，则 $f(\lambda)$ 是 $f(A)$ 的特征值，其中 $f(A)=a_0E+a_1A+\cdots+a_mA^m$ $(m\in N)$；

(2) 若 A 可逆，则 $\frac{1}{\lambda}$ 是 A^{-1} 的特征值，$\frac{|A|}{\lambda}$ 是 A 的伴随矩阵 A^* 的特征值.

此定理的证明留给读者作为练习.

例 4.6　设三阶矩阵 A 的特征值为 1,2,3，求：(1) tr$A$；(2) $|A|$；(3) A^* 的特征值；(4) $3A^{-1}-2E$ 的特征值；(5) 设矩阵 $B=A^2-3A+E$，求矩阵 B 的特征值和 $|B|$.

解 (1) 由定理 4.3 中的(1) 可得 $\mathrm{tr}A=1+2+3=6$；

(2) 由定理 4.3 中的(2) 可得 $|A|=1\times2\times3=6$；

(3) 由定理 4.5 中的(2) 可得，A^* 的特征值为 $\frac{6}{1}=6,\frac{6}{2}=3,\frac{6}{3}=2$；

(4) A^{-1} 的特征值为 $1,\frac{1}{2},\frac{1}{3}$，因此 $3A^{-1}-2E$ 的特征值为 $3\times1-2=1,3\times\frac{1}{2}-2=-\frac{1}{2},3\times(\frac{1}{3})-2=-1$；

(5) 由定理 4.5 的(1) 得，$B=A^2-3A+E$ 的特征值为 $1^2-3\times1+1=-1$，$2^2-3\times2+1=-1$，$3^2-3\times3+1=1$，故 $|B|=(-1)\times(-1)\times1=1$.

定理 4.6　n 阶矩阵 A 的不同特征值所对应的特征向量是线性无关的.

证明　设 $\lambda_1,\lambda_2,\cdots,\lambda_m\,(m\leqslant n)$ 是矩阵 A 的 m 个互不相同的特征值，$\boldsymbol{\alpha}_1,\boldsymbol{\alpha}_2,\cdots,\boldsymbol{\alpha}_m$ 是分

别对应于特征值 $\lambda_1,\lambda_2,\cdots,\lambda_m$ 的特征向量，即 $\boldsymbol{A\alpha}_i=\lambda_i\boldsymbol{\alpha}_i,i=1,2,\cdots,m$.

下面用数学归纳法证明 $\boldsymbol{\alpha}_1,\boldsymbol{\alpha}_2,\cdots,\boldsymbol{\alpha}_m$ 线性无关．

当 $m=1$ 时，$\boldsymbol{A}$ 的对应于 λ_1 的特征向量 $\boldsymbol{\alpha}_1\neq\boldsymbol{O}$，而单个的非零向量必线性无关，所以 $\boldsymbol{\alpha}_1$ 是线性无关的.

设 $m=s-1$ 时结论成立，即向量组 $\boldsymbol{\alpha}_1,\boldsymbol{\alpha}_2,\cdots,\boldsymbol{\alpha}_{s-1}$ 线性无关.现证明 $m=s$ 时，互不相同的特征值 $\lambda_1,\lambda_2,\cdots,\lambda_s$ 对应的特征向量 $\boldsymbol{\alpha}_1,\boldsymbol{\alpha}_2,\cdots,\boldsymbol{\alpha}_s$ 线性无关.

设存在数 $k_1,k_2,\cdots,k_s$，使得

$$k_1\boldsymbol{\alpha}_1+k_2\boldsymbol{\alpha}_2+\cdots+k_{s-1}\boldsymbol{\alpha}_{s-1}+k_s\boldsymbol{\alpha}_s=\boldsymbol{O}. \tag{4.5}$$

将式(4.5) 两边左乘矩阵 $\boldsymbol{A}$，由 $\boldsymbol{A\alpha}_i=\lambda_i\boldsymbol{\alpha}_i(1\leqslant i\leqslant s)$，得

$$k_1\lambda_1\boldsymbol{\alpha}_1+k_2\lambda_2\boldsymbol{\alpha}_2+\cdots+k_{s-1}\lambda_{s-1}\boldsymbol{\alpha}_{s-1}+k_s\lambda_s\boldsymbol{\alpha}_s=\boldsymbol{O}. \tag{4.6}$$

将式(4.5) 两边乘以 λ_s，得

$$k_1\lambda_s\boldsymbol{\alpha}_1+k_2\lambda_s\boldsymbol{\alpha}_2+\cdots+k_{s-1}\lambda_s\boldsymbol{\alpha}_{s-1}+k_s\lambda_s\boldsymbol{\alpha}_s=\boldsymbol{O}. \tag{4.7}$$

用式(4.7) 减去式(4.6)，得

$$k_1(\lambda_s-\lambda_1)\boldsymbol{\alpha}_1+k_2(\lambda_s-\lambda_2)\boldsymbol{\alpha}_2+\cdots+k_{s-1}(\lambda_s-\lambda_{s-1})\boldsymbol{\alpha}_{s-1}=\boldsymbol{O}.$$

根据归纳假设，$\boldsymbol{\alpha}_1,\boldsymbol{\alpha}_2,\cdots,\boldsymbol{\alpha}_{s-1}$ 线性无关，于是

$$k_i(\lambda_s-\lambda_i)=0\quad(i=1,2,\cdots,s-1).$$

由于 $\lambda_1,\lambda_2,\cdots,\lambda_s$ 是矩阵 $\boldsymbol{A}$ 的不同特征值，因此

$$k_1=k_2=\cdots=k_{s-1}=0.$$

将其代入式(4.5)，可得 $k_s\boldsymbol{\alpha}_s=\boldsymbol{O}$.因为 $\boldsymbol{\alpha}_s\neq\boldsymbol{O}$，所以 $k_s=0$，即(4.5) 式中

$$k_1=k_2=\cdots=k_s=0,$$

因此 $\boldsymbol{\alpha}_1,\boldsymbol{\alpha}_2,\cdots,\boldsymbol{\alpha}_s$ 线性无关.

由数学归纳法知，当 m 为任意正整数时，结论都成立.

例如，在例 4.2 中，特征值 $\lambda_1=-1$ 对应的特征向量为 $\boldsymbol{\alpha}_1=(2,6,-3)^{\mathrm{T}}$，特征值 $\lambda_2=3$ 对应的特征向量为 $\boldsymbol{\alpha}_2=(2,0,-1)^{\mathrm{T}}$，特征值 $\lambda_3=7$ 对应的的特征向量为 $\boldsymbol{\alpha}_3=(2,2,1)^{\mathrm{T}}$，则 $\boldsymbol{\alpha}_1$，$\boldsymbol{\alpha}_2,\boldsymbol{\alpha}_3$ 是线性无关的.

用同样的证明方法，可将定理 4.6 推广为如下定理.

定理 4.7　设 $\lambda_1,\lambda_2,\cdots,\lambda_m$ 为 n 阶矩阵 $\boldsymbol{A}$ 的不同特征值，$\boldsymbol{A}$ 的对应于 λ_i 的线性无关的特征向量为 $\boldsymbol{\alpha}_{i1},\boldsymbol{\alpha}_{i2},\cdots,\boldsymbol{\alpha}_{is_i}(i=1,2,\cdots,m)$，则向量组

$$\boldsymbol{\alpha}_{11},\boldsymbol{\alpha}_{12},\cdots,\boldsymbol{\alpha}_{1s_1},\boldsymbol{\alpha}_{21},\boldsymbol{\alpha}_{22},\cdots,\boldsymbol{\alpha}_{2s_2},\cdots,\boldsymbol{\alpha}_{m1},\boldsymbol{\alpha}_{m2},\cdots,\boldsymbol{\alpha}_{ms_m}$$

线性无关．

证明略.

例如，在例 4.3 中，特征值 $\lambda_1=10$ 对应的特征向量为 $\boldsymbol{\alpha}_1=(1,2,-2)^{\mathrm{T}}$，特征值 $\lambda_2=\lambda_3=1$ 对应的特征向量为 $\boldsymbol{\alpha}_2=(-2,1,0)^{\mathrm{T}}$，$\boldsymbol{\alpha}_3=(2,0,1)^{\mathrm{T}}$，此时不仅 $\boldsymbol{\alpha}_1$ 与 $\boldsymbol{\alpha}_2$，$\boldsymbol{\alpha}_1$ 与 $\boldsymbol{\alpha}_3$ 是线性无关

的，而且 $\boldsymbol{\alpha}_1,\boldsymbol{\alpha}_2,\boldsymbol{\alpha}_3$ 也是线性无关的.

定理 4.8 设 λ 是 n 阶矩阵 $\boldsymbol{A}$ 的 k 重特征值，则 $\boldsymbol{A}$ 的对应于特征值 λ 的线性无关的特征向量个数不超过 k 个.

证明略.

§4.2 相似矩阵与矩阵的对角化

利用矩阵的特征值与特征向量，可以将满足一定条件的 n 阶矩阵 $\boldsymbol{A}$ 化为对角矩阵，并仍保持矩阵 $\boldsymbol{A}$ 的原来的一些性质.这就需要引入相似矩阵的概念.

一、相似矩阵的概念与性质

定义 4.4 设 $\boldsymbol{A}$，$\boldsymbol{B}$ 都是 n 阶矩阵，若存在 n 阶可逆矩阵 $\boldsymbol{P}$，使得

$$\boldsymbol{B}=\boldsymbol{P}^{-1}\boldsymbol{AP},$$

则称 $\boldsymbol{B}$ 是 $\boldsymbol{A}$ 的**相似矩阵**，并称矩阵 $\boldsymbol{A}$ 与 $\boldsymbol{B}$ **相似**，记作 $\boldsymbol{A}\sim\boldsymbol{B}$.由 $\boldsymbol{A}$ 到 $\boldsymbol{B}=\boldsymbol{P}^{-1}\boldsymbol{AP}$ 的变换称为对矩阵 $\boldsymbol{A}$ 进行**相似变换**，可逆矩阵 $\boldsymbol{P}$ 称为**相似变换矩阵**，简称**变换阵**.

矩阵的相似关系是一种等价关系，设 $\boldsymbol{A},\boldsymbol{B},\boldsymbol{C}$ 均为 n 阶矩阵，则满足以下性质.

(1) 反身性:对任意 n 阶矩阵 $\boldsymbol{A}$，有 $\boldsymbol{A}\sim\boldsymbol{A}$.

(2) 对称性:若 $\boldsymbol{A}\sim\boldsymbol{B}$，则 $\boldsymbol{B}\sim\boldsymbol{A}$.

(3) 传递性:若 $\boldsymbol{A}\sim\boldsymbol{B}$，$\boldsymbol{B}\sim\boldsymbol{C}$，则 $\boldsymbol{A}\sim\boldsymbol{C}$.

证明 (1) 取 $\boldsymbol{P}=\boldsymbol{E}$，则 $\boldsymbol{A}=\boldsymbol{E}^{-1}\boldsymbol{AE}$，即 $\boldsymbol{A}\sim\boldsymbol{A}$.

(2) 因为 $\boldsymbol{A}\sim\boldsymbol{B}$，所以存在一个 n 阶可逆矩阵 $\boldsymbol{P}$，使得 $\boldsymbol{B}=\boldsymbol{P}^{-1}\boldsymbol{AP}$，则 $(\boldsymbol{P}^{-1})^{-1}\boldsymbol{BP}^{-1}=\boldsymbol{A}$. 因为 $\boldsymbol{P}^{-1}$ 可逆，所以 $\boldsymbol{B}\sim\boldsymbol{A}$.

(3) 因为 $\boldsymbol{A}\sim\boldsymbol{B}$，$\boldsymbol{B}\sim\boldsymbol{C}$，则分别存在可逆矩阵 $\boldsymbol{P}_1$ 与 $\boldsymbol{P}_2$，使得

$$\boldsymbol{B}=\boldsymbol{P}_1^{-1}\boldsymbol{AP}_1,\quad \boldsymbol{C}=\boldsymbol{P}_2^{-1}\boldsymbol{BP}_2,$$

从而有 $\boldsymbol{C}=\boldsymbol{P}_2^{-1}\boldsymbol{BP}_2=\boldsymbol{P}_2^{-1}(\boldsymbol{P}_1^{-1}\boldsymbol{AP}_1)\boldsymbol{P}_2=(\boldsymbol{P}_1\boldsymbol{P}_2)^{-1}\boldsymbol{A}(\boldsymbol{P}_1\boldsymbol{P}_2)$.因为 $\boldsymbol{P}_1\boldsymbol{P}_2$ 可逆，所以 $\boldsymbol{A}\sim\boldsymbol{C}$.

例 4.7 设有矩阵 $\boldsymbol{A}=\begin{pmatrix}3&1\\5&-1\end{pmatrix}$，$\boldsymbol{B}=\begin{pmatrix}4&0\\0&-2\end{pmatrix}$，试验证存在可逆矩阵 $\boldsymbol{P}=\begin{pmatrix}1&1\\1&-5\end{pmatrix}$，使得 $\boldsymbol{A}$ 与 $\boldsymbol{B}$ 相似.

证明 易见矩阵 $\boldsymbol{P}$ 可逆，且 $\boldsymbol{P}^{-1}=\begin{pmatrix}5/6&1/6\\1/6&-1/6\end{pmatrix}$，因为

$$\boldsymbol{P}^{-1}\boldsymbol{AP}=\begin{pmatrix}5/6&1/6\\1/6&-1/6\end{pmatrix}\begin{pmatrix}3&1\\5&-1\end{pmatrix}\begin{pmatrix}1&1\\1&-5\end{pmatrix}=\begin{pmatrix}4&0\\0&-2\end{pmatrix}=\boldsymbol{B},$$

所以 $\boldsymbol{A}$ 与 $\boldsymbol{B}$ 相似.

相似矩阵之间还存在着许多共同的性质.

定理 4.9　若 n 阶矩阵 $\boldsymbol{A}\sim\boldsymbol{B}$，则有：

(1) $\boldsymbol{A}$ 与 $\boldsymbol{B}$ 有相同的特征多项式和特征值；

(2) $\mathrm{tr}\,\boldsymbol{A}=\mathrm{tr}\,\boldsymbol{B}$；

(3) $r(\boldsymbol{A})=r(\boldsymbol{B})$；

(4) $|\boldsymbol{A}|=|\boldsymbol{B}|$；

(5) $\boldsymbol{A}$ 与 $\boldsymbol{B}$ 同时可逆或同时不可逆.当 $\boldsymbol{A}$ 与 $\boldsymbol{B}$ 都可逆时，$\boldsymbol{A}^{-1}\sim\boldsymbol{B}^{-1}$；

(6) $f(\boldsymbol{A})\sim f(\boldsymbol{B})$，其中 $f(x)=a_0+a_1x+\cdots+a_mx^m$.

证明　因为 $\boldsymbol{A}\sim\boldsymbol{B}$，所以存在可逆矩阵 $\boldsymbol{P}$，使得 $\boldsymbol{B}=\boldsymbol{P}^{-1}\boldsymbol{AP}$.

(1) 因为

$$\begin{aligned}|\lambda\boldsymbol{E}-\boldsymbol{B}|&=|\lambda\boldsymbol{E}-\boldsymbol{P}^{-1}\boldsymbol{AP}|=|\boldsymbol{P}^{-1}(\lambda\boldsymbol{E})\boldsymbol{P}-\boldsymbol{P}^{-1}\boldsymbol{AP}|\\&=|\boldsymbol{P}^{-1}(\lambda\boldsymbol{E}-\boldsymbol{A})\boldsymbol{P}|=|\boldsymbol{P}^{-1}|\cdot|\lambda\boldsymbol{E}-\boldsymbol{A}|\cdot|\boldsymbol{P}|=|\lambda\boldsymbol{E}-\boldsymbol{A}|,\end{aligned}$$

即 $\boldsymbol{A}$ 与 $\boldsymbol{B}$ 有相同的特征多项式，从而它们有相同的特征值.

(2) 由(1) 及定理 4.3(1) 即得.

(3) 由于 $\boldsymbol{P}$ 为可逆矩阵，则 $\boldsymbol{P}$ 可以表示为初等矩阵的乘积.设 $\boldsymbol{P}=\boldsymbol{P}_1,\boldsymbol{P}_2,\cdots,\boldsymbol{P}_s$，其中 $\boldsymbol{P}_1,\boldsymbol{P}_2,\cdots,\boldsymbol{P}_s$ 为初等矩阵，从而

$$\boldsymbol{P}^{-1}=(\boldsymbol{P}_1\boldsymbol{P}_2\cdots\boldsymbol{P}_s)^{-1}=\boldsymbol{P}_s^{-1}\cdots\boldsymbol{P}_2^{-1}\boldsymbol{P}_1^{-1},$$

其中 $\boldsymbol{P}_1^{-1},\boldsymbol{P}_2^{-1},\cdots,\boldsymbol{P}_s^{-1}$ 仍是初等矩阵，故

$$\boldsymbol{B}=\boldsymbol{P}_s^{-1}\cdots\boldsymbol{P}_2^{-1}\boldsymbol{P}_1^{-1}\boldsymbol{AP}_1\boldsymbol{P}_2\cdots\boldsymbol{P}_s.$$

由初等变换与初等矩阵的关系知，上式表明对 $\boldsymbol{A}$ 经过若干次的初等变换化为 $\boldsymbol{B}$，因此 $r(\boldsymbol{A})=r(\boldsymbol{B})$.

(4) 由(1) 和定理 4.3(2) 即得.

(5) 由(4) 知，$\boldsymbol{A}$ 与 $\boldsymbol{B}$ 同时可逆或同时不可逆.若 $\boldsymbol{A}$ 与 $\boldsymbol{B}$ 都可逆时，对 $\boldsymbol{B}=\boldsymbol{P}^{-1}\boldsymbol{AP}$ 两边求逆，得

$$\boldsymbol{B}^{-1}=(\boldsymbol{P}^{-1}\boldsymbol{AP})^{-1}=\boldsymbol{P}^{-1}\boldsymbol{A}^{-1}(\boldsymbol{P}^{-1})^{-1}=\boldsymbol{P}^{-1}\boldsymbol{A}^{-1}\boldsymbol{P},$$

即 $\boldsymbol{A}^{-1}\sim\boldsymbol{B}^{-1}$.

因为，

$$\boldsymbol{B}^m=(\boldsymbol{P}^{-1}\boldsymbol{AP})^m=\underbrace{(\boldsymbol{P}^{-1}\boldsymbol{AP})(\boldsymbol{P}^{-1}\boldsymbol{AP})\cdots(\boldsymbol{P}^{-1}\boldsymbol{AP})}_{m\text{个}}=\boldsymbol{P}^{-1}\boldsymbol{A}^m\boldsymbol{P},$$

$$k\boldsymbol{B}=k(\boldsymbol{P}^{-1}\boldsymbol{AP})=\boldsymbol{P}^{-1}(k\boldsymbol{A})\boldsymbol{P},$$

即 $\boldsymbol{A}^m\sim\boldsymbol{B}^m$，$k\boldsymbol{A}\sim k\boldsymbol{B}$.于是

$$\begin{aligned}f(\boldsymbol{B})&=a_0\boldsymbol{E}+a_1\boldsymbol{B}+\cdots+a_m\boldsymbol{B}^m=a_0\boldsymbol{E}+a_1(\boldsymbol{P}^{-1}\boldsymbol{AP})+\cdots+a_m(\boldsymbol{P}^{-1}\boldsymbol{AP})^m\\&=\boldsymbol{P}^{-1}(a_0\boldsymbol{E})\boldsymbol{P}+\boldsymbol{P}^{-1}(a_1\boldsymbol{A})\boldsymbol{P}+\cdots+\boldsymbol{P}^{-1}(a_m\boldsymbol{A}^m)\boldsymbol{P}=\boldsymbol{P}^{-1}f(\boldsymbol{A})\boldsymbol{P},\end{aligned}$$

即 $f(\boldsymbol{A})\sim f(\boldsymbol{B})$.

例 4.8　已知矩阵 $\boldsymbol{A}=\begin{pmatrix}2&0&0\\0&x&1\\0&1&0\end{pmatrix}$，$\boldsymbol{B}=\begin{pmatrix}2&0&0\\0&3&4\\0&-2&y\end{pmatrix}$.如果 $\boldsymbol{A}$ 与 $\boldsymbol{B}$ 相似，求 x 与 y 的值.

解　**解法一**　由于 $\boldsymbol{A}$ 与 $\boldsymbol{B}$ 相似，可知矩阵 $\boldsymbol{A}$ 与 $\boldsymbol{B}$ 的特征多项式相同，即 $|\lambda\boldsymbol{E}-\boldsymbol{A}|=|\lambda\boldsymbol{E}-\boldsymbol{B}|$，则

$$\begin{vmatrix}\lambda-2&0&0\\0&\lambda-x&-1\\0&-1&\lambda\end{vmatrix}=\begin{vmatrix}\lambda-2&0&0\\0&\lambda-3&-4\\0&2&\lambda-y\end{vmatrix},$$

由此可得

$$(\lambda-2)(\lambda^2-\lambda x-1)=(\lambda-2)[\lambda^2-(3+y)\lambda+(3y+8)].$$

由于等式两边 λ 的同次幂的系数相等，所以

$$\begin{cases}x=3+y,\\-1=3y+8,\end{cases}$$

解得 $x=0,y=-3$.

解法二　因为 $\boldsymbol{A}$ 与 $\boldsymbol{B}$ 相似，所以 $\mathrm{tr}\,\boldsymbol{A}=\mathrm{tr}\,\boldsymbol{B}$，并且 $|\boldsymbol{A}|=|\boldsymbol{B}|$，即

$$2+x=2+3+y,$$

$$\begin{vmatrix}2&0&0\\0&x&1\\0&1&0\end{vmatrix}=\begin{vmatrix}2&0&0\\0&3&4\\0&-2&y\end{vmatrix},$$

化简可得

$$\begin{cases}x=3+y,\\-2=2(3y+8),\end{cases}$$

解得 $x=0,y=-3$.

由上面的讨论可知，相似矩阵具有很多共同的性质.对于 n 阶矩阵 $\boldsymbol{A}$，自然希望找到一个简单的与 $\boldsymbol{A}$ 相似的矩阵.但由定义 4.4 不难得出单位矩阵 $\boldsymbol{E}$ 和数量矩阵 $k\boldsymbol{E}$ 都只能与自身相似，因此考虑除单位矩阵和数量矩阵，最简单的矩阵就是对角矩阵.下面讨论一个 n 阶矩阵 $\boldsymbol{A}$ 能否与一个 n 阶对角矩阵相似的问题.

二、矩阵可对角化的条件

如果 n 阶矩阵 $\boldsymbol{A}$ 可以与一个对角矩阵 $\boldsymbol{\Lambda}$ 相似，则称矩阵 $\boldsymbol{A}$ 可相似对角化，简称 $\boldsymbol{A}$ **可对角化**，$\boldsymbol{\Lambda}$ 称为矩阵 $\boldsymbol{A}$ 的**相似标准形**.

定理 4.10　n 阶矩阵 $\boldsymbol{A}$ 相似于对角矩阵的充分必要条件是 $\boldsymbol{A}$ 有 n 个线性无关的特征向量.

证明　必要性　设矩阵 $\boldsymbol{A}$ 与对角矩阵 $\boldsymbol{\Lambda}$ 相似，其中矩阵

$$\boldsymbol{\Lambda}=\begin{pmatrix}\lambda_1 & & & \\ & \lambda_2 & & \\ & & \ddots & \\ & & & \lambda_n\end{pmatrix},$$

即存在 n 阶可逆矩阵 $\boldsymbol{P}$，使得 $\boldsymbol{\Lambda}=\boldsymbol{P}^{-1}\boldsymbol{A}\boldsymbol{P}$，即

$$\boldsymbol{A}\boldsymbol{P}=\boldsymbol{P}\boldsymbol{\Lambda}. \tag{4.8}$$

将矩阵 $\boldsymbol{P}$ 按列分块为 $\boldsymbol{P}=(\boldsymbol{\alpha}_1,\boldsymbol{\alpha}_2,\cdots,\boldsymbol{\alpha}_n)$，则式(4.8)可写成

$$\boldsymbol{A}(\boldsymbol{\alpha}_1,\boldsymbol{\alpha}_2,\cdots,\boldsymbol{\alpha}_n)=(\boldsymbol{\alpha}_1,\boldsymbol{\alpha}_2,\cdots,\boldsymbol{\alpha}_n)\begin{pmatrix}\lambda_1 & & & \\ & \lambda_2 & & \\ & & \ddots & \\ & & & \lambda_n\end{pmatrix},$$

即

$$(\boldsymbol{A}\boldsymbol{\alpha}_1,\boldsymbol{A}\boldsymbol{\alpha}_2,\cdots,\boldsymbol{A}\boldsymbol{\alpha}_n)=(\lambda_1\boldsymbol{\alpha}_1,\lambda_2\boldsymbol{\alpha}_2,\cdots,\lambda_n\boldsymbol{\alpha}_n),$$

于是有

$$\boldsymbol{A}\boldsymbol{\alpha}_i=\lambda_i\boldsymbol{\alpha}_i \quad (i=1,2,\cdots,n).$$

这表明 λ_i 是矩阵 $\boldsymbol{A}$ 的特征值，$\boldsymbol{\alpha}_i$ 是 $\boldsymbol{A}$ 的对应于特征值 λ_i 的特征向量.因为矩阵 $\boldsymbol{P}$ 是可逆矩阵，所以 $\boldsymbol{\alpha}_1,\boldsymbol{\alpha}_2,\cdots,\boldsymbol{\alpha}_n$ 线性无关.

充分性　设矩阵 $\boldsymbol{A}$ 有 n 个线性无关的特征向量 $\boldsymbol{\alpha}_1,\boldsymbol{\alpha}_2,\cdots,\boldsymbol{\alpha}_n$，对应的特征值依次为 λ_1，$\lambda_2,\cdots,\lambda_n$，即

$$\boldsymbol{A}\boldsymbol{\alpha}_i=\lambda_i\boldsymbol{\alpha}_i,\quad i=1,2,\cdots,n. \tag{4.9}$$

以 $\boldsymbol{\alpha}_1,\boldsymbol{\alpha}_2,\cdots,\boldsymbol{\alpha}_n$ 为列向量组构成的矩阵记为 $\boldsymbol{P}$，即

$$\boldsymbol{P}=(\boldsymbol{\alpha}_1,\boldsymbol{\alpha}_2,\cdots,\boldsymbol{\alpha}_n).$$

由于 $\boldsymbol{\alpha}_1,\boldsymbol{\alpha}_2,\cdots,\boldsymbol{\alpha}_n$ 线性无关，所以 $\boldsymbol{P}$ 可逆.再由

$$\boldsymbol{A}\boldsymbol{\alpha}_i=\lambda_i\boldsymbol{\alpha}_i \quad (i=1,2,\cdots,n),$$

有

$$\boldsymbol{A}(\boldsymbol{\alpha}_1,\boldsymbol{\alpha}_2,\cdots,\boldsymbol{\alpha}_n)=(\boldsymbol{\alpha}_1,\boldsymbol{\alpha}_2,\cdots,\boldsymbol{\alpha}_n)\begin{pmatrix}\lambda_1 & & & \\ & \lambda_2 & & \\ & & \ddots & \\ & & & \lambda_n\end{pmatrix}.$$

记对角矩阵 $\boldsymbol{\Lambda}=\begin{pmatrix}\lambda_1 & & & \\ & \lambda_2 & & \\ & & \ddots & \\ & & & \lambda_n\end{pmatrix}$，由上式得

$$\boldsymbol{AP}=\boldsymbol{P\Lambda},$$

于是 $\boldsymbol{P}^{-1}\boldsymbol{AP}=\boldsymbol{\Lambda}$，即矩阵 $\boldsymbol{A}$ 与对角矩阵 $\boldsymbol{\Lambda}$ 相似.

注意：从定理 4.10 的证明可以得出以下结论.

(1) 相似变换矩阵 $\boldsymbol{P}$ 就是以 $\boldsymbol{A}$ 的 n 个线性无关的特征向量 $\boldsymbol{\alpha}_1,\boldsymbol{\alpha}_2,\cdots,\boldsymbol{\alpha}_n$ 作为列向量排列而成的矩阵.

(2) 对角矩阵 $\boldsymbol{\Lambda}$ 的主对角线上的元素 $\lambda_1,\lambda_2,\cdots,\lambda_n$ 是矩阵 $\boldsymbol{A}$ 的特征值，且 $\lambda_1,\lambda_2,\cdots,\lambda_n$ 的排列顺序与它对应的特征向量 $\boldsymbol{\alpha}_1,\boldsymbol{\alpha}_2,\cdots,\boldsymbol{\alpha}_n$ 构成矩阵 $\boldsymbol{P}$ 的列向量的排列顺序一致.

推论　如果 n 阶矩阵 $\boldsymbol{A}$ 有 n 个互不相同的特征值,则矩阵 $\boldsymbol{A}$ 可对角化.

证明　根据定理 4.6,n 阶矩阵 $\boldsymbol{A}$ 的 n 个互不相同的特征值对应的特征向量必定线性无关，所以 $\boldsymbol{A}$ 必有 n 个线性无关的特征向量，故 $\boldsymbol{A}$ 可对角化.

例如，在上节的例 4.2 中，已求得矩阵

$$\boldsymbol{A}=\begin{pmatrix}5 & 0 & 4\\ 3 & 1 & 6\\ 0 & 2 & 3\end{pmatrix}$$

有 3 个不同的特征值，分别为 $\lambda_1=-1,\lambda_2=3,\lambda_3=7$，由定理 4.10 的推论得，矩阵 $\boldsymbol{A}$ 可对角化.

因为矩阵 $\boldsymbol{A}$ 的特征值 $\lambda_1=-1$ 对应的特征向量为 $\boldsymbol{\alpha}_1=(2,6,-3)^{\mathrm{T}}$，特征值 $\lambda_2=3$ 对应的特征向量为 $\boldsymbol{\alpha}_2=(2,0,-1)^{\mathrm{T}}$，特征值 $\lambda_3=7$ 对应的的特征向量为 $\boldsymbol{\alpha}_3=(2,2,1)^{\mathrm{T}}$，所以令

$$\boldsymbol{P}=\begin{pmatrix}2 & 2 & 2\\ 6 & 0 & 2\\ -3 & -1 & 1\end{pmatrix},\quad \boldsymbol{\Lambda}=\begin{pmatrix}-1 & & \\ & 3 & \\ & & 7\end{pmatrix},$$

则有 $\boldsymbol{P}^{-1}\boldsymbol{AP}=\boldsymbol{\Lambda}$.

在 4.1 的例 4.3 中，已求得矩阵

$$\boldsymbol{A}=\begin{pmatrix}2 & 2 & -2\\ 2 & 5 & -4\\ -2 & -4 & 5\end{pmatrix}$$

的特征值为 $\lambda_1=10,\lambda_2=\lambda_3=1$.特征值 $\lambda_1=10$ 对应的特征向量为 $\boldsymbol{\alpha}_1=(1,2,-2)^{\mathrm{T}}$，二重特征值 $\lambda_2=\lambda_3=1$ 对应的线性无关的特征向量为 $\boldsymbol{\alpha}_2=(-2,1,0)^{\mathrm{T}}$，$\boldsymbol{\alpha}_3=(2,0,1)^{\mathrm{T}}$，由定理 4.7 可知 $\boldsymbol{\alpha}_1,\boldsymbol{\alpha}_2,\boldsymbol{\alpha}_3$ 线性无关.三阶矩阵 $\boldsymbol{A}$ 有 3 个线性无关的特征向量，由定理 4.10 可知，矩阵 $\boldsymbol{A}$ 可对角化.令

$$\boldsymbol{P}=\begin{pmatrix}1 & -2 & 2\\ 2 & 1 & 0\\ -2 & 0 & 1\end{pmatrix},\quad \boldsymbol{\Lambda}=\begin{pmatrix}10 & & \\ & 1 & \\ & & 1\end{pmatrix},$$

则有 $\boldsymbol{P}^{-1}\boldsymbol{A}\boldsymbol{P}=\boldsymbol{\Lambda}$.

而在 4.1 的例 4.4 中，已求得矩阵

$$\boldsymbol{A}=\begin{pmatrix}-1 & 1 & 0\\ -4 & 3 & 0\\ 1 & 0 & 2\end{pmatrix}$$

的特征值为 $\lambda_1=\lambda_2=1$，$\lambda_3=2$.二重特征值 $\lambda_1=\lambda_2=1$ 的线性无关的特征向量只有一个为 $\boldsymbol{\alpha}_1=(1,2,-1)^{\mathrm{T}}$，因此三阶矩阵 $\boldsymbol{A}$ 的线性无关的特征向量少于 3 个，故由定理 4.10 知，矩阵 $\boldsymbol{A}$ 不可对角化.

从上面例子可以看出，在 n 阶矩阵 $\boldsymbol{A}$ 有重特征值时，矩阵 $\boldsymbol{A}$ 可否对角化，取决于其重特征值所对应的线性无关特征向量的个数.当 $\boldsymbol{A}$ 的每一个 n_i 重特征值 λ_i 对应的线性无关的特征向量的个数恰为 n_i 个时，矩阵 $\boldsymbol{A}$ 必可对角化.否则，$\boldsymbol{A}$ 不可对角化.因此，我们有如下定理.

定理 4.11　n 阶矩阵 $\boldsymbol{A}$ 可对角化的充分必要条件是对于 $\boldsymbol{A}$ 的每一个 n_i 重特征值 λ_i，对应于 λ_i 的线性无关的特征向量个数为 n_i 个，即矩阵 $\boldsymbol{A}$ 可对角化当且仅当 $r(\lambda_i\boldsymbol{E}-\boldsymbol{A})=n-n_i$.

例 4.9　设 $\boldsymbol{A}=\begin{pmatrix}0 & 0 & 1\\ 1 & 1 & a\\ 1 & 0 & 0\end{pmatrix}$，问 a 为何值时，矩阵 $\boldsymbol{A}$ 可对角化？

解　矩阵 $\boldsymbol{A}$ 的特征多项式为

$$|\lambda\boldsymbol{E}-\boldsymbol{A}|=\begin{vmatrix}\lambda & 0 & -1\\ -1 & \lambda-1 & -a\\ -1 & 0 & \lambda\end{vmatrix}=(\lambda-1)^2(\lambda+1),$$

所以矩阵 $\boldsymbol{A}$ 的特征值为 $\lambda_1=-1,\lambda_2=\lambda_3=1$.

对于 $\lambda_2=\lambda_3=1$，因

$$\boldsymbol{E}-\boldsymbol{A}=\begin{pmatrix}1 & 0 & -1\\ -1 & 0 & -a\\ -1 & 0 & 1\end{pmatrix}\xrightarrow[r_2\times(-1)]{\substack{r_2+r_1\\ r_3+r_1}}\begin{pmatrix}1 & 0 & -1\\ 0 & 0 & a+1\\ 0 & 0 & 0\end{pmatrix},$$

由定理 4.11 知，要使矩阵 $\boldsymbol{A}$ 可对角化，必有 $r(\boldsymbol{E}-\boldsymbol{A})=1$，即 $a+1=0$，因此，当 $a=-1$ 时，矩阵 $\boldsymbol{A}$ 可对角化.

例 4.10　设 $\boldsymbol{A}=\begin{pmatrix}1 & 2\\ 3 & 2\end{pmatrix}$，求 $\boldsymbol{A}^{100}$.

解　矩阵 $\boldsymbol{A}$ 的特征多项式为

$$|\lambda\boldsymbol{E}-\boldsymbol{A}|=\begin{vmatrix}\lambda-1 & -2\\ -3 & \lambda-2\end{vmatrix}=(\lambda-4)(\lambda+1),$$

所以 $\boldsymbol{A}$ 的特征值为 $\lambda_1=-1$,$\lambda_2=4$.

当 $\lambda_1=-1$ 时,解齐次线性方程组 $(-\boldsymbol{E}-\boldsymbol{A})\boldsymbol{X}=\boldsymbol{O}$,得基础解系为 $\boldsymbol{\xi}_1=(1,-1)^{\mathrm{T}}$.

当 $\lambda_2=4$ 时,解齐次线性方程组 $(4\boldsymbol{E}-\boldsymbol{A})\boldsymbol{X}=\boldsymbol{O}$,得基础解系为 $\boldsymbol{\xi}_2=(2,3)^{\mathrm{T}}$.

令 $\boldsymbol{P}=(\boldsymbol{\xi}_1,\boldsymbol{\xi}_2)=\begin{pmatrix}1 & 2\\ -1 & 3\end{pmatrix}$,则

$$\boldsymbol{P}^{-1}\boldsymbol{A}\boldsymbol{P}=\boldsymbol{\Lambda}=\begin{pmatrix}-1 & \\ & 4\end{pmatrix},$$

于是 $\boldsymbol{A}=\boldsymbol{P}\boldsymbol{\Lambda}\boldsymbol{P}^{-1}$,故 $\boldsymbol{A}^{100}=(\boldsymbol{P}\boldsymbol{\Lambda}\boldsymbol{P}^{-1})^{100}=\boldsymbol{P}\boldsymbol{\Lambda}^{100}\boldsymbol{P}^{-1}$,而

$$\boldsymbol{\Lambda}^{100}=\begin{pmatrix}(-1)^{100} & \\ & 4^{100}\end{pmatrix}=\begin{pmatrix}1 & \\ & 4^{100}\end{pmatrix},\ \boldsymbol{P}^{-1}=\frac{1}{5}\begin{pmatrix}3 & -2\\ 1 & 1\end{pmatrix},$$

则

$$\boldsymbol{A}^{100}=\frac{1}{5}\begin{pmatrix}1 & 2\\ -1 & 3\end{pmatrix}\begin{pmatrix}1 & \\ & 4^{100}\end{pmatrix}\begin{pmatrix}3 & -2\\ 1 & 1\end{pmatrix}=\frac{1}{5}\begin{pmatrix}3+2^{201} & -2+2^{201}\\ -3+3\times 2^{200} & 2+3\times 2^{200}\end{pmatrix}.$$

§4.3 实对称矩阵的对角化

在 4.2 中，我们已经知道一个 n 阶矩阵不一定可对角化.然而，实对称矩阵的特征值、特征向量具有许多特殊性质，使其满足可对角化的条件.为了讨论这一问题，首先引入向量的内积、正交向量组和正交矩阵的概念.

一、向量的内积

定义 4.5 设 n 维向量 $\boldsymbol{\alpha}=(a_1,a_2,\cdots,a_n)^{\mathrm{T}}$，$\boldsymbol{\beta}=(b_1,b_2,\cdots,b_n)^{\mathrm{T}}$，则称

$$\boldsymbol{\alpha}^{\mathrm{T}}\boldsymbol{\beta}=a_1b_1+a_2b_2+\cdots+a_nb_n=\sum_{i=1}^{n}a_ib_i$$

为向量 $\boldsymbol{\alpha}$ 与 $\boldsymbol{\beta}$ 的内积，记为$(\boldsymbol{\alpha},\boldsymbol{\beta})$.

注:行向量 $\boldsymbol{\alpha},\boldsymbol{\beta}$ 的内积可以类似定义，即$(\boldsymbol{\alpha},\boldsymbol{\beta})=\boldsymbol{\alpha}\boldsymbol{\beta}^{\mathrm{T}}$.

由定义 4.5 可知，两个实向量的内积是一个实数,并且向量的内积具有如下性质.

(1) 对称性:$(\boldsymbol{\alpha},\boldsymbol{\beta})=(\boldsymbol{\beta},\boldsymbol{\alpha})$.

(2) 非负性:$(\boldsymbol{\alpha},\boldsymbol{\alpha})\geqslant 0$，当且仅当 $\boldsymbol{\alpha}=\boldsymbol{O}$ 时，$(\boldsymbol{\alpha},\boldsymbol{\alpha})=0$.

(3) 线性性:$(k\boldsymbol{\alpha},\boldsymbol{\beta})=k(\boldsymbol{\alpha},\boldsymbol{\beta})$，$(\boldsymbol{\alpha}+\boldsymbol{\beta},\boldsymbol{\gamma})=(\boldsymbol{\alpha},\boldsymbol{\gamma})+(\boldsymbol{\beta},\boldsymbol{\gamma})$.

其中 $\boldsymbol{\alpha},\boldsymbol{\beta},\boldsymbol{\gamma}$ 为 n 维向量，$\boldsymbol{O}$ 为 n 维零向量，k 为实数.

性质(1) 请读者自证.下面我们证明性质(2) 和性质(3).

证明 设 $\boldsymbol{\alpha},\boldsymbol{\beta},\boldsymbol{\gamma}$ 为 n 维列向量,k 为实数.

(2) 设 $\boldsymbol{\alpha}=(a_1,a_2,\cdots,a_n)^{\mathrm{T}}$，则

$$(\boldsymbol{\alpha},\boldsymbol{\alpha})=\boldsymbol{\alpha}^{\mathrm{T}}\boldsymbol{\alpha}=a_1^2+a_2^2+\cdots+a_n^2\geqslant 0\ .$$

又因为$(\boldsymbol{\alpha},\boldsymbol{\alpha})=0$等价于$a_1^2+a_2^2+\cdots+a_n^2=0$，即$a_i=0(i=1,2,\cdots,n)$.所以，当且仅当$\boldsymbol{\alpha}=\boldsymbol{O}$时，$(\boldsymbol{\alpha},\boldsymbol{\alpha})=0$.

(3)$(k\boldsymbol{\alpha},\boldsymbol{\beta})=(k\boldsymbol{\alpha})^{\mathrm{T}}\boldsymbol{\beta}=k\boldsymbol{\alpha}^{\mathrm{T}}\boldsymbol{\beta}=k(\boldsymbol{\alpha},\boldsymbol{\beta})$，

$(\boldsymbol{\alpha}+\boldsymbol{\beta},\boldsymbol{\gamma})=(\boldsymbol{\alpha}+\boldsymbol{\beta})^{\mathrm{T}}\boldsymbol{\gamma}=(\boldsymbol{\alpha}^{\mathrm{T}}+\boldsymbol{\beta}^{\mathrm{T}})\boldsymbol{\gamma}=\boldsymbol{\alpha}^{\mathrm{T}}\boldsymbol{\gamma}+\boldsymbol{\beta}^{\mathrm{T}}\boldsymbol{\gamma}=(\boldsymbol{\alpha},\boldsymbol{\gamma})+(\boldsymbol{\beta},\boldsymbol{\gamma})$.

定义 4.6 对任意n维向量$\boldsymbol{\alpha}=(a_1,a_2,\cdots,a_n)^{\mathrm{T}}$，$\|\boldsymbol{\alpha}\|=\sqrt{(\boldsymbol{\alpha},\boldsymbol{\alpha})}$称为向量$\boldsymbol{\alpha}$的**长度**（或**范数，模**），即

$$\|\boldsymbol{\alpha}\|=\sqrt{\boldsymbol{\alpha}^{\mathrm{T}}\boldsymbol{\alpha}}=\sqrt{a_1{}^2+a_2{}^2+\cdots+a_n{}^2}.$$

例如，设向量$\boldsymbol{\alpha}=(-2,1,2)^{\mathrm{T}}$，则向量$\boldsymbol{\alpha}$的长度$\|\boldsymbol{\alpha}\|=\sqrt{(-2)^2+2^2+1^2}=3$.

设$\boldsymbol{\alpha},\boldsymbol{\beta}$为$n$维向量，$k$为实数，向量长度具有以下性质.

(1) 非负性：$\|\boldsymbol{\alpha}\|\geqslant 0$，当且仅当$\boldsymbol{\alpha}=\boldsymbol{O}$时，$\|\boldsymbol{\alpha}\|=0$.

(2) 齐次性：$\|k\boldsymbol{\alpha}\|=|k|\cdot\|\boldsymbol{\alpha}\|$.

(3) 三角不等式：$\|\boldsymbol{\alpha}+\boldsymbol{\beta}\|\leqslant\|\boldsymbol{\alpha}\|+\|\boldsymbol{\beta}\|$.

性质(1) 和性质(2) 容易从定义直接推得.性质(3) 的证明略.

长度为1的向量称为**单位向量**.例如，n维基本单位向量组

$$\boldsymbol{\varepsilon}_1=(1,0,\cdots,0)^{\mathrm{T}},\quad \boldsymbol{\varepsilon}_2=(0,1,\cdots,0)^{\mathrm{T}},\quad \cdots,\quad \boldsymbol{\varepsilon}_n=(0,0,\cdots,1)^{\mathrm{T}}$$

满足$\|\boldsymbol{\varepsilon}_i\|=1(i=1,2,\cdots,n)$，所以，$\boldsymbol{\varepsilon}_i(i=1,2,\cdots,n)$都是单位向量.

一般地，若$\boldsymbol{\alpha}\neq\boldsymbol{O}$，则$\dfrac{\boldsymbol{\alpha}}{\|\boldsymbol{\alpha}\|}$必为单位向量，因为$\left\|\dfrac{\boldsymbol{\alpha}}{\|\boldsymbol{\alpha}\|}\right\|=\dfrac{1}{\|\boldsymbol{\alpha}\|}\|\boldsymbol{\alpha}\|=1$.这种由非零向量$\boldsymbol{\alpha}$得出对应的单位向量$\dfrac{\boldsymbol{\alpha}}{\|\boldsymbol{\alpha}\|}$的过程，称为向量$\boldsymbol{\alpha}$的**单位化**.例如，$\boldsymbol{\alpha}=(-2,1,2)^{\mathrm{T}}$，将其单位化，得$\dfrac{\boldsymbol{\alpha}}{\|\boldsymbol{\alpha}\|}=(\dfrac{-2}{3},\dfrac{1}{3},\dfrac{2}{3})^{\mathrm{T}}$为单位向量.

定义 4.7 如果两个向量$\boldsymbol{\alpha}$与$\boldsymbol{\beta}$的内积为0，即$(\boldsymbol{\alpha},\boldsymbol{\beta})=0$，则称向量$\boldsymbol{\alpha}$与$\boldsymbol{\beta}$**是正交的**.

显然，零向量与任意同维向量都正交，与自身正交的向量只有零向量.

定义 4.8 如果非零向量组$\boldsymbol{\alpha}_1,\boldsymbol{\alpha}_2,\cdots,\boldsymbol{\alpha}_s$两两正交，即

$$(\boldsymbol{\alpha}_i,\boldsymbol{\alpha}_j)=0\quad (i\neq j;i,j=1,2,\cdots,s),$$

则称向量组$\boldsymbol{\alpha}_1,\boldsymbol{\alpha}_2,\cdots,\boldsymbol{\alpha}_s$为**正交向量组**.若一个正交向量组的每个向量都是单位向量，则称该向量组为**正交单位向量组**.

显然，向量组$\boldsymbol{\alpha}_1,\boldsymbol{\alpha}_2,\cdots,\boldsymbol{\alpha}_s$是正交单位向量组的充分必要条件是

$$(\boldsymbol{\alpha}_i,\boldsymbol{\alpha}_j)=\delta_{ij}=\begin{cases}1,i=j,\\0,i\neq j,\end{cases}\quad i,j=1,2,\cdots,s. \tag{4.10}$$

例如，$\boldsymbol{\varepsilon}_1=(1,0,\cdots,0)^{\mathrm{T}},\boldsymbol{\varepsilon}_2=(0,1,\cdots,0)^{\mathrm{T}},\cdots,\boldsymbol{\varepsilon}_n=(0,0,\cdots,1)^{\mathrm{T}}$就是一个$n$维正交单位向量组.

定理 4.12 设 $\boldsymbol{\alpha}_1,\boldsymbol{\alpha}_2,\cdots,\boldsymbol{\alpha}_s$ 是 n 维正交向量组，则 $\boldsymbol{\alpha}_1,\boldsymbol{\alpha}_2,\cdots,\boldsymbol{\alpha}_s$ 必线性无关.

证明 设存在数 $k_1,k_2,\cdots,k_s$，使得

$$k_1\boldsymbol{\alpha}_1+k_2\boldsymbol{\alpha}_2+\cdots+k_s\boldsymbol{\alpha}_s=\boldsymbol{O}.$$

用 $\boldsymbol{\alpha}_i(i=1,2,\cdots,s)$ 与上式两边分别作内积，得

$$(k_1\boldsymbol{\alpha}_1+k_2\boldsymbol{\alpha}_2+\cdots+k_s\boldsymbol{\alpha}_s,\boldsymbol{\alpha}_i)=(\boldsymbol{O},\boldsymbol{\alpha}_i)=0,$$

即

$$k_1(\boldsymbol{\alpha}_1,\boldsymbol{\alpha}_i)+\cdots+k_i(\boldsymbol{\alpha}_i,\boldsymbol{\alpha}_i)+\cdots+k_s(\boldsymbol{\alpha}_s,\boldsymbol{\alpha}_i)=0.$$

因为$(\boldsymbol{\alpha}_i,\boldsymbol{\alpha}_j)=0\ (i\neq j)$，所以上式化为

$$k_i(\boldsymbol{\alpha}_i,\boldsymbol{\alpha}_i)=0.$$

而 $\boldsymbol{\alpha}_i\neq\boldsymbol{O}$，必有$(\boldsymbol{\alpha}_i,\boldsymbol{\alpha}_i)>0$，所以 $k_i=0\ (i=1,2,\cdots,s)$，因此，向量组 $\boldsymbol{\alpha}_1,\boldsymbol{\alpha}_2,\cdots,\boldsymbol{\alpha}_s$ 是线性无关的.

这个定理给出了正交向量组的必要条件，但一个线性无关的向量组未必是正交向量组.例如，$\boldsymbol{\alpha}_1=(1,0,0)^{\mathrm{T}}$，$\boldsymbol{\alpha}_2=(1,1,0)^{\mathrm{T}}$ 是线性无关的，但不是正交的.对于线性无关的向量组 $\boldsymbol{\alpha}_1,\boldsymbol{\alpha}_2,\cdots,\boldsymbol{\alpha}_s$，可以求得与其等价的正交向量组，这一方法称为**施密特（Schmidt）正交化方法**.

定理 4.13 设 $\boldsymbol{\alpha}_1,\boldsymbol{\alpha}_2,\cdots,\boldsymbol{\alpha}_s$ 是一个线性无关的向量组，令

$$\begin{aligned}
\boldsymbol{\beta}_1&=\boldsymbol{\alpha}_1,\\
\boldsymbol{\beta}_2&=\boldsymbol{\alpha}_2-\frac{(\boldsymbol{\alpha}_2,\boldsymbol{\beta}_1)}{(\boldsymbol{\beta}_1,\boldsymbol{\beta}_1)}\boldsymbol{\beta}_1,\\
\boldsymbol{\beta}_3&=\boldsymbol{\alpha}_3-\frac{(\boldsymbol{\alpha}_3,\boldsymbol{\beta}_1)}{(\boldsymbol{\beta}_1,\boldsymbol{\beta}_1)}\boldsymbol{\beta}_1-\frac{(\boldsymbol{\alpha}_3,\boldsymbol{\beta}_2)}{(\boldsymbol{\beta}_2,\boldsymbol{\beta}_2)}\boldsymbol{\beta}_2,\\
&\ \vdots\\
\boldsymbol{\beta}_s&=\boldsymbol{\alpha}_s-\frac{(\boldsymbol{\alpha}_s,\boldsymbol{\beta}_1)}{(\boldsymbol{\beta}_1,\boldsymbol{\beta}_1)}\boldsymbol{\beta}_1-\frac{(\boldsymbol{\alpha}_s,\boldsymbol{\beta}_2)}{(\boldsymbol{\beta}_2,\boldsymbol{\beta}_2)}\boldsymbol{\beta}_2-\cdots-\frac{(\boldsymbol{\alpha}_s,\boldsymbol{\beta}_{s-1})}{(\boldsymbol{\beta}_{s-1},\boldsymbol{\beta}_{s-1})}\boldsymbol{\beta}_{s-1},
\end{aligned}\tag{4.11}$$

则 $\boldsymbol{\beta}_1,\boldsymbol{\beta}_2,\cdots,\boldsymbol{\beta}_s$ 是一个正交向量组，并且 $\boldsymbol{\beta}_1,\boldsymbol{\beta}_2,\cdots,\boldsymbol{\beta}_s$ 与 $\boldsymbol{\alpha}_1,\boldsymbol{\alpha}_2,\cdots,\boldsymbol{\alpha}_s$ 等价.

证明 由式(4.11)可以看出向量组 $\boldsymbol{\beta}_1,\boldsymbol{\beta}_2,\cdots,\boldsymbol{\beta}_s$ 与 $\boldsymbol{\alpha}_1,\boldsymbol{\alpha}_2,\cdots,\boldsymbol{\alpha}_s$ 可以相互线性表示，所以 $\boldsymbol{\beta}_1,\boldsymbol{\beta}_2,\cdots,\boldsymbol{\beta}_s$ 与 $\boldsymbol{\alpha}_1,\boldsymbol{\alpha}_2,\cdots,\boldsymbol{\alpha}_s$ 等价.

下面证明向量组 $\boldsymbol{\beta}_1,\boldsymbol{\beta}_2,\cdots,\boldsymbol{\beta}_s$ 是正交向量组.

对向量的个数 s 作数学归纳法.

当 $s=2$ 时，

$$\begin{aligned}
(\boldsymbol{\beta}_1,\boldsymbol{\beta}_2)&=(\boldsymbol{\beta}_1,\boldsymbol{\alpha}_2)-\frac{(\boldsymbol{\alpha}_2,\boldsymbol{\beta}_1)}{(\boldsymbol{\beta}_1,\boldsymbol{\beta}_1)}(\boldsymbol{\beta}_1,\boldsymbol{\beta}_1)\\
&=(\boldsymbol{\beta}_1,\boldsymbol{\alpha}_2)-(\boldsymbol{\alpha}_2,\boldsymbol{\beta}_1)\\
&=0,
\end{aligned}$$

即 $\boldsymbol{\beta}_1,\boldsymbol{\beta}_2$ 正交.

假设 $s=i-1$ 时结论成立，即 $\boldsymbol{\beta}_1,\boldsymbol{\beta}_2,\cdots,\boldsymbol{\beta}_{i-1}$ 两两正交，证明 $s=i$ 时结论也成立.只要证明 $\boldsymbol{\beta}_i$ 与 $\boldsymbol{\beta}_1,\boldsymbol{\beta}_2,\cdots,\boldsymbol{\beta}_{i-1}$ 中的任意一个向量都正交即可. 因

$$\boldsymbol{\beta}_i=\boldsymbol{\alpha}_i-\frac{(\boldsymbol{\alpha}_i,\boldsymbol{\beta}_1)}{(\boldsymbol{\beta}_1,\boldsymbol{\beta}_1)}\boldsymbol{\beta}_1-\frac{(\boldsymbol{\alpha}_i,\boldsymbol{\beta}_2)}{(\boldsymbol{\beta}_2,\boldsymbol{\beta}_2)}\boldsymbol{\beta}_2-\cdots-\frac{(\boldsymbol{\alpha}_i,\boldsymbol{\beta}_{i-1})}{(\boldsymbol{\beta}_{i-1},\boldsymbol{\beta}_{i-1})}\boldsymbol{\beta}_{i-1},$$

用 $\boldsymbol{\beta}_j(1\leqslant j\leqslant i-1)$ 与上式两边的向量同时作内积，得

$$\begin{aligned}(\boldsymbol{\beta}_j,\boldsymbol{\beta}_i)&=(\boldsymbol{\beta}_j,\boldsymbol{\alpha}_i)-\sum_{k=1}^{i-1}\frac{(\boldsymbol{\alpha}_i,\boldsymbol{\beta}_k)}{(\boldsymbol{\beta}_k,\boldsymbol{\beta}_k)}(\boldsymbol{\beta}_j,\boldsymbol{\beta}_k)\\&=(\boldsymbol{\beta}_j,\boldsymbol{\alpha}_i)-\frac{(\boldsymbol{\alpha}_i,\boldsymbol{\beta}_j)}{(\boldsymbol{\beta}_j,\boldsymbol{\beta}_j)}(\boldsymbol{\beta}_j,\boldsymbol{\beta}_j)\quad(j=1,2,\cdots,i-1)\\&=(\boldsymbol{\beta}_j,\boldsymbol{\alpha}_i)-(\boldsymbol{\alpha}_i,\boldsymbol{\beta}_j)\\&=0,\end{aligned}$$

即 $\boldsymbol{\beta}_i$ 与 $\boldsymbol{\beta}_1,\boldsymbol{\beta}_2,\cdots,\boldsymbol{\beta}_{i-1}$ 都正交，由归纳法假设知 $\boldsymbol{\beta}_1,\boldsymbol{\beta}_2,\cdots,\boldsymbol{\beta}_i$ 也是一个正交向量组.

由数学归纳法知，对一切正整数 $s\geqslant 2$，结论都成立.

利用施密特正交化方法得到 $\boldsymbol{\beta}_1,\boldsymbol{\beta}_2,\cdots,\boldsymbol{\beta}_s$ 后，再将各向量单位化，令

$$\boldsymbol{\gamma}_1=\frac{\boldsymbol{\beta}_1}{\|\boldsymbol{\beta}_1\|},\quad\boldsymbol{\gamma}_2=\frac{\boldsymbol{\beta}_2}{\|\boldsymbol{\beta}_2\|},\quad\cdots,\quad\boldsymbol{\gamma}_s=\frac{\boldsymbol{\beta}_s}{\|\boldsymbol{\beta}_s\|},$$

则向量组 $\boldsymbol{\gamma}_1,\boldsymbol{\gamma}_2,\cdots,\boldsymbol{\gamma}_s$ 就是与 $\boldsymbol{\alpha}_1,\boldsymbol{\alpha}_2,\cdots,\boldsymbol{\alpha}_s$ 等价的正交单位向量组.

例 4.11 设向量组 $\boldsymbol{\alpha}_1=(1,2,-1)^{\mathrm{T}},\boldsymbol{\alpha}_2=(-1,3,1)^{\mathrm{T}},\boldsymbol{\alpha}_3=(4,-1,0)^{\mathrm{T}}$，用施密特正交化方法，将向量组正交化和单位化.

解 (1) 由施密特正交化方法，得

$$\boldsymbol{\beta}_1=\boldsymbol{\alpha}_1=\begin{pmatrix}1\\2\\-1\end{pmatrix},$$

$$\boldsymbol{\beta}_2=\boldsymbol{\alpha}_2-\frac{(\boldsymbol{\alpha}_2,\boldsymbol{\beta}_1)}{(\boldsymbol{\beta}_1,\boldsymbol{\beta}_1)}\boldsymbol{\beta}_1=\begin{pmatrix}-\frac{5}{3}\\\frac{5}{3}\\\frac{5}{3}\end{pmatrix},$$

$$\boldsymbol{\beta}_3=\boldsymbol{\alpha}_3-\frac{(\boldsymbol{\alpha}_3,\boldsymbol{\beta}_1)}{(\boldsymbol{\beta}_1,\boldsymbol{\beta}_1)}\boldsymbol{\beta}_1-\frac{(\boldsymbol{\alpha}_3,\boldsymbol{\beta}_2)}{(\boldsymbol{\beta}_2,\boldsymbol{\beta}_2)}\boldsymbol{\beta}_2=\begin{pmatrix}2\\0\\2\end{pmatrix},$$

则 $\boldsymbol{\beta}_1,\boldsymbol{\beta}_2,\boldsymbol{\beta}_3$ 是与 $\boldsymbol{\alpha}_1,\boldsymbol{\alpha}_2,\boldsymbol{\alpha}_3$ 等价的正交向量组.

(2) 将 $\boldsymbol{\beta}_1,\boldsymbol{\beta}_2,\boldsymbol{\beta}_3$ 单位化，令

$$\boldsymbol{\gamma}_1=\frac{\boldsymbol{\beta}_1}{\|\boldsymbol{\beta}_1\|}=\frac{1}{\sqrt{6}}\begin{pmatrix}1\\2\\-1\end{pmatrix},\quad \boldsymbol{\gamma}_2=\frac{\boldsymbol{\beta}_2}{\|\boldsymbol{\beta}_2\|}=\frac{1}{\sqrt{3}}\begin{pmatrix}-1\\1\\1\end{pmatrix},\quad \boldsymbol{\gamma}_3=\frac{\boldsymbol{\beta}_3}{\|\boldsymbol{\beta}_3\|}=\frac{1}{\sqrt{2}}\begin{pmatrix}1\\0\\1\end{pmatrix},$$

则 $\boldsymbol{\gamma}_1,\boldsymbol{\gamma}_2,\boldsymbol{\gamma}_3$ 是与 $\boldsymbol{\alpha}_1,\boldsymbol{\alpha}_2,\boldsymbol{\alpha}_3$ 等价的正交单位向量组.

二、正交矩阵

定义 4.9 如果 n 阶矩阵 $\boldsymbol{Q}$ 满足

$$\boldsymbol{Q}^{\mathrm{T}}\boldsymbol{Q}=\boldsymbol{E},$$

则称矩阵 $\boldsymbol{Q}$ 为**正交矩阵**.

由定义 4.9 易知，若 $\boldsymbol{Q}\boldsymbol{Q}^{\mathrm{T}}=\boldsymbol{E}$，则 n 阶矩阵 $\boldsymbol{Q}$ 也是正交矩阵.

正交矩阵具有以下性质：

(1) 若 $\boldsymbol{Q}$ 是正交矩阵，则 $\boldsymbol{Q}$ 的行列式等于 1 或 -1；

(2) 若 $\boldsymbol{Q}$ 是正交矩阵，则 $\boldsymbol{Q}$ 可逆，且 $\boldsymbol{Q}^{-1}=\boldsymbol{Q}^{\mathrm{T}}$；

(3) 若 $\boldsymbol{Q}$ 是正交矩阵，则 $\boldsymbol{Q}^{-1}$（或 $\boldsymbol{Q}^{\mathrm{T}}$）也是正交矩阵；

(4) 若 $\boldsymbol{P}$ 与 $\boldsymbol{Q}$ 是同阶正交矩阵，则 $\boldsymbol{PQ}$ 也是正交矩阵.

定理 4.14 n 阶矩阵 $\boldsymbol{Q}$ 为正交矩阵的充分必要条件是 $\boldsymbol{Q}$ 的列（行）向量组是正交单位向量组.

证明 将矩阵 $\boldsymbol{Q}$ 按列分块，记 $\boldsymbol{Q}=(\boldsymbol{\alpha}_1,\boldsymbol{\alpha}_2,\cdots,\boldsymbol{\alpha}_n)$.$\boldsymbol{Q}$ 为正交矩阵等价于

$$\boldsymbol{Q}^{\mathrm{T}}\boldsymbol{Q}=\begin{pmatrix}\boldsymbol{\alpha}_1^{\mathrm{T}}\\\boldsymbol{\alpha}_2^{\mathrm{T}}\\\vdots\\\boldsymbol{\alpha}_n^{\mathrm{T}}\end{pmatrix}(\boldsymbol{\alpha}_1,\boldsymbol{\alpha}_2,\cdots,\boldsymbol{\alpha}_n)$$

$$=\begin{pmatrix}\boldsymbol{\alpha}_1^{\mathrm{T}}\boldsymbol{\alpha}_1 & \boldsymbol{\alpha}_1^{\mathrm{T}}\boldsymbol{\alpha}_2 & \cdots & \boldsymbol{\alpha}_1^{\mathrm{T}}\boldsymbol{\alpha}_n\\\boldsymbol{\alpha}_2^{\mathrm{T}}\boldsymbol{\alpha}_1 & \boldsymbol{\alpha}_2^{\mathrm{T}}\boldsymbol{\alpha}_2 & \cdots & \boldsymbol{\alpha}_2^{\mathrm{T}}\boldsymbol{\alpha}_n\\\vdots & \vdots & & \vdots\\\boldsymbol{\alpha}_n^{\mathrm{T}}\boldsymbol{\alpha}_1 & \boldsymbol{\alpha}_n^{\mathrm{T}}\boldsymbol{\alpha}_2 & \cdots & \boldsymbol{\alpha}_n^{\mathrm{T}}\boldsymbol{\alpha}_n\end{pmatrix}=\boldsymbol{E},$$

上式等价于

$$\boldsymbol{\alpha}_i^{\mathrm{T}}\boldsymbol{\alpha}_j=\begin{cases}1, & i=j\\0, & i\neq j\end{cases}\quad(i,j=1,2,\cdots,n).$$

即矩阵 $\boldsymbol{Q}$ 的列向量组 $\boldsymbol{\alpha}_1,\boldsymbol{\alpha}_2,\cdots,\boldsymbol{\alpha}_n$ 为正交单位向量组.所以，矩阵 $\boldsymbol{Q}$ 为正交矩阵的充分必要条件是 $\boldsymbol{Q}$ 的列向量组是正交单位向量组.

同理，结论对行向量组也成立.

三、实对称矩阵的相似对角化

一个 n 阶矩阵未必可以对角化，但是实对称矩阵却一定可以对角化，这是实对称矩阵的一个特性.为了研究这一问题，我们首先研究实对称矩阵特征值与特征向量的一些性质.

定理 4.15　n 阶实对称矩阵 $\boldsymbol{A}$ 的特征值都是实数.

证明　设 $\boldsymbol{A}=(a_{ij})$ 是实对称矩阵，则 $\overline{\boldsymbol{A}}=\boldsymbol{A}$，$\boldsymbol{A}^{\mathrm{T}}=\boldsymbol{A}$，其中 $\overline{\boldsymbol{A}}=(\overline{a}_{ij})$，$\overline{a}_{ij}$ 是 a_{ij} 的共轭复数.设 λ 是 $\boldsymbol{A}$ 的任一特征值，于是存在非零向量 $\boldsymbol{\alpha}$，使得

$$\boldsymbol{A\alpha}=\lambda\boldsymbol{\alpha}.$$

上式两边取共轭，得

$$\overline{\boldsymbol{A\alpha}}=\overline{\lambda\boldsymbol{\alpha}},$$

即 $\overline{\boldsymbol{A}}\,\overline{\boldsymbol{\alpha}}=\overline{\lambda}\,\overline{\boldsymbol{\alpha}}$.由于 $\overline{\boldsymbol{A}}=\boldsymbol{A}$，所以

$$\boldsymbol{A}\overline{\boldsymbol{\alpha}}=\overline{\lambda}\,\overline{\boldsymbol{\alpha}}.$$

上式两边同时取转置，得

$$\overline{\boldsymbol{\alpha}}^{\mathrm{T}}\boldsymbol{A}^{\mathrm{T}}=\overline{\lambda}\,\overline{\boldsymbol{\alpha}}^{\mathrm{T}},$$

即

$$\overline{\boldsymbol{\alpha}}^{\mathrm{T}}\boldsymbol{A}=\overline{\lambda}\,\overline{\boldsymbol{\alpha}}^{\mathrm{T}}.$$

上式两边同时右乘 $\boldsymbol{\alpha}$，得

$$\overline{\boldsymbol{\alpha}}^{\mathrm{T}}\boldsymbol{A\alpha}=\lambda\,\overline{\boldsymbol{\alpha}}^{\mathrm{T}}\boldsymbol{\alpha}=\overline{\lambda}\,\overline{\boldsymbol{\alpha}}^{\mathrm{T}}\boldsymbol{\alpha},$$

$$(\lambda-\overline{\lambda})\,\overline{\boldsymbol{\alpha}}^{\mathrm{T}}\boldsymbol{\alpha}=0.$$

由于 $\boldsymbol{\alpha}\neq\boldsymbol{O}$，所以

$$\overline{\boldsymbol{\alpha}}^{\mathrm{T}}\boldsymbol{\alpha}=\overline{a}_1a_1+\overline{a}_2a_2+\cdots+\overline{a}_na_n=|a_1|^2+|a_2|^2+\cdots+|a_n|^2>0,$$

故 $\lambda-\overline{\lambda}=0$，即 $\overline{\lambda}=\lambda$，这说明 λ 是实数.

定理 4.16　实对称矩阵 $\boldsymbol{A}$ 的对应于不同特征值的特征向量必正交.

证明　设 λ_1,λ_2 是 $\boldsymbol{A}$ 的不同特征值，$\boldsymbol{\alpha}_1,\boldsymbol{\alpha}_2$ 分别是 $\boldsymbol{A}$ 的对应于特征值 λ_1,λ_2 的特征向量，于是

$$\boldsymbol{A\alpha}_1=\lambda_1\boldsymbol{\alpha}_1,\quad \boldsymbol{A\alpha}_2=\lambda_2\boldsymbol{\alpha}_2,$$

将上面第一式左乘 $\boldsymbol{\alpha}_2^{\mathrm{T}}$，得

$$\boldsymbol{\alpha}_2^{\mathrm{T}}\boldsymbol{A\alpha}_1=\lambda_1\boldsymbol{\alpha}_2^{\mathrm{T}}\boldsymbol{\alpha}_1.$$

因为

$$\boldsymbol{\alpha}_2^{\mathrm{T}}\boldsymbol{A\alpha}_1=(\boldsymbol{A}^{\mathrm{T}}\boldsymbol{\alpha}_2)^{\mathrm{T}}\boldsymbol{\alpha}_1=(\boldsymbol{A\alpha}_2)^{\mathrm{T}}\boldsymbol{\alpha}_1=\lambda_2\boldsymbol{\alpha}_2^{\mathrm{T}}\boldsymbol{\alpha}_1,$$

故有

$$(\lambda_2-\lambda_1)\boldsymbol{\alpha}_2^{\mathrm{T}}\boldsymbol{\alpha}_1=0.$$

由于 $\lambda_1\neq\lambda_2$，所以 $\boldsymbol{\alpha}_2^{\mathrm{T}}\boldsymbol{\alpha}_1=0$，即向量 $\boldsymbol{\alpha}_1$ 与 $\boldsymbol{\alpha}_2$ 正交.

定理 4.17 设 $\boldsymbol{A}$ 为 n 阶实对称矩阵，λ 是 $\boldsymbol{A}$ 的 k 重特征值，则矩阵 $\lambda\boldsymbol{E}-\boldsymbol{A}$ 的秩 $r(\lambda\boldsymbol{E}-\boldsymbol{A})=n-k$，从而矩阵 $\boldsymbol{A}$ 对应于特征值 λ 恰有 k 个线性无关的特征向量.

证明略.

定理 4.18 设 $\boldsymbol{A}$ 为 n 阶实对称矩阵，则必存在正交矩阵 $\boldsymbol{Q}$，使得

$$\boldsymbol{Q}^{-1}\boldsymbol{A}\boldsymbol{Q}=\boldsymbol{Q}^{\mathrm{T}}\boldsymbol{A}\boldsymbol{Q}=\boldsymbol{\Lambda},$$

其中 $\boldsymbol{\Lambda}$ 是对角矩阵，其主对角线上的元素是矩阵 $\boldsymbol{A}$ 的个 n 特征值.

证明 设实对称矩阵 $\boldsymbol{A}$ 的互不相等的特征值为 $\lambda_1,\lambda_2,\cdots,\lambda_s$，它们的重数分别为 $k_1,k_2,\cdots,k_s$，则 $k_1+k_2+\cdots+k_s=n$.由定理4.17知，矩阵 $\boldsymbol{A}$ 对应于特征值 $\lambda_i(i=1,2,\cdots,s)$ 的线性无关的特征向量必有 k_i 个.利用施密特正交化方法将它们正交化，再单位化，即得 k_i 个对应于特征值 λ_i 的正交单位特征向量组，由 $k_1+k_2+\cdots+k_s=n$ 知，这样的特征向量共有 n 个.再由定理4.16知，对应于不同特征值的特征向量正交，所以这 n 个特征向量是一组正交单位特征向量组，以它们为列向量组构成正交矩阵 $\boldsymbol{Q}$，则有

$$\boldsymbol{Q}^{-1}\boldsymbol{A}\boldsymbol{Q}=\boldsymbol{Q}^{\mathrm{T}}\boldsymbol{A}\boldsymbol{Q}=\boldsymbol{\Lambda},$$

其中对角矩阵 $\boldsymbol{\Lambda}$ 的主对角线元素是矩阵 $\boldsymbol{A}$ 的 n 个特征值.

根据定理4.18的证明过程可知，利用正交矩阵 $\boldsymbol{Q}$ 将实对称矩阵 $\boldsymbol{A}$ 对角化的具体步骤如下.

(1) 解特征方程 $|\lambda\boldsymbol{E}-\boldsymbol{A}|=0$，得到 n 阶矩阵 $\boldsymbol{A}$ 的互不相同的特征值 $\lambda_1,\lambda_2,\cdots,\lambda_s$，其中 $\lambda_i(1\leqslant i\leqslant s)$ 为 $\boldsymbol{A}$ 的 k_i 重特征值$(k_1+k_2+\cdots+k_s=n)$.

(2) 对于 $\boldsymbol{A}$ 的每一个 k_i 重特征值 λ_i，求出齐次线性方程组 $(\lambda_i\boldsymbol{E}-\boldsymbol{A})\boldsymbol{X}=\boldsymbol{O}$ 的一个基础解系 $\boldsymbol{\alpha}_{i1},\boldsymbol{\alpha}_{i2},\cdots,\boldsymbol{\alpha}_{ik_i}(i=1,2,\cdots,s)$，即为 $\boldsymbol{A}$ 对应于特征值 λ_i 的线性无关的特征向量.

(3) 利用施密特正交化方法，将向量组 $\boldsymbol{\alpha}_{i1},\boldsymbol{\alpha}_{i2},\cdots,\boldsymbol{\alpha}_{ik_i}$ 正交化，得到等价的正交向量组 $\boldsymbol{\beta}_{i1},\boldsymbol{\beta}_{i2},\cdots,\boldsymbol{\beta}_{ik_i}(i=1,2,\cdots,s)$.再将所得正交向量组单位化，得到正交单位向量组 $\boldsymbol{\gamma}_{i1},\boldsymbol{\gamma}_{i2},\cdots,\boldsymbol{\gamma}_{ik_i}(i=1,2,\cdots,s)$.

注：若 λ_i 是单根，即 $k_i=1$，则属于 λ_i 的线性无关的特征向量只有一个，只需将其单位化即可.

(4) 令矩阵

$$\boldsymbol{A}=(\boldsymbol{\gamma}_{11},\boldsymbol{\gamma}_{12},\cdots,\boldsymbol{\gamma}_{1k_1},\boldsymbol{\gamma}_{21},\boldsymbol{\gamma}_{22},\cdots,\boldsymbol{\gamma}_{2k_2},\cdots,\boldsymbol{\gamma}_{s1},\boldsymbol{\gamma}_{s2},\cdots,\boldsymbol{\gamma}_{sk_s}),$$

则 $\boldsymbol{Q}$ 为正交矩阵，使得

$$Q^{-1}AQ=\Lambda=\begin{pmatrix}\lambda_1&&&&&&&&\\&\ddots&&&&&&&\\&&\lambda_1&&&&&&\\&&&\lambda_2&&&&&\\&&&&\ddots&&&&\\&&&&&\lambda_2&&&\\&&&&&&\ddots&&\\&&&&&&&\lambda_s&\\&&&&&&&&\ddots\\&&&&&&&&&\lambda_s\end{pmatrix},$$

其中对角矩阵 $\boldsymbol{\Lambda}$ 的主对角线元素 λ_i 的个数为 k_i 个($i=1,2,\cdots,s$).

例 4.12　求正交矩阵 $\boldsymbol{Q}$，使得 $\boldsymbol{Q}^{-1}\boldsymbol{AQ}$ 为对角矩阵，其中

$$\boldsymbol{A}=\begin{pmatrix}3&2&4\\2&0&2\\4&2&3\end{pmatrix}$$

为实对称矩阵.

解　矩阵 $\boldsymbol{A}$ 的特征多项式为

$$|\lambda\boldsymbol{E}-\boldsymbol{A}|=\begin{vmatrix}\lambda-3&-2&-4\\-2&\lambda&-2\\-4&-2&\lambda-3\end{vmatrix}=(\lambda+1)^2(\lambda-8),$$

所以 $\boldsymbol{A}$ 的特征值为 $\lambda_1=\lambda_2=-1$，$\lambda_3=8$.

当 $\lambda_1=\lambda_2=-1$ 时，解齐次线性方程组 $(-\boldsymbol{E}-\boldsymbol{A})\boldsymbol{X}=\boldsymbol{O}$，可得它的一个基础解系为 $\boldsymbol{\alpha}_1=(1,0,-1)^{\mathrm{T}}$，$\boldsymbol{\alpha}_2=(1,-2,0)^{\mathrm{T}}$.将其正交化，取

$$\boldsymbol{\beta}_1=\begin{pmatrix}1\\0\\-1\end{pmatrix},$$

$$\boldsymbol{\beta}_2=\boldsymbol{\alpha}_2-\frac{(\boldsymbol{\alpha}_2,\boldsymbol{\beta}_1)}{(\boldsymbol{\beta}_1,\boldsymbol{\beta}_1)}\boldsymbol{\beta}_1=\begin{pmatrix}1\\-2\\0\end{pmatrix}-\frac{1}{2}\begin{pmatrix}1\\0\\-1\end{pmatrix}=\begin{pmatrix}\frac{1}{2}\\-2\\\frac{1}{2}\end{pmatrix}.$$

再单位化，得

$$\boldsymbol{\gamma}_1=\frac{\boldsymbol{\beta}_1}{\|\boldsymbol{\beta}_1\|}=\begin{pmatrix}\frac{\sqrt{2}}{2}\\0\\-\frac{\sqrt{2}}{2}\end{pmatrix},\quad \boldsymbol{\gamma}_2=\frac{\boldsymbol{\beta}_2}{\|\boldsymbol{\beta}_2\|}=\frac{1}{3\sqrt{2}}\begin{pmatrix}1\\-4\\1\end{pmatrix}.$$

当$\lambda_3=8$时，解齐次线性方程组$(8\boldsymbol{E}-\boldsymbol{A})\boldsymbol{X}=\boldsymbol{O}$，可得它的一个基础解系为$\boldsymbol{\alpha}_3=(2,1,2)^{\mathrm{T}}$.将其单位化，得

$$\boldsymbol{\gamma}_3=\frac{\boldsymbol{\alpha}_3}{\|\boldsymbol{\alpha}_3\|}=\begin{pmatrix}\frac{2}{3}\\\frac{1}{3}\\\frac{2}{3}\end{pmatrix}.$$

令$\boldsymbol{Q}=\begin{pmatrix}\frac{\sqrt{2}}{2}&\frac{1}{3\sqrt{2}}&\frac{2}{3}\\0&-\frac{4}{3\sqrt{2}}&\frac{1}{3}\\-\frac{\sqrt{2}}{2}&\frac{1}{3\sqrt{2}}&\frac{2}{3}\end{pmatrix}$，则$\boldsymbol{Q}^{-1}\boldsymbol{A}\boldsymbol{Q}=\boldsymbol{\Lambda}=\begin{pmatrix}-1&&\\&-1&\\&&8\end{pmatrix}$.

习 题 四

(A)

1.求下列矩阵的特征值和特征向量.

(1) $\begin{pmatrix}3&1\\5&-1\end{pmatrix}$；　　(2) $\begin{pmatrix}4&6&0\\-3&-5&0\\-3&-6&1\end{pmatrix}$；

(3) $\begin{pmatrix}1&2&3\\2&1&3\\3&3&6\end{pmatrix}$；　　(4) $\begin{pmatrix}5&6&-3\\-1&0&1\\1&2&1\end{pmatrix}$.

2.设 $\boldsymbol{A}$ 为 n 阶矩阵.

（1）若 $\boldsymbol{A}$ 满足 $\boldsymbol{A}^2=\boldsymbol{A}$（$\boldsymbol{A}$ 称为幂等矩阵），证明：$\boldsymbol{A}$ 的特征值只能是 0 或 1.

（2）若 $\boldsymbol{A}$ 满足 $\boldsymbol{A}^2=\boldsymbol{E}$（$\boldsymbol{A}$ 称为周期矩阵），证明：$\boldsymbol{A}$ 的特征值只能是 1 或 -1.

3.证明定理 4.5.

4.已知 $\boldsymbol{\alpha}=(1,k,1)^{\mathrm{T}}$ 是矩阵 $\boldsymbol{A}=\begin{pmatrix}2&1&1\\1&2&1\\1&1&2\end{pmatrix}$ 的特征向量，求对应的特征值 λ 和数 k 的值.

5.已知三阶可逆矩阵 $\boldsymbol{A}$ 的特征值为 1，2，3，求下列矩阵 $\boldsymbol{B}$ 的特征值.

(1)$\boldsymbol{B}=\boldsymbol{E}+2\boldsymbol{A}+\boldsymbol{A}^2$； (2)$\boldsymbol{B}=\left(\dfrac{1}{3}\boldsymbol{A}^2\right)^{-1}$； (3)$\boldsymbol{B}=\boldsymbol{E}+\boldsymbol{A}^{-1}$； (4)$\boldsymbol{B}=\boldsymbol{A}^*$.

6.已知三阶矩阵 $\boldsymbol{A}$ 的特征值为 1，-1，2，求 $|\boldsymbol{A}^3-5\boldsymbol{A}^2|$ 的值.

7.已知 $\boldsymbol{A}=\begin{pmatrix}a&-2&0\\b&1&-2\\c&-2&0\end{pmatrix}$ 的三个特征值为 4,1,-2,求 a,b,c.

8.设 $\boldsymbol{A},\boldsymbol{B}$ 都是 n 阶矩阵，并且 $|\boldsymbol{A}|\neq 0$，证明：$\boldsymbol{AB}$ 与 $\boldsymbol{BA}$ 相似.

9.已知 $\boldsymbol{A}$ 为二阶矩阵，且 $|\boldsymbol{A}|<0$，证明：存在可逆矩阵 $\boldsymbol{P}$，使得 $\boldsymbol{P}^{-1}\boldsymbol{AP}$ 为对角矩阵.

10.如果 $\boldsymbol{A}\sim\boldsymbol{B}$，$\boldsymbol{C}\sim\boldsymbol{D}$，证明：$\begin{pmatrix}\boldsymbol{A}&\boldsymbol{O}\\\boldsymbol{O}&\boldsymbol{C}\end{pmatrix}\sim\begin{pmatrix}\boldsymbol{B}&\boldsymbol{O}\\\boldsymbol{O}&\boldsymbol{D}\end{pmatrix}$.

11.设矩阵 $\boldsymbol{A}=\begin{pmatrix}1&-1&1\\2&4&-2\\-3&-3&a\end{pmatrix}$ 与矩阵 $\boldsymbol{B}=\begin{pmatrix}2&&\\&2&\\&&b\end{pmatrix}$ 相似.

（1）求常数 a 和 b 的值；

（2）求可逆矩阵 $\boldsymbol{P}$，使得 $\boldsymbol{P}^{-1}\boldsymbol{AP}=\boldsymbol{B}$.

12.判断第 1 题中的各矩阵是否可相似对角化.如果可以，则写出与其相似的对角矩阵 $\boldsymbol{\Lambda}$ 和相似变换矩阵 $\boldsymbol{P}$.

13.设矩阵 $\boldsymbol{A}=\begin{pmatrix}2&0&1\\3&1&x\\4&0&5\end{pmatrix}$ 可相似对角化，求 x.

14.设矩阵 $\boldsymbol{A}=\begin{pmatrix}1&-3&3\\3&-5&3\\6&-6&4\end{pmatrix}$，求 $\boldsymbol{A}^n$（n 为正整数）.

15.求下列向量 $\boldsymbol{\alpha}$ 与 $\boldsymbol{\beta}$ 的内积.

(1)$\boldsymbol{\alpha}=(-1,2,0)^{\mathrm{T}},\boldsymbol{\beta}=(3,-3,1)^{\mathrm{T}}$；

(2)$\boldsymbol{\alpha}=(\sqrt{2},1,\sqrt{2})^{\mathrm{T}}$,$\boldsymbol{\beta}=(-1,0,1)^{\mathrm{T}}$.

16.利用施密特正交化方法将下列向量组正交化.

(1)$\boldsymbol{\alpha}_1=(1,-2,1)^{\mathrm{T}}$,$\boldsymbol{\alpha}_2=(-1,3,1)^{\mathrm{T}}$,$\boldsymbol{\alpha}_3=(4,-1,0)^{\mathrm{T}}$;

(2)$\boldsymbol{\alpha}_1=(-1,1,0,0)^{\mathrm{T}}$,$\boldsymbol{\alpha}_2=(-1,0,1,0)^{\mathrm{T}}$,$\boldsymbol{\alpha}_3=(-1,1,0,1)^{\mathrm{T}}$.

17.设$\boldsymbol{A}$是奇数阶正交矩阵,并且$|\boldsymbol{A}|=1$,证明:1是矩阵$\boldsymbol{A}$的一个特征值.

18.已知向量$\boldsymbol{\alpha}_1=(1,-1,-1)^{\mathrm{T}}$,求向量$\boldsymbol{\alpha}_2,\boldsymbol{\alpha}_3$,使得$\boldsymbol{\alpha}_1,\boldsymbol{\alpha}_2,\boldsymbol{\alpha}_3$为正交向量组.

19.设$\boldsymbol{A}=\begin{pmatrix}1&2&4\\2&-2&2\\4&2&1\end{pmatrix}$,求正交矩阵$\boldsymbol{Q}$,使得$\boldsymbol{Q}^{-1}\boldsymbol{AQ}$为对角矩阵.

20.设三阶实对称矩阵$\boldsymbol{A}$的特征值为1,2,3,矩阵$\boldsymbol{A}$对应于特征值1,2的特征向量分别是$\boldsymbol{\alpha}_1=(-1,-1,1)^{\mathrm{T}}$,$\boldsymbol{\alpha}_2=(1,-2,-1)^{\mathrm{T}}$,求$\boldsymbol{A}$的对应于特征值3的特征向量及矩阵$\boldsymbol{A}$.

21.设矩阵$\boldsymbol{A}=\begin{pmatrix}1&1&1\\1&a&1\\a&1&1\end{pmatrix}$,已知0是$\boldsymbol{A}$的一个特征值,求$a$的值,并求正交矩阵$\boldsymbol{Q}$,使得$\boldsymbol{Q}^{-1}\boldsymbol{AQ}$是对角矩阵.

(B)

1.设$\boldsymbol{A}$是三阶矩阵,已知$|\boldsymbol{E}+\boldsymbol{A}|=0$,$|2\boldsymbol{E}-\boldsymbol{A}|=0$,$|3\boldsymbol{E}-\boldsymbol{A}|=0$,求$|4\boldsymbol{E}+\boldsymbol{A}|$.

2.设矩阵$\boldsymbol{A}=\begin{pmatrix}a&-1&c\\5&b&3\\1-c&0&-a\end{pmatrix}$,且$|\boldsymbol{A}|=-1$,又$\boldsymbol{A}$的伴随矩阵$\boldsymbol{A}^*$有一个特征值$\lambda_0$,对应于$\lambda_0$的一个特征向量为$\boldsymbol{\alpha}=(-1,-1,1)^{\mathrm{T}}$,求$a,b,c$和$\lambda_0$的值.

3.已知三阶矩阵$\boldsymbol{A}$的特征值为$\lambda_1=1,\lambda_2=2,\lambda_3=3$,对应的特征向量分别为$\boldsymbol{\alpha}_1=(1,1,1)^{\mathrm{T}}$,$\boldsymbol{\alpha}_2=(1,2,4)^{\mathrm{T}}$,$\boldsymbol{\alpha}_3=(1,3,9)^{\mathrm{T}}$.又向量$\boldsymbol{\beta}=(1,1,3)^{\mathrm{T}}$,求$\boldsymbol{A}^n\boldsymbol{\beta}$($n$为正整数).

4.设$\boldsymbol{A}$为三阶实对称矩阵,$r(\boldsymbol{A})=2$,且满足条件$\boldsymbol{A}^3+2\boldsymbol{A}^2=\boldsymbol{O}$,求矩阵$\boldsymbol{A}$的全部特征值.

5.设$\boldsymbol{A}$是四阶矩阵,$\boldsymbol{AA}^{\mathrm{T}}=2\boldsymbol{E}$,$|\boldsymbol{A}|<0$,且$|3\boldsymbol{E}+\boldsymbol{A}|=0$,求$\boldsymbol{A}$的伴随矩阵$\boldsymbol{A}^*$的一个特征值.

6.设三阶实对称矩阵$\boldsymbol{A}$的特征值$\lambda_1=-2,\lambda_2=\lambda_3=1$,对应于$\lambda_1=-2$的特征向量为$\boldsymbol{\alpha}_1=(1,1,-1)^{\mathrm{T}}$,求矩阵$\boldsymbol{A}$.

7.设三阶矩阵$\boldsymbol{A}=\begin{pmatrix}0&0&1\\x&1&0\\1&0&0\end{pmatrix}$有三个线性无关的特征向量,求$x$.

8.设矩阵 $\boldsymbol{A}=\begin{pmatrix}0&1&0&0\\1&0&0&0\\0&0&y&1\\0&0&1&2\end{pmatrix}$ 的一个特征值为 3，求：(1) y 的值；(2) 正交矩阵 $\boldsymbol{Q}$，使得 $(\boldsymbol{AQ})^{\mathrm{T}}(\boldsymbol{AQ})$ 为对角矩阵.

9.设 n 阶矩阵 $\boldsymbol{A}$ 满足 $\boldsymbol{A}^2=\boldsymbol{A}$，证明：$\boldsymbol{A}$ 一定可以相似对角化.

第5章 二次型

二次型是线性代数的主要内容之一，它的理论起源于把二次曲线和二次曲面方程化为标准形的问题.随着科学技术的不断发展和进步，二次型在数学的其他分支以及工程技术、经济管理等领域有着广泛应用，尤其在研究最优化理论时，二次型极为重要.

本章以矩阵为工具，主要讨论化二次型为标准形的问题，以及正定二次型的相关概念和性质.

§5.1 二次型的概念

一、二次型及其矩阵表示

解析几何中，以平面直角坐标原点为中心的有心二次曲线的一般方程是

$$ax^2+2bxy+cy^2=d. \tag{5.1}$$

方程(5.1)左端是 x，y 的二次齐次多项式，称为二元二次型.选择适当的坐标旋转变换

$$\begin{cases}x=x'\cos\theta-y'\sin\theta\\ y=x'\sin\theta+y'\cos\theta\end{cases}, \tag{5.2}$$

可将方程(5.1)化为标准形式

$$a'x'^2+c'y'^2=d. \tag{5.3}$$

由标准形(5.3)可以很方便地识别曲线的类型，研究曲线的性质等.这种方法也适用于对二次

曲面的研究.现在我们将上述有关概念与方法推广到n个变量的情况.

定义 5.1 含有n个变量$x_1,x_2,\cdots,x_n$的二次齐次多项式函数$f(x_1,x_2,\cdots,x_n)=a_{11}x_1^2+a_{22}x_2^2+\cdots+a_{nn}x_n^2+2a_{12}x_1x_2+2a_{13}x_1x_3+\cdots+2a_{n-1\,n}x_{n-1}x_n$ (5.4)

称为n**元二次型**，简称为**二次型**，简记为f.

当a_{ij}为复数时，f称为**复二次型**；当a_{ij}为实数时，f称为**实二次型**.本章只研究实二次型.

为了便于研究，我们把二次型(5.4)写成矩阵乘积的形式.

由于$x_ix_j=x_jx_i$，令$a_{ij}=a_{ji}$，则$2a_{ij}x_ix_j=a_{ij}x_ix_j+a_{ji}x_jx_i$，于是

$$\begin{aligned}f(x_1,x_2,\cdots,x_n)&=a_{11}x_1^2+a_{12}x_1x_2+\cdots+a_{1n}x_1x_n\\&\quad+a_{21}x_2x_1+a_{22}x_2^2+\cdots+a_{2n}x_2x_n\\&\quad+\cdots+a_{n1}x_nx_1+a_{n2}x_nx_2+\cdots+a_{nn}x_n^2\\&=x_1(a_{11}x_1+a_{12}x_2+\cdots+a_{1n}x_n)\\&\quad+x_2(a_{21}x_1+a_{22}x_2+\cdots+a_{2n}x_n)\\&\quad+\cdots+x_n(a_{n1}x_1+a_{n2}x_2+\cdots+a_{nn}x_n)\\&=(x_1,x_2,\cdots,x_n)\begin{pmatrix}a_{11}x_1+a_{12}x_2+\cdots+a_{1n}x_n\\a_{21}x_1+a_{22}x_2+\cdots+a_{2n}x_n\\\vdots\\a_{n1}x_1+a_{n2}x_2+\cdots+a_{nn}x_n\end{pmatrix}\\&=(x_1,x_2,\cdots,x_n)\begin{pmatrix}a_{11}&a_{12}&\cdots&a_{1n}\\a_{21}&a_{22}&\cdots&a_{2n}\\\vdots&\vdots&&\vdots\\a_{n1}&a_{n2}&\cdots&a_{nn}\end{pmatrix}\begin{pmatrix}x_1\\x_2\\\vdots\\x_n\end{pmatrix}.\end{aligned}$$

若记

$$\boldsymbol{A}=\begin{pmatrix}a_{11}&a_{12}&\cdots&a_{1n}\\a_{21}&a_{22}&\cdots&a_{2n}\\\vdots&\vdots&&\vdots\\a_{n1}&a_{n2}&\cdots&a_{nn}\end{pmatrix},\quad \boldsymbol{X}=\begin{pmatrix}x_1\\x_2\\\vdots\\x_n\end{pmatrix},$$

则二次型(5.4)可记作

$$f(x_1,x_2,\cdots,x_n)=\boldsymbol{X}^{\mathrm{T}}\boldsymbol{A}\boldsymbol{X}, \tag{5.5}$$

此式称为**二次型的矩阵表达式**，其中$\boldsymbol{A}$为对称矩阵.

由上面讨论可知，任给一个二次型，就唯一地确定一个对称矩阵；反过来，任给一个对称矩阵，也可以唯一地确定一个二次型.这样，二次型与对称矩阵之间存在一一对应的关系，因

此,称对称矩阵$\boldsymbol{A}$为**二次型f的矩阵**,也称f为**对称矩阵$\boldsymbol{A}$**的二次型,且称对称矩阵$\boldsymbol{A}$的秩为**二次型f的秩**.

例 5.1 将二次型表示成矩阵形式,并求f的矩阵和f的秩.

$$f(x_1,x_2,x_3)=x_1^2-x_3^2-6x_1x_2+x_2x_3$$

解 f的矩阵形式为

$$f(x_1,x_2,x_3)=(x_1,x_2,x_3)\begin{pmatrix}1 & -3 & 0\\ -3 & 0 & \frac{1}{2}\\ 0 & \frac{1}{2} & -1\end{pmatrix}\begin{pmatrix}x_1\\ x_2\\ x_3\end{pmatrix},$$

因此f的矩阵为

$$\boldsymbol{A}=\begin{pmatrix}1 & -3 & 0\\ -3 & 0 & \frac{1}{2}\\ 0 & \frac{1}{2} & -1\end{pmatrix},$$

因为$\boldsymbol{A}$的秩为3,所以f的秩为3.

例 5.2 已知矩阵

$$\boldsymbol{A}=\begin{pmatrix}5 & -1 & 1\\ -1 & 1 & 3\\ 1 & 3 & -2\end{pmatrix},$$

求$\boldsymbol{A}$对应的二次型$f(x_1,x_2,x_3)$.

解 设$\boldsymbol{X}=(x_1,x_2,x_3)^{\mathrm{T}}$,则

$$\begin{aligned}f(x_1,x_2,x_3)&=\boldsymbol{X}^{\mathrm{T}}\boldsymbol{A}\boldsymbol{X}\\ &=(x_1\quad x_2\quad x_3)\begin{pmatrix}5 & -1 & 1\\ -1 & 1 & 3\\ 1 & 3 & -2\end{pmatrix}\begin{pmatrix}x_1\\ x_2\\ x_3\end{pmatrix}\\ &=5x_1^2-2x_1x_2+2x_1x_3+x_2^2+6x_2x_3-2x_3^2.\end{aligned}$$

二、矩阵合同

一般的二次型形式比较复杂,我们研究它的性质也比较困难.希望不改变二次型本身的性质而将其形式简化.可逆线性变换是这种简化的一个重要工具.

定义 5.2 设$x_1,\cdots,x_n$与$y_1,\cdots,y_n$是两组变量,称关系式

$$\begin{cases} x_1=c_{11}y_1+c_{12}y_2+\cdots+c_{1n}y_n, \\ x_2=c_{21}y_1+c_{22}y_2+\cdots+c_{2n}y_n, \\ \qquad\vdots \\ x_n=c_{n1}y_1+c_{n2}y_2+\cdots+c_{nn}y_n \end{cases} \tag{5.6}$$

为由变量 $x_1,\cdots,x_n$ 到 $y_1,\cdots,y_n$ 的一个**线性变换**，其中 $c_{ij}(i,j=1,2,\cdots,n)$ 为常数.若令

$$\boldsymbol{C}=\begin{pmatrix} c_{11} & c_{12} & \cdots & c_{1n} \\ c_{21} & c_{22} & \cdots & c_{2n} \\ \vdots & \vdots & & \vdots \\ c_{n1} & c_{n2} & \cdots & c_{nn} \end{pmatrix},\quad \boldsymbol{X}=\begin{pmatrix} x_1 \\ x_2 \\ \vdots \\ x_n \end{pmatrix},\quad \boldsymbol{Y}=\begin{pmatrix} y_1 \\ y_2 \\ \vdots \\ y_n \end{pmatrix},$$

则式(5.6) 所表示的线性变换可写成矩阵形式

$$\boldsymbol{X}=\boldsymbol{CY}. \tag{5.7}$$

当 $|\boldsymbol{C}|\neq 0$ 时，称式(5.6) 为**可逆线性变换(或非退化的线性变换)**.如果 $\boldsymbol{C}$ 为正交矩阵，则称线性变换式(5.6) 为**正交变换**.

将式(5.7) 代入二次型 $f(x_1,x_2,\cdots,x_n)=\boldsymbol{X}^{\mathrm{T}}\boldsymbol{AX}$，有

$$f=\boldsymbol{X}^{\mathrm{T}}\boldsymbol{AX}=(\boldsymbol{CY})^{\mathrm{T}}\boldsymbol{A}(\boldsymbol{CY})=\boldsymbol{Y}^{\mathrm{T}}(\boldsymbol{C}^{\mathrm{T}}\boldsymbol{AC})\boldsymbol{Y},$$

记 $\boldsymbol{B}=\boldsymbol{C}^{\mathrm{T}}\boldsymbol{AC}$，且 $\boldsymbol{B}^{\mathrm{T}}=(\boldsymbol{C}^{\mathrm{T}}\boldsymbol{AC})^{\mathrm{T}}=\boldsymbol{C}^{\mathrm{T}}\boldsymbol{A}^{\mathrm{T}}\boldsymbol{C}=\boldsymbol{C}^{\mathrm{T}}\boldsymbol{AC}=\boldsymbol{B}$，从而 $\boldsymbol{Y}^{\mathrm{T}}\boldsymbol{BY}$ 是一个关于 $y_1,y_2,\cdots,y_n$ 的新二次型，其矩阵为 $\boldsymbol{B}$，而 $\boldsymbol{B}=\boldsymbol{C}^{\mathrm{T}}\boldsymbol{AC}$ 是替换前后两个二次型的矩阵关系. 由此，为了便于讨论二次型的矩阵间的关系，引入下面的定义.

定义 5.3　设 $\boldsymbol{A},\boldsymbol{B}$ 为 n 阶矩阵，如果存在可逆矩阵 $\boldsymbol{C}$，使得 $\boldsymbol{B}=\boldsymbol{C}^{\mathrm{T}}\boldsymbol{AC}$，则称**矩阵 $\boldsymbol{A}$ 与 $\boldsymbol{B}$ 合同**，或称 $\boldsymbol{A}$ 合同于 $\boldsymbol{B}$，记作 $\boldsymbol{A}\simeq\boldsymbol{B}$.并称由 $\boldsymbol{A}$ 到 $\boldsymbol{B}=\boldsymbol{C}^{\mathrm{T}}\boldsymbol{AC}$ 的变换为**合同变换**.

不难证明矩阵间的合同关系有以下性质.

(1) 反身性:$\boldsymbol{A}\simeq\boldsymbol{A}$.

(2) 对称性:若 $\boldsymbol{A}\simeq\boldsymbol{B}$，则 $\boldsymbol{B}\simeq\boldsymbol{A}$.

(3) 传递性:若 $\boldsymbol{A}\simeq\boldsymbol{B},\boldsymbol{B}\simeq\boldsymbol{C}$，则 $\boldsymbol{A}\simeq\boldsymbol{C}$.

§5.2　二次型的标准形与规范形

本节要讨论的问题是如何通过可逆线性变换 $\boldsymbol{X}=\boldsymbol{CY}$，把 n 元二次型 $f=\boldsymbol{X}^{\mathrm{T}}\boldsymbol{AX}$ 化为变量 $y_1,y_2,\cdots,y_n$ 的只含平方项的二次型 $d_1y_1^2+d_2y_2^2+\cdots+d_ny_n^2$，这样的二次型称为二次型的**标准形**.显然 n 元二次型的标准形的矩阵为

$$\boldsymbol{\Lambda}=\begin{pmatrix} d_1 & & & \\ & d_2 & & \\ & & \ddots & \\ & & & d_n \end{pmatrix}$$

是一个对角矩阵.将一个 n 元二次型 $f=\boldsymbol{X}^{\mathrm{T}}\boldsymbol{A}\boldsymbol{X}$ 通过可逆线性变换 $\boldsymbol{X}=\boldsymbol{C}\boldsymbol{Y}$ 化成标准形 $d_1y_1^2+d_2y_2^2+\cdots+d_ny_n^2$ 的过程，称为**化二次型为标准形**.

下面主要介绍两种化二次型为标准形的方法，它们分别是正交变换法和配方法.

一、利用正交变换法化二次型为标准形

由定理 4.18 知，对任意 n 阶实对称矩阵 $\boldsymbol{A}$，总存在正交矩阵 $\boldsymbol{P}$，使 $\boldsymbol{P}^{\mathrm{T}}\boldsymbol{A}\boldsymbol{P}=\boldsymbol{\Lambda}$，其中 $\boldsymbol{\Lambda}$ 为对角矩阵.由于 $\boldsymbol{P}$ 为正交矩阵，满足 $\boldsymbol{P}^{-1}=\boldsymbol{P}^{\mathrm{T}}$，因此 $\boldsymbol{P}^{\mathrm{T}}\boldsymbol{A}\boldsymbol{P}=\boldsymbol{P}^{-1}\boldsymbol{A}\boldsymbol{P}=\boldsymbol{\Lambda}$.于是有如下结论.

定理 5.1　对实二次型 $f=\boldsymbol{X}^{\mathrm{T}}\boldsymbol{A}\boldsymbol{X}$，必存在一个正交矩阵 $\boldsymbol{P}$，使得经过正交变换 $\boldsymbol{X}=\boldsymbol{P}\boldsymbol{Y}$ 把二次型 $f=\boldsymbol{X}^{\mathrm{T}}\boldsymbol{A}\boldsymbol{X}$ 化为标准形

$$f=\lambda_1y_1^2+\lambda_2y_2^2+\cdots+\lambda_ny_n^2,$$

其中 $\lambda_1,\lambda_2,\cdots,\lambda_n$ 是实二次型 f 的矩阵 $\boldsymbol{A}$ 的全部特征值.

例 5.3　用正交变换将二次型

$$f(x_1,x_2,x_3)=x_1^2+x_2^2-x_3^2+2x_1x_2+2x_1x_3-2x_2x_3$$

化为标准形，并写出其正交变换.

解　二次型 f 的矩阵为

$$\boldsymbol{A}=\begin{pmatrix}1&1&1\\1&1&-1\\1&-1&-1\end{pmatrix},$$

它的特征多项式为

$$|\lambda\boldsymbol{E}-\boldsymbol{A}|=\begin{vmatrix}\lambda-1&-1&-1\\-1&\lambda-1&1\\-1&1&\lambda+1\end{vmatrix}=(\lambda-1)(\lambda-2)(\lambda+2),$$

于是 $\boldsymbol{A}$ 的特征值为 $\lambda_1=-2,\lambda_2=1,\lambda_3=2$.

对于 $\lambda_1=-2$，解齐次线性方程组 $(-2\boldsymbol{E}-\boldsymbol{A})\boldsymbol{X}=\boldsymbol{O}$，得基础解系 $\boldsymbol{\alpha}_1=(-1,1,2)^{\mathrm{T}}$，单位化得 $\boldsymbol{\xi}_1=(-\frac{1}{\sqrt{6}},\frac{1}{\sqrt{6}},\frac{2}{\sqrt{6}})^{\mathrm{T}}$.

对于 $\lambda_2=1$，解齐次线性方程组 $(\boldsymbol{E}-\boldsymbol{A})\boldsymbol{X}=\boldsymbol{O}$，得基础解系 $\boldsymbol{\alpha}_2=(1,-1,1)^{\mathrm{T}}$，单位化得 $\boldsymbol{\xi}_2=(\frac{1}{\sqrt{3}},-\frac{1}{\sqrt{3}},\frac{1}{\sqrt{3}})^{\mathrm{T}}$.

对于 $\lambda_3=2$，解齐次线性方程组 $(2\boldsymbol{E}-\boldsymbol{A})\boldsymbol{X}=\boldsymbol{O}$，得基础解系 $\boldsymbol{\alpha}_3=(1,1,0)^{\mathrm{T}}$，单位化得 $\boldsymbol{\xi}_3=(\frac{1}{\sqrt{2}},\frac{1}{\sqrt{2}},0)^{\mathrm{T}}$.

因为特征值各不相同，故 $\boldsymbol{\xi}_1,\boldsymbol{\xi}_2,\boldsymbol{\xi}_3$ 两两正交.令

$$P=\begin{pmatrix} -\frac{1}{\sqrt{6}} & \frac{1}{\sqrt{3}} & \frac{1}{\sqrt{2}} \\ \frac{1}{\sqrt{6}} & -\frac{1}{\sqrt{3}} & \frac{1}{\sqrt{2}} \\ \frac{2}{\sqrt{6}} & \frac{1}{\sqrt{3}} & 0 \end{pmatrix},$$

则 P 为正交矩阵且 $P^{\mathrm{T}}AP=\begin{pmatrix} -2 & & \\ & 1 & \\ & & 2 \end{pmatrix}$.做正交变换 $X=PY$，即

$$\begin{pmatrix} x_1 \\ x_2 \\ x_3 \end{pmatrix}=\begin{pmatrix} -\frac{1}{\sqrt{6}} & \frac{1}{\sqrt{3}} & \frac{1}{\sqrt{2}} \\ \frac{1}{\sqrt{6}} & -\frac{1}{\sqrt{3}} & \frac{1}{\sqrt{2}} \\ \frac{2}{\sqrt{6}} & \frac{1}{\sqrt{3}} & 0 \end{pmatrix}\begin{pmatrix} y_1 \\ y_2 \\ y_3 \end{pmatrix},$$

则二次型 f 化为标准形

$$f(x_1,x_2,x_3)=Y^{\mathrm{T}}(P^{\mathrm{T}}AP)Y=-2y_1^2+y_2^2+2y_3^2 .$$

例 5.4　求一个正交变换 $X=PY$，把二次型

$$f(x_1,x_2,x_3,x_4)=2x_1x_2+2x_1x_3-2x_1x_4-2x_2x_3+2x_2x_4+2x_3x_4$$

化为标准形.

解　二次型的矩阵为

$$A=\begin{pmatrix} 0 & 1 & 1 & -1 \\ 1 & 0 & -1 & 1 \\ 1 & -1 & 0 & 1 \\ -1 & 1 & 1 & 0 \end{pmatrix},$$

它的特征多项式为

$$|\lambda E-A|=\begin{vmatrix} \lambda & -1 & -1 & 1 \\ -1 & \lambda & 1 & -1 \\ -1 & 1 & \lambda & -1 \\ 1 & -1 & -1 & \lambda \end{vmatrix}=(\lambda+3)(\lambda-1)^3.$$

于是 A 的特征值为 $\lambda_1=-3,\lambda_2=\lambda_3=\lambda_4=1$.

对于 $\lambda_1=-3$，解齐次线性方程组 $(-3E-A)X=O$，得基础解系 $\boldsymbol{\alpha}_1=(1,-1,-1,1)^{\mathrm{T}}$，

单位化即得 $\boldsymbol{\xi}_1=\frac{1}{2}(1,-1,-1,1)^{\mathrm{T}}$.

对于 $\lambda_2=\lambda_3=\lambda_4=1$，解齐次线性方程组 $(\boldsymbol{E}-\boldsymbol{A})\boldsymbol{X}=\boldsymbol{O}$，得基础解系

$$\boldsymbol{\alpha}_2=(1,1,0,0)^{\mathrm{T}},\quad \boldsymbol{\alpha}_3=(1,0,1,0)^{\mathrm{T}},\quad \boldsymbol{\alpha}_4=(-1,0,0,1)^{\mathrm{T}},$$

将其正交化得

$$\boldsymbol{\beta}_2=(1,1,0,0)^{\mathrm{T}},\quad \boldsymbol{\beta}_3=(\frac{1}{2},-\frac{1}{2},1,0)^{\mathrm{T}},\quad \boldsymbol{\beta}_4=(-\frac{1}{3},\frac{1}{3},\frac{1}{3},1)^{\mathrm{T}},$$

再单位化即得

$$\boldsymbol{\xi}_2=\frac{1}{\sqrt{2}}(1,1,0,0)^{\mathrm{T}},\quad \boldsymbol{\xi}_3=(\frac{\sqrt{6}}{6},-\frac{\sqrt{6}}{6},\frac{\sqrt{6}}{3},0)^{\mathrm{T}},\quad \boldsymbol{\xi}_4=(-\frac{\sqrt{3}}{6},\frac{\sqrt{3}}{6},\frac{\sqrt{3}}{6},\frac{\sqrt{3}}{2})^{\mathrm{T}}.$$

以 $\boldsymbol{\xi}_1,\boldsymbol{\xi}_2,\boldsymbol{\xi}_3,\boldsymbol{\xi}_4$ 组成正交矩阵

$$\boldsymbol{P}=\begin{pmatrix} \frac{1}{2} & \frac{\sqrt{2}}{2} & \frac{\sqrt{6}}{6} & -\frac{\sqrt{3}}{6} \\ -\frac{1}{2} & \frac{\sqrt{2}}{2} & -\frac{\sqrt{6}}{6} & \frac{\sqrt{3}}{6} \\ -\frac{1}{2} & 0 & \frac{\sqrt{6}}{3} & \frac{\sqrt{3}}{6} \\ \frac{1}{2} & 0 & 0 & \frac{\sqrt{3}}{2} \end{pmatrix},$$

做正交变换为 $\boldsymbol{X}=\boldsymbol{P}\boldsymbol{Y}$，在此变换下，二次型化为标准形

$$f=-3y_1^2+y_2^2+y_3^2+y_4^2.$$

一般地，用正交变换将二次型 $f(x_1,x_2,\cdots,x_n)=\boldsymbol{X}^{\mathrm{T}}\boldsymbol{A}\boldsymbol{X}$ 化为标准形的步骤如下.

(1) 写出二次型 f 的矩阵 $\boldsymbol{A}$.

(2) 求出 $\boldsymbol{A}$ 的全部特征值，对每一个 r_i 重特征值 λ_i，求出对应的 r_i 个线性无关的特征向量，并将其正交单位化；将上面求得的 $r_1+r_2+\cdots+r_m=n$ 个两两正交的单位向量作为列向量，构成一个 n 阶方阵 $\boldsymbol{P}$，则 $\boldsymbol{P}$ 必为正交矩阵且 $\boldsymbol{P}^{\mathrm{T}}\boldsymbol{A}\boldsymbol{P}=\boldsymbol{P}^{-1}\boldsymbol{A}\boldsymbol{P}=\boldsymbol{\Lambda}$ 为对角矩阵

(3) 做正交变换 $\boldsymbol{X}=\boldsymbol{P}\boldsymbol{Y}$，即可将二次型化为只含平方项的标准形

$$f=\boldsymbol{X}^{\mathrm{T}}\boldsymbol{A}\boldsymbol{X}=\boldsymbol{Y}^{\mathrm{T}}(\boldsymbol{P}^{\mathrm{T}}\boldsymbol{A}\boldsymbol{P})\boldsymbol{Y}=\boldsymbol{Y}^{\mathrm{T}}\boldsymbol{\Lambda}\boldsymbol{Y}.$$

二、利用配方法化二次型为标准形

用正交变换化二次型为标准形，其中平方项的系数就是二次型的矩阵 $\boldsymbol{A}$ 的特征值.如果不限于用正交变换，那么还可用其他方法：用可逆的线性变换把二次型化为标准形.这里只介绍拉格朗日 (Lagrange) 配方法.下面通过举例介绍此方法.

例 5.5　用配方法化二次型

$$f=x_1^2+x_2^2-2x_3^2-4x_1x_2+2x_1x_3+2x_2x_3$$

为标准形，并求所用的可逆线性变换矩阵.

解　由于 f 中含变量 x_1 的平方项，故把含 x_1 的项合并起来，配方可得

$$\begin{aligned} f &= (x_1^2 - 4x_1x_2 + 2x_1x_3) + x_2^2 + 2x_2x_3 - 2x_3^2 \\ &= (x_1 - 2x_2 + x_3)^2 - 4x_2^2 + 4x_2x_3 - x_3^2 + x_2^2 + 2x_2x_3 - 2x_3^2 \\ &= (x_1 - 2x_2 + x_3)^2 - 3x_2^2 + 6x_2x_3 - 3x_3^2 \\ &= (x_1 - 2x_2 + x_3)^2 - 3(x_2 - x_3)^2. \end{aligned}$$

令

$$\begin{cases} y_1 = x_1 - 2x_2 + x_3, \\ y_2 = x_2 - x_3, \\ y_3 = x_3, \end{cases} \quad \text{即} \begin{cases} x_1 = y_1 + 2y_2 + y_3, \\ x_2 = y_2 + y_3, \\ x_3 = y_3. \end{cases}$$

用矩阵形式表示为

$$\begin{pmatrix} x_1 \\ x_2 \\ x_3 \end{pmatrix} = \begin{pmatrix} 1 & 2 & 1 \\ 0 & 1 & 1 \\ 0 & 0 & 1 \end{pmatrix} \begin{pmatrix} y_1 \\ y_2 \\ y_3 \end{pmatrix},$$

记 $\boldsymbol{C} = \begin{pmatrix} 1 & 2 & 1 \\ 0 & 1 & 1 \\ 0 & 0 & 1 \end{pmatrix}$，因为 $|\boldsymbol{C}| = 1 \neq 0$，故线性变换 $\boldsymbol{X} = \boldsymbol{CY}$ 是可逆的，所以二次型 f 化为标准形

$f = y_1^2 - 3y_2^2$，所用可逆线性变换矩阵为 $\boldsymbol{C} = \begin{pmatrix} 1 & 2 & 1 \\ 0 & 1 & 1 \\ 0 & 0 & 1 \end{pmatrix}$.

例 5.6　化二次型

$$f = 2x_1x_2 + 2x_1x_3 - 6x_2x_3$$

为标准形,并求所用的变换矩阵.

解　在 f 中不含平方项，由于含有 x_1x_2 乘积项，故令

$$\begin{cases} x_1 = y_1 + y_2, \\ x_2 = y_1 - y_2, \\ x_3 = y_3, \end{cases}$$

代入可得

$$f = 2y_1^2 - 2y_2^2 - 4y_1y_3 + 8y_2y_3,$$

再配方，得

$$f = 2(y_1 - y_3)^2 - 2(y_2 - 2y_3)^2 + 6y_3^2.$$

令

$$\begin{cases} z_1 = y_1 - y_3, \\ z_2 = y_2 - 2y_3, \\ z_3 = y_3, \end{cases} \quad \text{即} \begin{cases} y_1 = z_1 + z_3, \\ y_2 = z_2 + 2z_3, \\ y_3 = z_3, \end{cases}$$

把 f 化成标准形为

$$f=2z_1^2-2z_2^2+6z_3^2,$$

所用的变换矩阵为

$$\boldsymbol{C}=\begin{pmatrix}1&1&0\\1&-1&0\\0&0&1\end{pmatrix}\begin{pmatrix}1&0&1\\0&1&2\\0&0&1\end{pmatrix}=\begin{pmatrix}1&1&3\\1&-1&-1\\0&0&1\end{pmatrix}\quad(|\boldsymbol{C}|=-2\neq 0).$$

用配方法化二次型为标准形，如果二次型中含平方项，则可用例 5.5 的方法直接配方，如果二次型中不含平方项，则采用例 5.6 的方法，先构造出平方项再配方，总可以将一个二次型化为标准形.应该注意的是，由于配方过程可以不一样，故找到的可逆线性变换也就不唯一，从而二次型的标准形不唯一.另外，使用不同的方法所得到的标准形也可能不相同.

三、二次型的规范形

虽然二次型的标准形不唯一，但是，同一个二次型的标准形中所含正、负平方项的个数却是相同的，且由二次型本身唯一确定，它们不随可逆线性变换的不同而改变.

定理 5.2　若二次型 $f=\boldsymbol{X}^{\mathrm{T}}\boldsymbol{A}\boldsymbol{X}$ 经过可逆线性变换化为标准形，则标准形中所含平方项的个数等于二次型的秩.

证明　设二次型 f 经可逆线性变换 $\boldsymbol{X}=\boldsymbol{C}\boldsymbol{Y}$ 化为标准形

$$f=d_1y_1^2+d_2y_2^2+\cdots+d_ry_r^2,$$

其中 $d_i\neq 0(i=1,2,\cdots,r)$，该标准形的矩阵为

$$\boldsymbol{\Lambda}=\boldsymbol{C}^{\mathrm{T}}\boldsymbol{A}\boldsymbol{C}=\begin{pmatrix}d_1&&&&&&\\&d_2&&&&&\\&&\ddots&&&&\\&&&d_r&&&\\&&&&0&&\\&&&&&\ddots&\\&&&&&&0\end{pmatrix}.$$

由于 $r=r(\boldsymbol{\Lambda})=r(\boldsymbol{A})=f$ 的秩，即标准形中系数不为零的平方项的个数等于二次型的秩.

定理 5.3(**惯性定理**)　对于任一 n 元二次型 $f=\boldsymbol{X}^{\mathrm{T}}\boldsymbol{A}\boldsymbol{X}$，其秩为 r，无论作怎样的线性变换使之化为标准形，其中正平方项的项数 p 和负平方项的项数 q 都是由矩阵 $\boldsymbol{A}$ 唯一确定的.

证明略.

定义 5.4　在秩为 r 的实二次型的标准形中，系数为正的平方项的个数称为二次型的**正惯性指数**，记为 p.系数为负的平方项的个数称为二次型的**负惯性指数**，记为 q.它们的差 $p-q$ 称为二次型的**符号差**.

由定理 5.2 可知，$p+q=r$.

由例 5.6 的标准形结果再进一步作线性变换，令

$$\begin{cases} z_1=\dfrac{1}{\sqrt{2}}w_1, \\ z_2=\dfrac{1}{\sqrt{2}}w_3, \\ z_3=\dfrac{1}{\sqrt{6}}w_2, \end{cases}$$

即

$$\begin{pmatrix} z_1 \\ z_2 \\ z_3 \end{pmatrix}=\begin{pmatrix} \dfrac{1}{\sqrt{2}} & 0 & 0 \\ 0 & 0 & \dfrac{1}{\sqrt{2}} \\ 0 & \dfrac{1}{\sqrt{6}} & 0 \end{pmatrix}\begin{pmatrix} w_1 \\ w_2 \\ w_3 \end{pmatrix},$$

此时 $f=w_1^2+w_2^2-w_3^2$.若二次型的标准形中平方项的系数为 1，-1 或 0，则称为二次型的**规范形**.

显然，正(负)惯性指数也是二次型的规范形中系数为 1(-1)的平方项的个数，因此由惯性定理知，二次型的规范形中系数为 1 的平方项的个数及系数为 -1 的平方项的个数也是由二次型本身唯一确定的，所以二次型的规范形是唯一的.

§5.3　正定二次型

本节介绍二次型按其取值情况的分类，主要介绍正定二次型及其判别法则.

一、二次型及其矩阵的分类

定义 5.5　给定 n 元实二次型 $f=\boldsymbol{X}^{\mathrm{T}}\boldsymbol{A}\boldsymbol{X}$，对任意 n 维实的非零列向量 $\boldsymbol{X}\neq\boldsymbol{O}$，如果

(1) $f=\boldsymbol{X}^{\mathrm{T}}\boldsymbol{A}\boldsymbol{X}>0$，则称 f 为**正定二次型**，并称实对称矩阵 $\boldsymbol{A}$ 为**正定矩阵**；

(2) $f=\boldsymbol{X}^{\mathrm{T}}\boldsymbol{A}\boldsymbol{X}<0$，则称 f 为**负定二次型**，并称实对称矩阵 $\boldsymbol{A}$ 为**负定矩阵**；

(3) $f=\boldsymbol{X}^{\mathrm{T}}\boldsymbol{A}\boldsymbol{X}\geqslant 0$，则称 f 为**半正定二次型**，并称实对称矩阵 $\boldsymbol{A}$ 为**半正定矩阵**；

(4) $f=\boldsymbol{X}^{\mathrm{T}}\boldsymbol{A}\boldsymbol{X}\leqslant 0$，则称 f 为**半负定二次型**，并称实对称矩阵 $\boldsymbol{A}$ 为**半负定矩阵**.

例如，二次型 $f(x_1,x_2,\cdots,x_n)=x_1^2+x_2^2+\cdots+x_n^2$ 是正定二次型.因为对任意的 $\boldsymbol{X}=(x_1,x_2,\cdots,x_n)^{\mathrm{T}}\neq 0$，有 $f(x_1,x_2,\cdots,x_n)=x_1^2+x_2^2+\cdots+x_n^2>0$.而二次型 $f(x_1,x_2,\cdots,x_n)=x_1^2+x_2^2+\cdots+x_r^2\,(r<n)$ 不是正定二次型.因为对于 $\boldsymbol{X}=(0,0,\cdots,x_{r+1},\cdots,x_n)^{\mathrm{T}}\neq 0$，有 $f(x_1,x_2,\cdots,x_n)=\boldsymbol{O}$.

二、正定二次型的判定

由上面的例子可以看到，很容易判断二次型的标准形和规范形是否为正定二次型.由上

节内容可知，我们能将任意二次型经过可逆线性变换化为标准形或规范形.因此，下面给出利用二次型的标准形或规范形判定正定二次型的方法.

定理 5.4 可逆线性变换不改变二次型的正定性.

证明 设二次型 $f(x_1,x_2,\cdots,x_n)=\boldsymbol{X}^{\mathrm{T}}\boldsymbol{A}\boldsymbol{X}$ 为正定二次型，经过可逆线性变换 $\boldsymbol{X}=\boldsymbol{C}\boldsymbol{Y}$，有

$$f(x_1,x_2,\cdots,x_n)=\boldsymbol{X}^{\mathrm{T}}\boldsymbol{A}\boldsymbol{X}=\boldsymbol{Y}^{\mathrm{T}}(\boldsymbol{C}^{\mathrm{T}}\boldsymbol{A}\boldsymbol{C})\boldsymbol{Y}=\boldsymbol{Y}^{\mathrm{T}}\boldsymbol{B}\boldsymbol{Y}=g(y_1,y_2,\cdots,y_n),$$

其中 $\boldsymbol{B}=\boldsymbol{C}^{\mathrm{T}}\boldsymbol{A}\boldsymbol{C}$.对任意的 $\boldsymbol{Y}=(y_1,y_2,\cdots,y_n)^{\mathrm{T}}\neq\boldsymbol{O}$，由 $\boldsymbol{C}$ 可逆可知 $\boldsymbol{X}\neq\boldsymbol{O}$，因此，

$$\boldsymbol{Y}^{\mathrm{T}}\boldsymbol{B}\boldsymbol{Y}=\boldsymbol{X}^{\mathrm{T}}\boldsymbol{A}\boldsymbol{X}>0,$$

即二次型 $g(y_1,y_2,\cdots,y_n)=\boldsymbol{Y}^{\mathrm{T}}\boldsymbol{B}\boldsymbol{Y}$ 仍为正定二次型.

定理 5.5 二次型

$$f(x_1,x_2,\cdots,x_n)=d_1x_1^2+d_2x_2^2+\cdots+d_nx_n^2$$

为正定二次型的充要条件是 $d_i>0(i=1,2,\cdots,n)$.

证明 充分性显然.

必要性

因 $f(x_1,x_2,\cdots,x_n)$ 为正定二次型，对于任意 $\boldsymbol{X}=(x_1,x_2,\cdots,x_n)^{\mathrm{T}}\neq\boldsymbol{O}$，有 $f=\boldsymbol{X}^{\mathrm{T}}\boldsymbol{A}\boldsymbol{X}>0$.取

$$\boldsymbol{X}=\boldsymbol{\varepsilon}_i=(0,\cdots,0,1,0,\cdots,0)^{\mathrm{T}}\quad(i=1,2,\cdots,n),$$

则 $\boldsymbol{\varepsilon}_i^{\mathrm{T}}\boldsymbol{A}\boldsymbol{\varepsilon}_i=d_i>0\quad(i=1,2,\cdots,n)$.

由定理 5.4 及 5.5 可得

推论 1 n 元二次型 $f=\boldsymbol{X}^{\mathrm{T}}\boldsymbol{A}\boldsymbol{X}$ 为正定二次型的充分必要条件是其正惯性指数为 n.

推论 2 n 元二次型 $f=\boldsymbol{X}^{\mathrm{T}}\boldsymbol{A}\boldsymbol{X}$ 为正定二次型的充分必要条件是其规范形为

$$f=y_1^2+y_2^2+\cdots+y_n^2.$$

推论 3 实对称矩阵 $\boldsymbol{A}$ 为正定矩阵的充分必要条件是 $\boldsymbol{A}$ 的特征值均大于零.

由于求二次型矩阵 $\boldsymbol{A}$ 的特征值和化二次型为标准形或规范形都比较麻烦，下面介绍由二次型的矩阵直接判断正(负)定二次型的充要条件.先介绍如下概念.

定义 5.6 在 n 阶实对称矩阵 $\boldsymbol{A}$ 中由第 1 行，第 2 行，…,第 k 行和第 1 列，第 2 列，…,第 k 列组成的 k 阶子式，称为 k **阶顺次主子式**，记为 $\triangle_k$.

定理 5.6 实对称矩阵 $\boldsymbol{A}$ 为正定矩阵的充分必要条件是 $\boldsymbol{A}$ 的各阶顺次主子式都为正，即

$$a_{11}>0,\quad\begin{vmatrix}a_{11}&a_{12}\\a_{21}&a_{22}\end{vmatrix}>0,\quad\cdots,\quad\begin{vmatrix}a_{11}&\cdots&a_{1n}\\\vdots&&\vdots\\a_{n1}&\cdots&a_{nn}\end{vmatrix}>0;$$

实对称矩阵 $\boldsymbol{A}$ 为负定矩阵的充分必要条件是 $\boldsymbol{A}$ 的奇数阶顺次主子式为负，偶数阶顺次主子式为正，即

$$(-1)^r\begin{vmatrix}a_{11}&\cdots&a_{1r}\\\vdots&&\vdots\\a_{r1}&\cdots&a_{rr}\end{vmatrix}>0\quad(r=1,2,\cdots,n).$$

这个定理称为**西尔维斯特** (Sylvester)**定理**，这里不予证明.

例 5.7　判断二次型 $f(x_1,x_2,x_3)=5x_1^2+x_2^2+5x_3^2+4x_1x_2-8x_1x_3-4x_2x_3$ 是否为正定二次型.

解　二次型 f 的矩阵为

$$\boldsymbol{A}=\begin{pmatrix}5 & 2 & -4\\2 & 1 & -2\\-4 & -2 & 5\end{pmatrix},$$

$\boldsymbol{A}$ 的各阶顺次主子式为

$$a_{11}=5>0,\quad \begin{vmatrix}5 & 2\\2 & 1\end{vmatrix}=1>0,\quad \begin{vmatrix}5 & 2 & -4\\2 & 1 & -2\\-4 & -2 & 5\end{vmatrix}=1>0,$$

由定理 5.6 知，此二次型为正定二次型.

例 5.8　判断二次型 $f(x_1,x_2,x_3)=-5x_1^2-6x_2^2-4x_3^2+4x_1x_2+4x_1x_3$ 是否为正定二次型.

解　二次型 f 的矩阵为

$$\boldsymbol{A}=\begin{pmatrix}-5 & 2 & 2\\2 & -6 & 0\\2 & 0 & -4\end{pmatrix},$$

$\boldsymbol{A}$ 的各阶顺次主子式为

$$a_{11}=-5<0,\quad \begin{vmatrix}-5 & 2\\2 & -6\end{vmatrix}=26>0,\quad \begin{vmatrix}-5 & 2 & 2\\2 & -6 & 0\\2 & 0 & -4\end{vmatrix}=-80<0,$$

故知 f 为负定二次型.

例 5.9　求 t 取何值时，二次型 $f(x_1,x_2,x_3)=5x_1^2+x_2^2+tx_3^2+4x_1x_2-2x_1x_3-2x_2x_3$ 是正定二次型.

解　二次型 f 的矩阵为 $\boldsymbol{A}=\begin{pmatrix}5 & 2 & -1\\2 & 1 & -1\\-1 & -1 & t\end{pmatrix}$，它的各阶顺次主子式为

$$a_{11}=5>0,\quad \begin{vmatrix}5 & 2\\2 & 1\end{vmatrix}=1>0,\quad \begin{vmatrix}5 & 2 & -1\\2 & 1 & -1\\-1 & -1 & \mathrm{T}\end{vmatrix}=t-2.$$

欲使二次型 f 为正定的，必须有 $t-2>0$，即 $t>2$，故当 $t>2$ 时，二次型 f 是正定的.

习　题　五

(A)

1.写出下列二次型的矩阵表达式，并求二次型的秩.

(1) $f(x_1,x_2,x_3)=x_1^2+2x_2^2-3x_3^2+4x_1x_2-6x_2x_3$；

(2)$f(x,y)=4x^2-6xy-7y^2$；

(3)$f(x_1,x_2,x_3)=(x_1,x_2,x_3)\begin{pmatrix}2&1&3\\1&3&2\\7&4&5\end{pmatrix}\begin{pmatrix}x_1\\x_2\\x_3\end{pmatrix}$.

2.设二次型的对应矩阵如下，试写出二次型的一般形式.

(1)$\begin{pmatrix}0&0&1\\0&1&0\\1&0&0\end{pmatrix}$；

(2)$\begin{pmatrix}0&\frac{1}{2}&-1&0\\\frac{1}{2}&-1&\frac{1}{2}&-\frac{1}{2}\\-1&\frac{1}{2}&0&\frac{1}{2}\\0&-\frac{1}{2}&\frac{1}{2}&1\end{pmatrix}$.

3.用正交变换化下列二次型为标准形，并写出所用的正交变换.

(1)$f(x_1,x_2,x_3)=5x_1^2+5x_2^2+3x_3^2-2x_1x_2+6x_1x_3-6x_2x_3$；

(2)$f(x_1,x_2,x_3)=x_1^2-2x_2^2-2x_3^2-4x_1x_2+4x_1x_3+8x_2x_3$.

4.用配方法化下列二次型为标准形，并写出所用的可逆线性变换.

(1)$f(x_1,x_2,x_3)=x_1^2-3x_2^2+x_3^2-2x_1x_2+2x_1x_3-6x_2x_3$；

(2)$f(x_1,x_2,x_3)=-4x_1x_2+2x_1x_3+2x_2x_3$.

5.判定下列矩阵是否为正定矩阵.

(1)$\boldsymbol{A}=\begin{pmatrix}1&1&0\\1&-2&2\\0&2&1\end{pmatrix}$；　(2)$\boldsymbol{B}=\begin{pmatrix}5&2&-4\\2&1&-2\\-4&-2&5\end{pmatrix}$.

6.求 t 取何值时，下列二次型为正定二次型.

(1)$f(x_1,x_2,x_3)=x_1^2+x_2^2+5x_3^2+2tx_1x_2-2x_1x_3+4x_2x_3$；

(2)$f(x_1,x_2,x_3,x_4)=tx_1^2+tx_2^2+tx_3^2+x_4^2+2x_1x_2+2x_1x_3-2x_2x_3$.

(B)

1.已知二次型 $f(x_1,x_2,x_3)=2x_1^2+3x_2^2+2ax_2x_3+3x_3^2(a>0)$，经过正交变换化为标准形 $f(y_1,y_2,y_3)=y_1^2+2y_2^2+5y_3^2$，求系数 a 及所用的正交变换矩阵.

2.已知实二次型 $f(x_1,x_2,x_3)=x_1^2+4x_1x_2+x_2^2+6x_2x_3+ax_3^2$ 的秩为 2，求 a.

3.试确定参数 a 的取值范围，使得

$$\boldsymbol{A}=\begin{pmatrix}1 & 2 & a\\ 2 & 6 & 0\\ a & 0 & a\end{pmatrix}$$

为正定矩阵.

4.设 $\boldsymbol{A}$ 与 $\boldsymbol{B}$ 是同阶正定矩阵，证明：$\boldsymbol{A}+\boldsymbol{B}$ 也是正定矩阵.

5.设 $\boldsymbol{A}$ 为 $m\times n$ 矩阵，$\boldsymbol{B}=\lambda\boldsymbol{E}+\boldsymbol{A}^{\mathrm{T}}\boldsymbol{A}$，证明：当 $\lambda>0$ 时，$\boldsymbol{B}$ 为正定矩阵.

习题参考答案

习　题　一

(A)

1.(1)8，偶排列；(2)19，奇排列；(3) $2n-3$，奇排列；(4)$n-1$，当 n 为奇数时，偶排列；当 n 为偶数时，奇排列.

2.(1)$i=5,j=7$；(2)$i=7,j=3$.

3.(1) 是，正号；(2) 是，负号；(3) 不是.

4.(1)5；(2)$ab(b-a)$；(3)0；(4)18；(5)$(b-a)(c-a)(c-b)$；(6)$-acdf+bcde$；(7) -122；(8) 288.

5.(1)$x=0$ 或 $x=2$；(2)$x=\pm1$ 或 $x=\pm2$；(3)$x=0,1,\cdots,n-2$.

6.(1)$(-1)^{\frac{n(n-1)}{2}}a_1a_2\cdots a_n$；　(2)$(-1)^{n-1}n!$；

(3)$(-1)^{\frac{n(n-1)}{2}}a_{1n}a_{2\,n-1}\cdots a_{n1}$；　(4)$b_1b_2\cdots b_n$；

(5)$(x-1)(x-2)\cdots[x-(n-1)]$；　(6)$n+1$；

(7)$(-1)^{n-1}(na-x)x^{n-1}$；　(8)$(\sum\limits_{i=1}^{n}a_i+b)b^{n-1}$；

(9)$(x+\sum\limits_{i=1}^{n}a_i)\prod\limits_{i=1}^{n}(x-a_i)$；　(10)$-n!\sum\limits_{i=2}^{n}\frac{1}{i}$；

(11)$(-1)^n(n+1)a_1a_2\cdots a_n$；　(12)$(-1)^{n-1}\frac{1}{2}(n+1)!$；

(13)a^n-a^{n-2}；　(14)$a_1a_2\cdots a_n+(-1)^{n+1}b_1b_2\cdots b_n$；

(15)$-2(n-2)!$；　(16)$a_0x^{n-1}+a_1x^{n-2}+\cdots+a_{n-1}$.

7.略.

8.(1)$x=3,y=-1$；(2)$x_1=1,x_2=2,x_3=3$；

(3) $x_1=1, x_2=2, x_3=3, x_4=-1$.

9.(1) $k=-1$ 或 $k=2$；(2) $k\neq 0$ 且 $k\neq 1$.

(B)

1. $-a_{11}a_{23}a_{32}a_{44}, a_{11}a_{23}a_{34}a_{42}$.

2. $-a_{11}a_{23}a_{32}a_{44}, -a_{13}a_{24}a_{32}a_{41}, -a_{14}a_{21}a_{32}a_{43}$.

3. -1.

4.略.提示:利用罗尔定理.

5.0.

6. -28.

7.(1) $(-1)^{n-1}2^{n-2}(n-1)$；(2) $1+\sum_{i=1}^{n}a_i^2$；

(3) $(-1)^{\frac{n(n-1)}{2}}\dfrac{n(n+1)}{2}n^{n-2}$；(4) $a_1^n a_2^n\cdots a_{n+1}^n\prod\limits_{1\leqslant j<i\leqslant n+1}\left(\dfrac{b_i}{a_i}-\dfrac{b_j}{a_j}\right)$.

8. $\lambda=1$ 或 $\mu=0$.

9.略.

习 题 二

(A)

1. $\boldsymbol{B}=\begin{pmatrix}1 & 3 & 5\\ 3 & 2 & -4\\ 5 & -4 & 3\end{pmatrix}, \boldsymbol{C}=\begin{pmatrix}0 & 1 & -2\\ -1 & 0 & \frac{1}{2}\\ 2 & -\frac{1}{2} & 0\end{pmatrix}$.

2.(1) $\begin{pmatrix}-12 & -17 & 13\\ -19 & 18 & 8\end{pmatrix}$；(2) $\begin{pmatrix}2 & 3 & -\frac{5}{2}\\ 4 & -\frac{7}{2} & -2\end{pmatrix}$.

3.(1) $\begin{pmatrix}10\\ -8\end{pmatrix}$；(2) $\begin{pmatrix}22 & -28\\ -28 & 36\\ 13 & -17\end{pmatrix}$；(3) $\begin{pmatrix}0 & 0\\ 0 & 0\end{pmatrix}$；

(4) $(a_{11}x_1^2+a_{22}x_2^2+a_{33}x_3^2+2a_{12}x_1x_2+2a_{13}x_1x_3+2a_{23}x_2x_3)$；

(5) $\begin{pmatrix}0 & 0 & 0\\ 0 & 0 & 0\\ -1 & -2 & -4\end{pmatrix}$；(6) $\begin{pmatrix}10 & 4 & -1\\ 4 & -3 & -1\end{pmatrix}$.

4.略.

5.(1)$\begin{pmatrix} \cos\frac{n\pi}{2} & \sin\frac{n\pi}{2} \\ -\sin\frac{n\pi}{2} & \cos\frac{n\pi}{2} \end{pmatrix}$;(2)$\begin{pmatrix} \cos2\varphi & -\sin2\varphi \\ \sin2\varphi & \cos2\varphi \end{pmatrix}$;(3)$\begin{pmatrix} a^n & 0 & 0 \\ 0 & (-1)^n b^n & 0 \\ 0 & 0 & c^n \end{pmatrix}$.

6.$\begin{pmatrix} 0 & 0 \\ 0 & 0 \end{pmatrix}$.

7.略.

8. 略.

9.$\begin{pmatrix} -19 & -9 \\ -1 & -7 \end{pmatrix}$;$\begin{pmatrix} -21 & -2 & -1 \\ 10 & -4 & 2 \\ 3 & 4 & -1 \end{pmatrix}$;$\begin{pmatrix} 34 & 2 & 2 \\ 2 & 20 & -6 \\ 2 & -6 & 2 \end{pmatrix}$;$\begin{pmatrix} -6 & -3 \\ 5 & -2 \end{pmatrix}$.

10.略.

11.(1)$\begin{pmatrix} -1 & 5 & 2 \\ 1 & -3 & 4 \\ 0 & 11 & -2 \end{pmatrix}$;(2)$\begin{pmatrix} 0 & 0 & 2 \\ 5 & -5 & 9 \\ 8 & -1 & 0 \end{pmatrix}$.

12.略.

13.(1)4;(2)$2^4 \cdot 3^6$;(3)$-\frac{4}{27}$.

14.$\begin{pmatrix} 1 & 3 & 5 \\ -1 & 0 & 1 \end{pmatrix}$.

15. 略.

16. 略.

17.(1)$-\frac{1}{24}$;(2)-6;(3)$-\frac{1}{6}$;(4)$-\frac{1}{6}$;(5)$(-3)^4 \cdot (-2)^3$.

18.a^{13}.

19.(1)32;(2)$\begin{pmatrix} 1 & \frac{3}{2} & 0 & 0 \\ 0 & \frac{1}{2} & 0 & 0 \\ 0 & 0 & 3 & -2 \\ 0 & 0 & -1 & 1 \end{pmatrix}$;(3)$\begin{pmatrix} 1 & 21 & 0 & 0 \\ 0 & 8 & 0 & 0 \\ 0 & 0 & 11 & 30 \\ 0 & 0 & 15 & 41 \end{pmatrix}$.

20.(1)$\left(\begin{array}{cc:cc} 2 & -1 & 0 & 0 \\ 2 & -1 & 0 & 0 \\ \hdashline 0 & 2 & 3 & -1 \\ 0 & 2 & 3 & 3 \end{array}\right)$;$\left(\begin{array}{cc:cc} 2 & 0 & 0 & 0 \\ 4 & 0 & 0 & 0 \\ \hdashline -1 & 0 & 0 & 0 \\ 0 & 0 & 5 & -6 \end{array}\right)$;

(2)$\begin{pmatrix}9&0&0\\0&9&0\\0&0&9\end{pmatrix}$.

21.(1)3;(2)−6.

22.(1)$\begin{pmatrix}1&0\\0&0\end{pmatrix}$;(2)$\begin{pmatrix}1&0&0\\0&1&0\\0&0&1\end{pmatrix}$;(3)$\begin{pmatrix}1&0&0&0\\0&1&0&0\\0&0&0&0\end{pmatrix}$;(4)$\begin{pmatrix}1&0&0&0&0\\0&1&0&0&0\\0&0&1&0&0\end{pmatrix}$.

23.(1)$\begin{pmatrix}1&-3&-2\\1&-5&-3\\-1&6&4\end{pmatrix}$;(2)$\begin{pmatrix}1&3&-2\\-\frac{3}{2}&-3&\frac{5}{2}\\1&1&-1\end{pmatrix}$;

(3)$\begin{pmatrix}1&0&0&0\\-\frac{1}{2}&\frac{1}{2}&0&0\\0&-\frac{1}{3}&\frac{1}{3}&0\\0&0&-\frac{1}{4}&\frac{1}{4}\end{pmatrix}$;(4)$\begin{pmatrix}0&0&\cdots&0&\frac{1}{a_n}\\\frac{1}{a_1}&0&\cdots&0&0\\0&\frac{1}{a_2}&\cdots&0&0\\\vdots&\vdots&&\vdots&\vdots\\0&0&\cdots&\frac{1}{a_{n-1}}&0\end{pmatrix}$.

24.(1)$\begin{pmatrix}1&1\\3&2\\-1&-\frac{1}{2}\end{pmatrix}$;(2)$\begin{pmatrix}-\frac{5}{2}&-4&-\frac{7}{2}\\-1&-2&-2\end{pmatrix}$;(3)$\begin{pmatrix}\frac{2}{3}&\frac{1}{3}\\\frac{1}{3}&\frac{1}{6}\end{pmatrix}$;(4)$\begin{pmatrix}3&-1\\2&0\\1&-1\end{pmatrix}$.

25.(1) 2;(2) 1;(3) 3.

26.证明略.$\begin{pmatrix}\boldsymbol{B}^{-1}&\boldsymbol{O}\\-\boldsymbol{C}^{-1}\boldsymbol{D}\boldsymbol{B}^{-1}&\boldsymbol{C}^{-1}\end{pmatrix}$.

27.略.

(B)

1. $3^{n-1}\begin{pmatrix}1&\frac{1}{2}&\frac{1}{3}\\2&1&\frac{2}{3}\\3&\frac{3}{2}&1\end{pmatrix}$.

2.略.

3.0.

4.$\begin{pmatrix} 1 & 2 & 5 \\ 0 & 1 & 2 \\ 0 & 0 & 1 \end{pmatrix}$.

5.$\begin{pmatrix} 1 & 0 & 0 & 0 \\ 0 & 1 & 0 & 0 \\ 1 & 0 & 1 & 0 \\ -\frac{1}{6} & \frac{1}{2} & 0 & -\frac{1}{6} \end{pmatrix}$.

6.$\begin{pmatrix} \boldsymbol{A} & \boldsymbol{O} \\ \boldsymbol{O} & -\boldsymbol{C}\boldsymbol{A}^{-1}\boldsymbol{B}+\boldsymbol{D} \end{pmatrix}$.

7.$\boldsymbol{A}^2-\boldsymbol{A}+\boldsymbol{E}$.

8.$\begin{pmatrix} 0 & -3 & 0 \\ 0 & 0 & -3 \\ -3 & 0 & 0 \end{pmatrix}$.

习　题　三

(A)

1.(1) $\begin{cases} x_1=\frac{10}{7}, \\ x_2=-\frac{1}{7}, \\ x_3=-\frac{2}{7}. \end{cases}$

(2) 方程组无解；

(3) $\begin{cases} x_1=-2c-1, \\ x_2=c+2, \\ x_3=c \quad (c \text{ 为任意常数}). \end{cases}$

(4) 方程组无解；

(5) $\begin{cases} x_1 = 1 - 2c_1, \\ x_2 = 2 - 6c_1 - 2c_2, \\ x_3 = 4 - 7c_1 - 5c_2, \\ x_4 = c_1, \\ x_5 = c_2 \quad (c_1, c_2 \text{ 为任意常数}). \end{cases}$

(6) $\begin{cases} x_1 = 2c_1 + \frac{2}{7}c_2, \\ x_2 = c_1, \\ x_3 = -\frac{5}{7}c_2, \\ x_4 = c_2 \quad (c_1, c_2 \text{ 为任意常数}). \end{cases}$

2.$\lambda = 1$.

3.当 $a = -3$ 时，方程组无解；当 $a \neq 2$ 且 $a \neq -3$ 时，方程组有唯一解；

当 $a = 2$ 时，方程组有无穷多个解，其全部解为 $\begin{cases} x_1 = 5c, \\ x_2 = 1 - 4c, \\ x_3 = c \quad (c \text{ 为任意常数}). \end{cases}$

4.(1)$(5,4,2,1)$；(2)$\left(-\frac{5}{2}, 1, \frac{7}{2}, -8\right)$.

5.$a = \frac{1}{2}, b = -\frac{9}{2}$.

6.(1)$\boldsymbol{\beta} = -11\boldsymbol{\alpha}_1 + 14\boldsymbol{\alpha}_2 + 9\boldsymbol{\alpha}_3$；　(2)$\boldsymbol{\beta}$ 不能用向量组 $\boldsymbol{\alpha}_1, \boldsymbol{\alpha}_2, \boldsymbol{\alpha}_3$ 线性表示；

(3) 有无穷多种表示法，其中一种为：$\boldsymbol{\beta} = \frac{1}{2}\boldsymbol{\alpha}_1 + \frac{1}{2}\boldsymbol{\alpha}_2 + 0\boldsymbol{\alpha}_3$.

7.(1) 当 $a \neq -4$ 时，$\boldsymbol{\beta}$ 可以表示为 $\boldsymbol{\alpha}_1, \boldsymbol{\alpha}_2, \boldsymbol{\alpha}_3$ 的线性组合，且表示法唯一.

(2) 当 $a = -4, 3b - c = 1$ 时，$\boldsymbol{\beta}$ 可以表示为 $\boldsymbol{\alpha}_1, \boldsymbol{\alpha}_2, \boldsymbol{\alpha}_3$ 的线性组合，且表示方法不唯一.

$\boldsymbol{\beta} = k\boldsymbol{\alpha}_1 - (1 + b + 2k)\boldsymbol{\alpha}_2 + (1 + 2b)\boldsymbol{\alpha}_3$　(k 为任意常数).

(3) 当 $a = -4, 3b - c \neq 1$ 时，$\boldsymbol{\beta}$ 不能表示为 $\boldsymbol{\alpha}_1, \boldsymbol{\alpha}_2, \boldsymbol{\alpha}_3$ 的线性组合.

8.略.

9. 略.

10.(1) 线性相关；(2) 线性无关.

11.$t = -3$ 时线性相关；$t \neq -3$ 时线性无关.

12.略.

13.略.

14.略.

15.略.

16.略.

17. $x=0, y=2$.

18. 略.

19. 略.

20. 略.

21. 极大无关组不唯一，此答案仅给出其中一种结果.

(1) 极大无关组为 $\boldsymbol{\alpha}_1, \boldsymbol{\alpha}_2$ 时，$\boldsymbol{\alpha}_3 = 2\boldsymbol{\alpha}_1 - 2\boldsymbol{\alpha}_2$.

(2) 极大无关组为 $\boldsymbol{\alpha}_1, \boldsymbol{\alpha}_2, \boldsymbol{\alpha}_3$ 时，$\boldsymbol{\alpha}_4 = -3\boldsymbol{\alpha}_1 + \boldsymbol{\alpha}_2 + \boldsymbol{\alpha}_3$.

(3) 极大无关组为 $\boldsymbol{\alpha}_1, \boldsymbol{\alpha}_2, \boldsymbol{\alpha}_3$ 时，$\boldsymbol{\alpha}_4 = \boldsymbol{\alpha}_1 + 3\boldsymbol{\alpha}_2 - \boldsymbol{\alpha}_3$，$\boldsymbol{\alpha}_5 = \boldsymbol{\alpha}_3 - \boldsymbol{\alpha}_2$.

22. 略.

23. 略.

24. $t=1$，通解为 $\begin{pmatrix} x_1 \\ x_2 \\ x_3 \\ x_4 \end{pmatrix} = c_1 \begin{pmatrix} 1 \\ -1 \\ 1 \\ 0 \end{pmatrix} + c_2 \begin{pmatrix} 0 \\ -1 \\ 0 \\ 1 \end{pmatrix}$ （c_1, c_2 为任意常数）.

25. (1) $\boldsymbol{\eta} = \begin{pmatrix} 1 \\ 0 \\ 1 \end{pmatrix}$；通解为 $\begin{pmatrix} x_1 \\ x_2 \\ x_3 \end{pmatrix} = c \begin{pmatrix} 1 \\ 0 \\ 1 \end{pmatrix}$ （c 为任意常数）.

(2) $\boldsymbol{\eta}_1 = \begin{pmatrix} 8 \\ -6 \\ 1 \\ 0 \end{pmatrix}$，$\boldsymbol{\eta}_2 = \begin{pmatrix} -7 \\ 5 \\ 0 \\ 1 \end{pmatrix}$；

通解为 $\begin{pmatrix} x_1 \\ x_2 \\ x_3 \\ x_4 \end{pmatrix} = c_1 \begin{pmatrix} 8 \\ -6 \\ 1 \\ 0 \end{pmatrix} + c_2 \begin{pmatrix} -7 \\ 5 \\ 0 \\ 1 \end{pmatrix}$ （c_1, c_2 为任意常数）.

(3) $\boldsymbol{\eta}_1 = \begin{pmatrix} -2 \\ 1 \\ 1 \\ 0 \\ 0 \end{pmatrix}$，$\boldsymbol{\eta}_2 = \begin{pmatrix} -1 \\ -3 \\ 0 \\ 1 \\ 0 \end{pmatrix}$，$\boldsymbol{\eta}_3 = \begin{pmatrix} 2 \\ 1 \\ 0 \\ 0 \\ 1 \end{pmatrix}$；

通解为$\begin{pmatrix}x_1\\x_2\\x_3\\x_4\\x_5\end{pmatrix}=c_1\begin{pmatrix}-2\\1\\1\\0\\0\end{pmatrix}+c_2\begin{pmatrix}-1\\-3\\0\\1\\0\end{pmatrix}+c_3\begin{pmatrix}2\\1\\0\\0\\1\end{pmatrix}$ （c_1,c_2,c_3 为任意常数）.

26.(1) 无解.

(2) $\begin{pmatrix}x_1\\x_2\\x_3\\x_4\end{pmatrix}=\begin{pmatrix}0\\0\\1\\1\end{pmatrix}+c_1\begin{pmatrix}1\\0\\-3\\0\end{pmatrix}+c_2\begin{pmatrix}0\\1\\-4\\0\end{pmatrix}$ （c_1,c_2 为任意常数）.

(3) $\begin{pmatrix}x_1\\x_2\\x_3\\x_4\\x_5\end{pmatrix}=\begin{pmatrix}-5\\0\\0\\-4\\0\end{pmatrix}+c_1\begin{pmatrix}-3\\1\\0\\0\\0\end{pmatrix}+c_2\begin{pmatrix}3\\0\\0\\2\\1\end{pmatrix}$ （c_1,c_2,c_3 为任意常数）.

27. $\begin{pmatrix}x_1\\x_2\\x_3\\x_4\end{pmatrix}=k\begin{pmatrix}3\\4\\5\\6\end{pmatrix}+\begin{pmatrix}2\\3\\4\\5\end{pmatrix}$ （k 为任意常数）.

28. $t=4$, $\begin{pmatrix}x_1\\x_2\\x_3\end{pmatrix}=\begin{pmatrix}0\\4\\0\end{pmatrix}+c\begin{pmatrix}-3\\-1\\1\end{pmatrix}$ （c 为任意常数）.

(B)

1.略.

2.略.

提示：令 $\boldsymbol{A}=(\boldsymbol{\alpha}_1,\boldsymbol{\alpha}_2,\cdots,\boldsymbol{\alpha}_n)$，则 $\boldsymbol{D}=|\boldsymbol{A}^{\mathrm{T}}\boldsymbol{A}|$.

3.(1) $k=1$. (2) 略.

4.略.

5.(1) 略.

提示：设 $\boldsymbol{\eta}_1,\boldsymbol{\eta}_2,\boldsymbol{\eta}_3$ 是该非齐次线性方程组的 3 个线性无关的解，证明 $\xi_1=\boldsymbol{\eta}_1-\boldsymbol{\eta}_2$，$\xi_2=\boldsymbol{\eta}_1-\boldsymbol{\eta}_3$ 是对应导出组 $\boldsymbol{AX}=\boldsymbol{O}$ 的两个线性无关的解.

(2)$a=2,b=-3$；$\begin{pmatrix}x_1\\x_2\\x_3\\x_4\end{pmatrix}=\begin{pmatrix}2\\-3\\0\\0\end{pmatrix}+c_1\begin{pmatrix}-2\\1\\1\\0\end{pmatrix}+c_2\begin{pmatrix}4\\-5\\0\\1\end{pmatrix}$ (c_1,c_2 为任意常数).

6.当 $a\neq 2$ 时，方程组有唯一解.当 $a=2,b\neq 1$ 时，方程组无解.当 $a=2,b=1$ 时，方程组有无穷多个解，方程组的通解为 $\begin{pmatrix}x_1\\x_2\\x_3\\x_4\end{pmatrix}=\begin{pmatrix}-8\\3\\0\\2\end{pmatrix}+c\begin{pmatrix}0\\-2\\1\\0\end{pmatrix}$ (c 为任意常数).

7.略.提示：由 $r(\boldsymbol{A})=n-1$，有 $|\boldsymbol{A}|=0$，并利用 $\boldsymbol{AA}^*=|\boldsymbol{A}|\boldsymbol{E}=\boldsymbol{O}$.

8.$\sum\limits_{i=2}^{n}k_i\boldsymbol{A}_i$，其中 $\boldsymbol{A}_i$ 是矩阵 $\boldsymbol{A}$ 的第 i 个列向量，k_i 是任意常数.

提示：利用 $\boldsymbol{A}^*\boldsymbol{A}=|\boldsymbol{A}|\boldsymbol{E}$.

9.(1) 略. (2)$\begin{pmatrix}x_1\\x_2\\x_3\end{pmatrix}=\begin{pmatrix}-1\\1\\1\end{pmatrix}+c\begin{pmatrix}2\\0\\-2\end{pmatrix}$ (c 为任意常数).

习　题　四

(A)

1.(1)$\lambda_1=4,k_1(1,1)^{\mathrm{T}}$($k_1$ 为任意非零常数)；

$\lambda_2=-2,k_2(1,-5)^{\mathrm{T}}$($k_2$ 为任意非零常数)；

(2)$\lambda_1=-2,k_1(-1,1,1)^{\mathrm{T}}$($k_1$ 为任意非零常数)；

$\lambda_2=\lambda_3=1,k_2(-2,1,0)^{\mathrm{T}}+k_3(0,0,1)^{\mathrm{T}}$($k_2,k_3$ 为不全为零的任意常数)；

(3)$\lambda_1=0$， $k_1(-1,-1,1)^{\mathrm{T}}$($k_1$ 为任意非零常数)；

$\lambda_2=-1,k_2(-1,1,0)^{\mathrm{T}}$($k_2$ 为任意非零常数)；

$\lambda_3=9,k_3(1/2,1/2,1)^{\mathrm{T}}$($k_3$ 为任意非零常数)；

(4)$\lambda_1=\lambda_2=\lambda_3=2,k_1(-2,1,0)^{\mathrm{T}}+k_2(1,0,1)^{\mathrm{T}}$($k_1,k_2$ 为不全为零的任意常数).

2.略.

3.略.

4.$k=1,\lambda=4$ 或 $k=-2,\lambda=1$.

5.(1)4，9，16；(2)3，$\frac{3}{4}$，$\frac{1}{3}$；(3)2，$\frac{3}{2}$，$\frac{4}{3}$；(4)6，3，2.

6. -288.

7. $a=2, b=-2, c=0$.

8.略.

9.略.

10.略.

11.(1) $a=5, b=6$；(2) $\boldsymbol{P}=\begin{pmatrix}1&1&1\\-1&0&-2\\0&1&3\end{pmatrix}$.

12.(1) 可以，$\boldsymbol{P}=\begin{pmatrix}1&1\\1&-5\end{pmatrix}$，$\boldsymbol{\Lambda}=\begin{pmatrix}4&\\&-2\end{pmatrix}$；

(2) 可以，$\boldsymbol{P}=\begin{pmatrix}-1&-2&0\\1&1&0\\1&0&1\end{pmatrix}$，$\boldsymbol{\Lambda}=\begin{pmatrix}-2&&\\&1&\\&&1\end{pmatrix}$；

(3) 可以，$\boldsymbol{P}=\begin{pmatrix}-1&-1&1/2\\-1&1&1/2\\1&0&1\end{pmatrix}$，$\boldsymbol{\Lambda}=\begin{pmatrix}0&&\\&-1&\\&&9\end{pmatrix}$；

(4) 不可以.

13. $x=3$.

14. $$\boldsymbol{A}^n=\begin{pmatrix}2^{n-1}(2^n+(-1)^n) & -2^{n-1}(2^n+(-1)^{n-1}) & 2^{n-1}(2^n+(-1)^{n+1})\\ 2^{n-1}(2^n+(-1)^{n+1}) & -2^{n-1}(2^n+3(-1)^{n-1}) & 2^{n-1}(2^n+(-1)^{n+1})\\ 2^{n-1}(2^{n+1}+2(-1)^{n+1}) & -2^{n-1}(2^{n+1}+2(-1)^{n-1}) & 2^{2n}\end{pmatrix}.$$

15.(1) -9； (2) 0.

16.(1) $\boldsymbol{\beta}_1=(1,-2,1)^{\mathrm{T}}$，$\boldsymbol{\beta}_2=(0,1,2)^{\mathrm{T}}$，$\boldsymbol{\beta}_3=\left(3,\frac{6}{5},-\frac{3}{5}\right)^{\mathrm{T}}$；

(2) $\boldsymbol{\beta}_1=(-1,1,0,0)^{\mathrm{T}}$，$\boldsymbol{\beta}_2=(-\frac{1}{2},-\frac{1}{2},1,0)^{\mathrm{T}}$，$\boldsymbol{\beta}_3=(0,0,0,1)^{\mathrm{T}}$.

17.略.

18. $\boldsymbol{\alpha}_2=(1,1,0)^{\mathrm{T}}$，$\boldsymbol{\alpha}_3=(\frac{1}{2},-\frac{1}{2},1)^{\mathrm{T}}$.

19. $Q=\begin{pmatrix}-\frac{1}{\sqrt{5}} & -\frac{4}{3\sqrt{5}} & \frac{2}{3}\\ \frac{2}{\sqrt{5}} & -\frac{2}{3\sqrt{5}} & \frac{1}{3}\\ 0 & \frac{5}{3\sqrt{5}} & \frac{2}{3}\end{pmatrix}$，$\Lambda=\begin{pmatrix}-3 & & \\ & -3 & \\ & & 6\end{pmatrix}$.

20. $\boldsymbol{\alpha}_3=k\ (1,0,1)^{\mathrm{T}}$（$k$ 为不等于零的任意常数），$A=\frac{1}{6}\begin{pmatrix}13 & -2 & 5\\ -2 & 10 & 2\\ 5 & 2 & 13\end{pmatrix}$.

21. $a=1$； $Q=\begin{pmatrix}\frac{1}{\sqrt{2}} & \frac{1}{\sqrt{6}} & \frac{1}{\sqrt{3}}\\ -\frac{1}{\sqrt{2}} & \frac{1}{\sqrt{6}} & \frac{1}{\sqrt{3}}\\ 0 & -\frac{2}{\sqrt{6}} & \frac{1}{\sqrt{3}}\end{pmatrix}$； $Q^{-1}AQ=\begin{pmatrix}0 & & \\ & 0 & \\ & & 3\end{pmatrix}$.

(B)

1. 126.

2. $a=2,b=-3,c=2,\lambda_0=1$.

提示：利用 $AA^*=A^*A=|A|E$，以及矩阵特征值、特征向量的定义.

3. $A^n\boldsymbol{\beta}=\begin{pmatrix}2-2^{n+1}+3^n\\ 2-2^{n+2}+3^{n+1}\\ 2-2^{n+3}+3^{n+2}\end{pmatrix}$.

4. $\lambda_{1,2}=-2$（二重），$\lambda_3=0$.

5. $\frac{4}{3}$.

6. $A=\begin{pmatrix}0 & -1 & 1\\ -1 & 0 & 1\\ 1 & 1 & 0\end{pmatrix}$.

7. $x=0$.

8. (1) $y=2$.

$$(2)\boldsymbol{Q}=\begin{pmatrix}1&0&0&0\\0&1&0&0\\0&0&-\frac{1}{\sqrt{2}}&\frac{1}{\sqrt{2}}\\0&0&\frac{1}{\sqrt{2}}&\frac{1}{\sqrt{2}}\end{pmatrix},(\boldsymbol{AQ})^{\mathrm{T}}(\boldsymbol{AQ})=\begin{pmatrix}1&0&0&0\\0&1&0&0\\0&0&1&0\\0&0&0&9\end{pmatrix}.$$

提示：$(\boldsymbol{AQ})^{\mathrm{T}}(\boldsymbol{AQ})=\boldsymbol{Q}^{\mathrm{T}}(\boldsymbol{A}^{\mathrm{T}}\boldsymbol{A})\boldsymbol{Q}=\boldsymbol{Q}^{\mathrm{T}}\boldsymbol{A}^2\boldsymbol{Q}$；计算出$\boldsymbol{A}^2$，然后本题相当于求正交矩阵$\boldsymbol{Q}$，使得$\boldsymbol{Q}^{\mathrm{T}}\boldsymbol{A}^2\boldsymbol{Q}$为对角矩阵.

9.略.

提示：$\boldsymbol{A}$的特征值只可能是1或者0.分别讨论齐次线性方程组$(0\boldsymbol{E}-\boldsymbol{A})\boldsymbol{X}=\boldsymbol{O}$和$(\boldsymbol{E}-\boldsymbol{A})\boldsymbol{X}=\boldsymbol{O}$的基础解系所含解向量的个数，最终只需证明矩阵$\boldsymbol{A}$的线性无关的特征向量的个数为$n$即可.

习 题 五

(A)

1.(1) $\boldsymbol{A}=\begin{pmatrix}1&2&0\\2&2&-3\\0&-3&-3\end{pmatrix}$，$r(\boldsymbol{A})=3$；

(2) $\boldsymbol{A}=\begin{pmatrix}4&-3\\-3&-7\end{pmatrix}$，$r(\boldsymbol{A})=2$；

(3) $\boldsymbol{A}=\begin{pmatrix}2&1&5\\1&3&3\\5&3&5\end{pmatrix}$，$r(\boldsymbol{A})=3$.

2.(1) $f(x_1,x_2,x_3)=2x_1x_3+x_2^2$；

(2) $f(x_1,x_2,x_3,x_4)=-x_2^2+x_1x_2-2x_1x_3+x_2x_3-x_2x_4+x_3x_4+x_4^2$.

3.(1) $\boldsymbol{P}=\begin{pmatrix}-\frac{1}{\sqrt{6}}&\frac{1}{\sqrt{2}}&\frac{1}{\sqrt{3}}\\\frac{1}{\sqrt{6}}&\frac{1}{\sqrt{2}}&-\frac{1}{\sqrt{3}}\\\frac{2}{\sqrt{6}}&0&\frac{1}{\sqrt{3}}\end{pmatrix}$，$f(x_1,x_2,x_3)=4y_2^2+9y_3^2$；

(2)$\boldsymbol{P}=\begin{pmatrix} -\frac{2}{\sqrt{5}} & \frac{2}{3\sqrt{5}} & \frac{1}{3} \\ \frac{1}{\sqrt{5}} & \frac{4}{3\sqrt{5}} & \frac{2}{3} \\ 0 & \frac{5}{3\sqrt{5}} & -\frac{2}{3} \end{pmatrix}$, $f(x_1,x_2,x_3)=2y_1^2+2y_2^2-7y_3^2$.

4.(1)$\begin{cases} x_1=y_1+y_2-\frac{3}{2}y_3, \\ x_2=y_2-\frac{1}{2}y_3, \\ x_3=y_3, \end{cases}$. $f=y_1^2-4y_2^2+y_3^2$;

(2)$\begin{cases} x_1=y_1+y_2, \\ x_2=y_1-y_2, \\ x_3=y_3. \end{cases}$ $\begin{cases} y_1=z_1+\frac{1}{2}z_3, \\ y_2=z_2, \\ y_3=z_3. \end{cases}$ $\begin{cases} x_1=z_1+z_2+\frac{1}{2}z_3, \\ x_2=z_1-z_2+\frac{1}{2}z_3, \\ x_3=z_3. \end{cases}$

$f=-4z_1^2+4z_2^2+z_3^2$.

5.(1)$\boldsymbol{A}$ 不是正定矩阵;(2)$\boldsymbol{B}$ 是正定矩阵.

6.(1)$-\frac{4}{5}<t<0$;(2)$t>2$.

(B)

1. $a=2$, $\boldsymbol{P}=\begin{pmatrix} 0 & 1 & 0 \\ \frac{1}{\sqrt{2}} & 0 & \frac{1}{\sqrt{2}} \\ -\frac{1}{\sqrt{2}} & 0 & \frac{1}{\sqrt{2}} \end{pmatrix}$.

2.$a=-3$.

3.$0<a<\frac{1}{3}$.

4.略.

5.略.

参考文献

[1] 胡显佑.经济应用数学基础二，线性代数[M].北京：高等教育出版社，2008.

[2] 吴赣昌.线性代数(理工类)[M].3版.北京：中国人民大学出版社，2008.

[3] 柴慧文，宗云南.线性代数[M].北京：高等教育出版社，2011.

[4] 尤正书，冉兆平，湛少锋.线性代数[M].上海：上海财经大学出版社，2007.

[5] 刘建亚，吴臻，秦静，等.线性代数[M].2版.北京：高等教育出版社，2011.

[6] 辛小龙，罗新兵，赵临龙，等.线性代数[M].2版.北京：高等教育出版社，2012.

[7] 张国印，徐鹤卿.线性代数[M].北京：高等教育出版社，2012.